U0232323

碳酸盐岩超深水平井钻井技术

Drilling Technology of Ultra Deep Horizontal Well in Carbonate Reservior

李 军 熊方明 段永贤 陈 军 著

科学出版社

北 京

内 容 简 介

本书以我国最深水平井——塔中862H井为例,从塔中Ⅰ号气田的工程实践出发,总结归纳勘探过程中对该气田的地质认识和遇到的工程难题,给出该气田的孔隙压力、坍塌压力和破裂压力剖面预测方法,分析塔中Ⅰ号气田的地层压力分布规律。根据多口超深水平井的创新实践,分析总结了塔中碳酸盐岩超深水平井钻井综合配套技术,包括井身结构与套管柱优化设计方法、井眼轨道优化与轨迹控制技术、钻井液优化技术、控压钻井技术、综合提速技术等。

本书可供油气井工程专业及其相关领域的技术人员、研究人员、大专院校的教师、研究生和本科生参考。

图书在版编目(CIP)数据

碳酸盐岩超深水平井钻井技术=Drilling Technology of Ultra Deep Horizontal Well in Carbonate Reservoir / 李军等著. —北京:科学出版社,2017.6
ISBN 978-7-03-053054-7

Ⅰ.①碳… Ⅱ.①李… Ⅲ.①碳酸盐岩–深井–水平井–油气钻井 Ⅳ.①TE355.6

中国版本图书馆 CIP 数据核字(2017)第 124748 号

责任编辑:万群霞 / 责任校对:桂伟利
责任印制:张 伟 / 封面设计:无极书装

科学出版社出版
北京东黄城根北街 16 号
邮政编码:100717
http://www.sciencep.com

北京建宏印刷有限公司 印刷
科学出版社发行 各地新华书店经销
*
2017 年 6 月第 一 版 开本:787×1092 1/16
2018 年 5 月第二次印刷 印张:18 1/2 插页:6
字数:430 000

定价:168.00 元

(如有印装质量问题,我社负责调换)

本书撰写组

组长

    李　军　　熊方明　　段永贤　　陈　军

组员

    丁志敏　　刘炜博　　何银坤　　单　锋　　李有伟

    黎泽寒　　何思龙　　刘　丰　　雷　荣　　汪　鑫

    洪英霖　　陈　毅　　文国华　　李　炜　　王锦生

    王仁德　　夏天果　　苏兆红　　杨志敏　　范万升

    王海涛　　李兴亭

前　言

塔中隆起位于塔里木盆地中央隆起带中段，北以塔中 I 号断裂为界与满加尔拗陷为邻，南界以逆冲断裂带形式与塘沽孜巴斯拗陷为邻，西以吐木休克断裂与巴楚活动古隆起为界，东界以过渡形式与塔东残余古隆起相连。塔中碳酸盐岩凝析气田是新疆重要的油气战略接替区之一，也是中国石油塔里木油田分公司(简称塔里木油田)长期以来既富油又富气的"上产增储"的重要领域，目前已成为我国最大的碳酸盐岩凝析气田。该气田的勘探开发对塔里木油田，乃至我国西气东输战略均有着重要的意义。

塔中 I 号气田为海相碳酸盐岩凝析气田，储层裂缝和溶洞发育，储集空间类型主要为粒间与粒内溶孔，主要储层类型为裂缝-孔洞型、孔洞型和裂缝型，并发育大型洞穴型储层。为了获得更大的产能，宜采用水平井尽可能多地穿越裂缝和溶洞，有效增加单井控制储量及单井产量，延长稳产期，提高油气最终的采出程度，进而实现塔中 I 号气田大规模高效开发。近几年塔中地区水平井数量和比例逐年增多，并成为主要开采井型。井深不断加深，水平段也逐步加长。2013 年，碳酸盐岩水平井平均井深为 6817.5m，比2012 年增加 936.6m；水平段平均长度为 905.6m，比 2012 年增加 245.4m。塔中碳酸盐岩特殊的地质状况和成藏条件给水平井的钻进带来一系列困难，如储层安全密度窗口窄、井眼轨道优化与井眼轨迹控制困难、井壁稳定问题、储层高温高压、存在酸性气体等。通过对 2008～2014 年所钻 135 口水平井进行统计，还有很大一部分井没有钻达设计深度，被迫提前完钻。因此，目前的超深水平井钻井综合配套技术还不能达到气藏高效开发的要求，亟须进一步攻关。为了解决这一系列的钻井工程难题，在国家油气重大专项的支持下，塔里木油田塔中油气开发部进行了持续科技攻关和现场试验。

本书以上述研究成果为素材，以碳酸盐岩油气田最深水平井——塔中 862H 井为例，重点论述塔中碳酸盐岩超深水平井钻井综合配套技术。全书共七章。主要包括塔中 I 号气田碳酸盐岩地质概况与钻井难点分析、碳酸盐岩油气田地层压力评估、碳酸盐岩油气田超深水平井井身结构优化设计、井眼轨道设计与轨迹控制技术、井壁稳定和钻井液优化技术、控压钻井技术及综合提速技术。本书所反映的技术内容都经过现场实践验证，能够保证内容的科学性与实用性，便于现场的推广应用。

本书在撰写过程中，得到了塔里木油田塔中油气开发部的大力支持，在资料提供、案例分析、效果评价等方面提供了诸多帮助。另外，博士研究生杨宏伟、王滨、连威、李基伟、何淼、郭雪利、王超、翟文宝、硕士研究生李东春、张金凯、周刘杰、廖超等人做了大量的文字编辑工作，在此一并表示感谢！

由于本书涉及多学科内容，加之作者水平有限，书中难免存在不妥之处，恳请读者批评指正。

作　者

2017 年 3 月

目　　录

第1章 塔中Ⅰ号气田地质概况与钻井难点分析

塔中Ⅰ号气田储层裂缝和溶洞发育,应用水平井可以实现塔中Ⅰ号气田的高效开发[1],但塔中碳酸盐岩特殊的地质状况和成藏条件给水平井钻进带来诸多困难,如储层埋藏深、地层倾角大、油气藏构造边缘的砂体发育不稳定、目的层碳酸盐岩研磨性强、非均质性突出和安全密度窗口窄。这些因素叠加极大地制约了油气井的高效、快速、安全钻进,影响了油气勘探开发进程。

1.1 塔中Ⅰ号气田碳酸盐岩地层地质概况

钻井工程的主要工作对象是地下岩石,制定塔中Ⅰ号气田科学合理的钻井工程方案,必须考虑其工程地质条件。

1.1.1 塔中Ⅰ号气田基本情况

塔里木盆地位于新疆维吾尔自治区境内,盆地面积为 $56 \times 10^4 \mathrm{km}^2$,沉积厚度为16000m,油气资源十分丰富,是我国陆上大型含油气盆地之一。

塔中隆起位于塔里木盆地中央隆起带中段,北以塔中Ⅰ号断裂为界与满加尔拗陷为邻,南界以逆冲断裂带形式与塘沽孜巴斯拗陷为邻,西以吐木休克断裂与巴楚活动古隆起为界,东界以过渡形式与塔东残余古隆起相连(图1.1)。

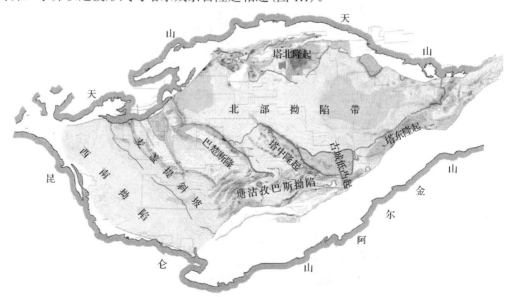

图 1.1 塔里木盆地构造区划图(文后附彩图)

塔中Ⅰ号气田位于塔中低凸起北斜坡带的塔中Ⅰ号断裂坡折带(图 1.2),整体表现为由东南向西北倾没的斜坡。塔中低凸起位于塔里木盆地中央隆起中部,西与巴楚凸起相接,东邻塔东低凸起,南为塘沽孜巴斯拗陷,北接满加尔凹陷,是一个长期发育的继承性古隆起。塔中低凸起自北向南划分为塔中北斜坡带、中央断垒带、塔中南斜坡带 3 个二级构造单元。塔中Ⅰ号坡折带东西长约 260km,是早奥陶世末形成的断裂坡折带。

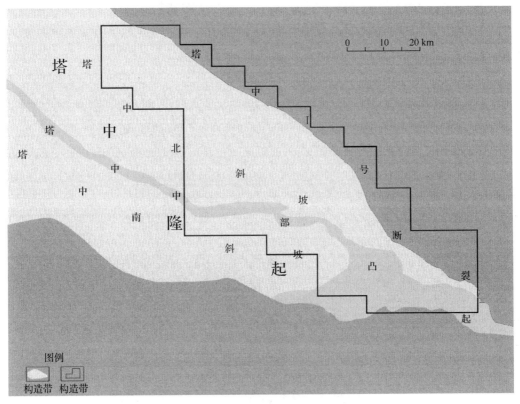

图 1.2　塔中Ⅰ号断裂坡折带区域图

为了便于管理,通常将塔中Ⅰ号气田分为 3 个区(图 1.3),分别为Ⅰ区、Ⅱ区和Ⅲ区,分区情况如图 1.3 所示,塔中Ⅰ号气田Ⅰ区主要包括塔中(TZ)26 井区、塔中 62 井区、塔中 82 井区和塔中 83 井区;塔中Ⅰ号气田Ⅱ区主要包括中古(ZG)5 井区、中古 8 井区、中古 10 井区、中古 43 井区和中古 51 井区;塔中Ⅰ号气田Ⅲ区主要包括塔中 86 井区和中古 15 井区。

1.1.2　塔中Ⅰ号气田地质特征

1. 构造特征

塔中Ⅰ号坡折带是早奥陶世末形成的断裂坡折带。寒武纪—早奥陶世时,塔中与满西四陷是连为一体的碳酸盐岩台地,古构造、古地理呈东西分异[图 1.4(f)];早奥陶世末期,塔中Ⅰ号断裂活动剧烈,塔中古隆起开始形成[图 1.4(e)];塔中Ⅰ号断裂冲断体与

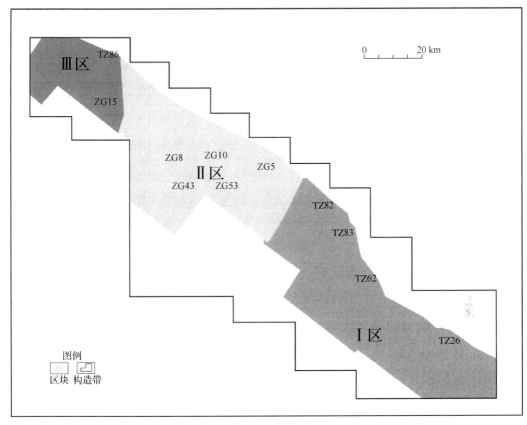

图 1.3　塔中 I 号气田分区情况

北部下盘相邻的悬空部分不能长时间存在，很快垮塌剥蚀而形成北倾的坡折带[图 1.4(d)]；中奥陶世北部断裂下盘沉积时，塔中古隆起遭受剥蚀，缺失中奥陶统地层[图 1.4(c)]。

随着海平面的持续上升，塔中沉入浅水下接受良里塔格组沉积，并在塔中 I 号断裂处形成高陡断裂坡折带。沿着断裂坡折带发育浅水台地边缘礁滩复合体，而下盘沿坡折带相变为满加尔凹陷的深水砂泥岩[图 1.4(b)]；桑塔木组砂泥岩广泛沉积时，塔中与满加尔凹陷又连为一体[图 1.4(a)]。此后，塔中 I 号断裂中西部没有太多断裂活动，只随塔中隆起发生整体升降运动。

在加里东运动前，塔中 I 号断裂坡折带西高东低，经历了大规模构造运动后发生翘倾，目前呈西低东高。这种大变迁使不同的地层流体混合，产生溶蚀作用，形成各种溶孔、溶洞、溶蚀缝，大大改善了储层的储集性能。

塔中 I 号断裂坡折带从最西端的塔中 86 井区到最东端的塔中 78 井区明显存在分段性：塔中 85 井区至塔中 82 井区活动微弱，塔中 86 井区、塔中 62 井区至塔中 26 井区活动较强，而最东部的塔中 78 井区活动最强，泥盆系和志留系全部缺失(图 1.5)。

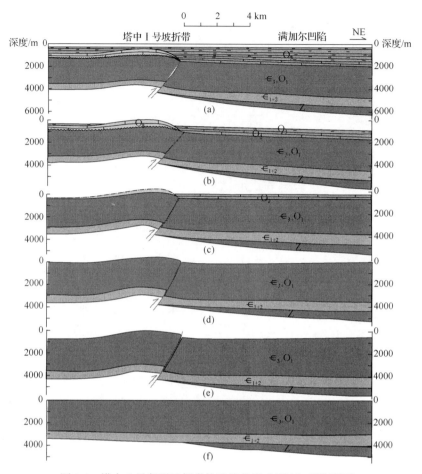

图 1.4　塔中 I 号断裂坡折带构造演化模式图(文后附彩图)

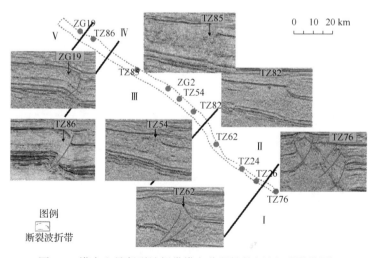

图 1.5　塔中 I 号断裂坡折带横向分段性特征(文后附彩图)

总之，塔中Ⅰ号断裂控制了塔中的基本构造格局和塔中上奥陶统台缘礁滩复合体的沉积演化。

2. 地层层序

塔中Ⅰ号气田钻遇地层有新生界第四系、新近系、古近系、中生界白垩系、三叠系，缺失侏罗系。古生界包括二叠系、石炭系、泥盆系、志留系、奥陶系、寒武系。目的层奥陶系可分为上统桑塔木组、良里塔格组及下统鹰山组。

新生界(Kz)：厚约 1700～1900m，上部为黄色泥岩、粉砂岩，中部为灰褐色泥质粉砂岩、粉砂质泥岩，下部为中粗砂岩夹褐红色泥岩。

白垩系(K)：厚约 300～500m，以浅灰黄色、褐黄色中细砂岩为主，夹薄层褐色粉砂质泥岩。

三叠系(T)：厚约 400～600m，上部为紫红色泥岩及灰色泥岩夹灰白色粉砂岩，中下部以灰色、褐灰色中砂岩、含砾砂岩为主，夹泥岩。

二叠系(P)：厚约 500～700m，为大套灰、褐色为基调的砂泥岩夹火山喷发岩。

石炭系(C)：厚约 500～700m，自上而下可分为灰岩段、砂泥岩段、上泥岩段、标准灰岩段、中泥岩段、生屑灰岩段、下泥岩段及东河砂岩段。

志留系(S)：厚约 300～500m，为一套潮坪相为主的砂泥岩互层沉积，可分为依木干他乌组、塔塔埃尔塔格组和柯坪塔格组。

奥陶系(O)：可细分为上奥陶统桑塔木组、良里塔格组、下奥陶统鹰山组和蓬莱坝组。上奥陶统地层与上覆的志留系和下伏的下奥陶统均为不整合接触，主要储集层为良里塔格组上部台缘礁滩相灰岩及下奥陶统鹰山组灰岩。盖层为上覆桑塔木组泥岩段。

1）桑塔木组

即奥陶系碎屑岩段，在塔中地区桑塔木组厚 0～1048m，岩性以深灰色泥岩、钙质泥岩为主，有少量粉砂岩，偶夹薄层灰岩。

2）良里塔格组

岩性主要为浅灰色亮晶砂屑生屑灰岩、生物骨架岩、生屑砂屑黏结岩、隐藻泥晶灰岩、隐藻凝块灰岩及泥晶灰岩。厚度 200～800m，常见灰泥丘和生物礁。

良里塔格组可细分为 3 个岩性段，即泥质条带灰岩段、颗粒灰岩段和含泥灰岩段；进一步细分为五个亚段，即良一段～良五段。

良一段以泥质条带、泥质条纹的普遍发育为特征。上部岩性主要以泥质灰岩、生屑泥晶灰岩为主；下部岩性主要为浅灰色薄-中层生屑泥晶灰岩、生屑砂屑灰岩，局部发育生物礁灰岩。

良二段岩性较纯，主要为灰色、褐灰色、浅灰色中厚层-块状的泥晶或亮晶颗粒灰岩、隐藻黏结岩，局部夹有薄层生物骨架岩，为粒屑滩、灰泥丘、礁丘相发育段，也是良好的油气显示集中段。

良三段总体上以厚层的亮晶粒屑灰岩、隐藻黏结岩及泥晶灰岩的不等厚互层为特征。

良四段岩性主要为灰色、深灰色中厚层隐藻黏结岩、隐藻泥晶灰岩、泥-亮晶灰屑灰岩，常含泥质条纹。

良五段岩性主要为大套的隐藻黏结岩石、隐藻泥晶灰岩、泥晶灰岩与亮晶粒屑灰岩的不等厚互层。该层沉积厚度较大，一般为130~233m，部分井区较薄。

3）鹰山组

鹰山组为奥陶系下统，与上统的良里塔格组呈不整合接触，为局限-开阔台地相沉积，发育灰色、褐灰色灰岩，云质灰岩和灰质白云岩地层；以富含硅质团块或条带、夹白云质灰岩、灰质白云岩和白云岩。鹰山组顶部的岩溶储层发育。

4）蓬莱坝组

岩性为浅褐灰色、灰色粉-细晶云岩、中晶云岩、泥晶云岩、残余粉晶藻云岩、泥晶藻云岩、残余砂屑云岩，可见构造角砾云岩。

3. 储盖组合

塔中Ⅰ号气田奥陶系从上往下可分为三套储盖组合，在塔中油气藏范围内叠置连片，分布稳定（图1.6）。

第一套储盖组合：储层为良一段+良二段生屑灰岩和砂砾屑灰岩，盖层为桑塔木组泥岩。

第二套储盖组合：储层为良三段生屑、粒屑灰岩，盖层为良三段顶部泥灰岩或泥晶灰岩。

第三套储盖组合：储层为良五段+鹰山组岩溶储层，盖层为良四段泥晶灰岩。

据此可分为三套油气组合：第一气层组（OⅠ），包括良一段+良二段；第二气层组（OⅡ），为良三段；第三气层组（OⅢ），包括良五段+鹰山组的上部。

4. 沉积类型

良里塔格组沉积时期塔中Ⅰ号坡折带西侧的水体变浅，发育台缘高能粒屑滩和礁丘，使中晚奥陶世良里塔格组早期碳酸盐开阔台地相变为晚期碳酸盐局限台地。礁（丘）、滩组合镶边沉积在塔中82井区、塔中62井区、塔中24—26区块从良三段中下部开始发育，西部形成了分布较稳定的粒屑滩，它形成了塔中Ⅰ号坡折带礁滩复合体发育的基础。伴随构造波动、海平面变化及礁滩体的营建，共发育5个成滩时期和4个成礁时期（图1.7）。

对塔中地区晚奥陶世良里塔格组良一、良二段沉积期的沉积相研究表明[2-6]，沿着塔中Ⅰ号坡折带发育台地边缘相，主要以边缘滩、台内滩、台缘礁和台内点礁为主，并且滩相远比礁相更为发育，表现出大滩小礁的特征。

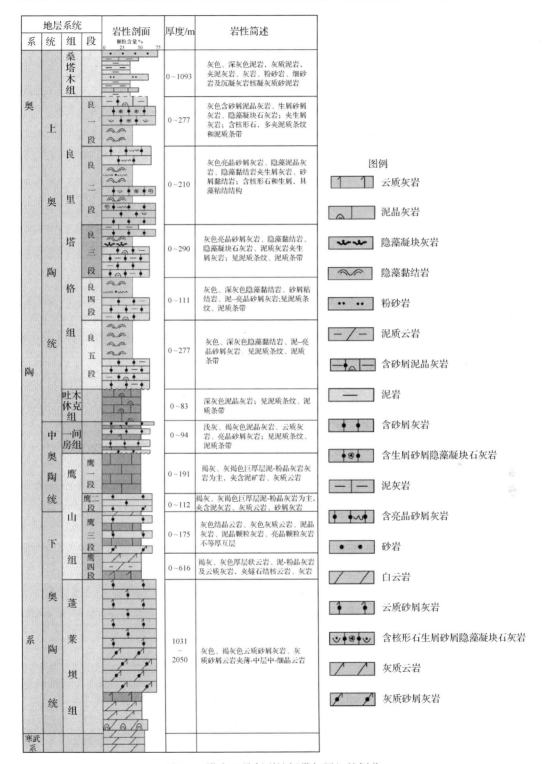

图 1.6　塔中 I 号断裂坡折带气层组的划分

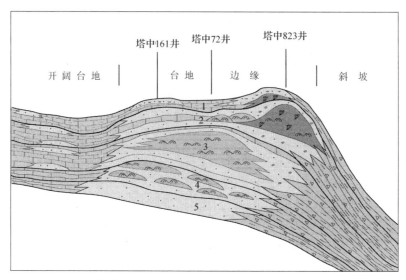

图 1.7　塔中碳酸盐岩礁滩体发育旋回模式图（文后附彩图）

1, 2, 3, 4 为地层编号

5. 断裂特征

塔中 I 号气田断裂较为发育，发育的大规模断裂可分为三级，第一级为塔中 I 号断裂，第二级为塔中 I 号断裂的伴生断裂，第三级为与塔中 I 号断裂垂直或斜交的走滑断裂，各级断裂的活动时间、强度、应力方向在各区存在差异，分述如下。

塔中 I 号断裂是位于塔中古隆起最北部的大断裂，在塔中 I 号气田活动强度表现为东强西弱。在塔中 24—26 区块断裂走向为北西-南东向，断裂活动强烈，寒武系盐层最大断距逾 1000m，断层破碎带宽达 2 公里，向上断至奥陶系桑塔木组泥岩。在塔中 62 区块断裂活动强度减弱，表现为盖层滑脱型，断裂方向为北北西-南南东向，在工区内延伸约 48km，主要断开层位为寒武系-中下奥陶统。在塔中 82 区块塔中 I 号断裂走向为北北西-南南东向，表现为寒武系膏盐岩的盖层滑脱型，走滑断裂以西断裂活动强度变弱，断裂方向转为北西-南东向，断距较小，为 50～200m。

第二级为塔中 I 号断裂南部的伴生断裂和再向南的同期逆冲断裂，发育于开发试验区各区块，该级断裂方向在各区与塔中 I 号断裂较为一致，主要为 NWW—SEE 和 NW—SE 向，断穿上寒武、下奥陶统和上奥陶统灰岩，断至上奥陶统桑塔木组砂泥岩段，断裂活动强度也是东强西弱，断距在 30～600m，平面延伸广。

第三级为走滑断裂，主要发育在塔中 82 区块和塔中 83 区块，在塔中 82 区块表现为与塔中 I 号断裂大角度斜交的走滑断裂，呈北东-南西和北北东-南南西走向，纵向断开层位为寒武系-志留系，最大断距达 200m。走滑断裂有一定的宽度，由多个小断层并列共同组成走滑断裂体系，它们对奥陶系礁滩体有较强的改造作用，特别是后期埋藏溶蚀作用有利于储集空间的改善。

1.1.3　塔中 I 号气田储层特征

1. 岩石类型

塔中 I 号气田良里塔格组储层的主要岩石类型为礁滩相骨架礁灰岩、颗粒灰岩和灰泥丘藻黏结岩石类。储层中颗粒含量通常大于 50%，粒间孔隙以亮晶方解石胶结为主，局部有少量泥、微晶填隙物。良里塔格组中上部以亮晶颗粒灰岩和泥晶颗粒灰岩为主，颗粒灰岩含量平均占 60% 左右(图 1.8)，其他如隐藻黏结岩、生屑灰岩、泥晶灰岩的含量一般各占 15% 以下。

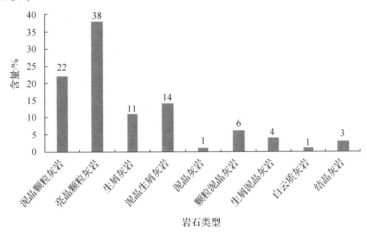

图 1.8　良里塔格组储层岩石分类及占储层厚度百分比

塔中 I 号气田鹰山组储层岩石类型主要为亮晶砂砾屑灰岩、白云质砂屑灰岩，含量分别为 42.94% 和 27.68%。亮晶砂屑灰岩颗粒含量为 65%~75%，发育溶蚀孔洞、裂缝等，主要分布于中高能砂屑滩。云质砂屑灰岩颗粒含量为 55%~70%，见有少量砾屑、生屑及藻砂屑(图 1.9)。局部见风暴扰动、花斑状白云岩化的假角砾结构，另见有溶蚀孔洞及裂缝，多为方解石半充填或全充填，常见介形虫和绿藻等生物碎屑，主要形成于粒屑滩。

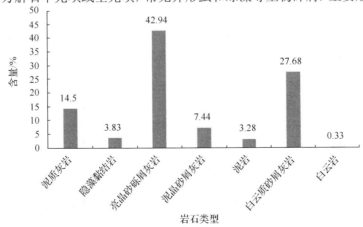

图 1.9　鹰山组储层岩石分类及占储层厚度百分比

2. 储集空间特征

研究表明,塔中Ⅰ号气田奥陶系含油气层段碳酸盐岩储层的储集空间类型主要有孔、洞、缝三大类。宏观储集空间以溶洞、溶孔和裂缝为主。微观储集空间以粒内溶孔、粒间溶孔、晶间溶孔和微裂缝为主。其划分级别如表 1.1 所示。

表 1.1　碳酸盐岩孔、洞、缝级别划分表

孔		洞		缝	
类型	孔径/mm	类型	洞径/mm	类型	缝宽/mm
大孔	0.5~2	巨洞	~1000	巨缝	≥100
中孔	0.25~0.5	大洞	100~1000	大缝	10~100
小孔	0.01~0.25	中洞	20~100	中缝	1~10
微孔	<0.01	小洞	2~20	小缝	0.1~1
				微缝	<0.1

1)宏观储集空间

(1)溶洞。

这类储集空间在钻进过程中常表现出钻具放空、泥浆漏失。测井响应显示井径显著扩大、电阻率降低,地震剖面上串珠状强反射。取心中可见洞内充填物,且取心收获率常常较低,岩心破碎,岩心观察以小洞为主。塔中Ⅰ号气田地区塔中多口井在钻井过程中显示有大型溶洞的存在。塔中 62-1 井在 4959.1~4959.3m 和 4973.21~4973.76m 井段分别放空 0.2m 和 0.55m,发育两个大洞,漏失泥浆 799.2m³;塔中 244 井在 4432.32~4433.64m 井段放空 1.32m,发育一个巨洞。中古 8 井区及邻区有 7 口井在钻井过程中发生泥浆漏失及钻具的放空;中古 162 井在钻进过程中多个井段出现钻头放空、泥浆漏失。由此推测塔中Ⅰ号气田地区大型岩溶缝洞比较发育。

(2)溶孔。

溶孔是指一般肉眼可见的溶蚀孔洞,孔洞直径 2~500mm。岩心观察孔隙主要为溶蚀孔隙。溶孔统计表明,OI 气层组塔中 82 区块以大孔、中孔为主,分别占 63.26%、19.06%;塔中 62 区块以小孔、微孔为主,分别占 32.24%、34.56%;塔中 24—26 区块以大孔、中孔为主,分别占 34.74%、35.89%;OⅢ气层组塔中 83 区块全为大孔。

(3)裂缝。

裂缝是碳酸盐岩重要储集空间,也是主要的渗流通道之一。塔中地区奥陶系碳酸盐岩岩心裂缝发育,按产状可分为立缝、斜缝和水平缝,大多为方解石或泥质充填或半充填;从成因来分主要有 3 种类型:构造缝、溶蚀缝和成岩缝。构造缝在良里塔格组构造缝较为发育,与区域构造活动有关,多呈高角度斜交缝和直劈缝,沿缝扩溶现象较明显,常见沿缝分布有溶孔、溶洞。溶蚀缝主要由地表水和地层水沿早期的裂缝系统产生溶蚀扩大形成。成岩缝即压溶缝,是压溶作用的产物,缝合线以水平相间分布为主,缝合幅度不高;个别幅度高、密度大,则构成网状。微裂缝有效缝宽<0.01mm,裂缝率为 0.01%~0.1%,由于微裂缝宽度很小,对基质孔隙度影响不大,但对储层渗透性有较大的改善。

2) 微观储集空间

显微镜观察显示，微观储集空间主要有孔洞和裂缝两大类(图 1.10)。其中孔洞包括粒间溶孔、粒内溶孔和晶间溶孔。统计表明，储量区块内储集空间主要为构造缝，其次是缝合线、缝合线伴生溶孔、晶间孔和晶间溶孔、粒内溶孔、粒间溶孔。

图 1.10　塔中 822 井岩心照片、FMI 图像反映的裂缝型储层(文后附彩图)

3. 物性特征

根据塔中 I 号气田现有资料，统计良里塔格组和鹰山组的岩心常规物性分析数据。良里塔格组气层组储层孔隙度和渗透率的分布情况如图 1.11 所示，良里塔格组孔隙度小于 0.1%的储层占 45.04%，孔隙度为分布为 0.1%～1%的储层占 13.69%，孔隙度为分布为 1%～10%的储层占 21.63%，孔隙度大于 10%的储层占 19.64%；渗透率分布范围为 $0.0017\times10^{-3}\sim52.4\times10^{-3}\ \mu m^2$，渗透率小于 $0.1\times10^{-3}\ \mu m^2$ 的储层占 72.90%，渗透率分布为 $0.1\times10^{-3}\sim1\times10^{-3}\ \mu m^2$ 的储层占 17.22%，渗透率分布为 $1\times10^{-3}\sim10\times10^{-3}\ \mu m^2$ 的储层占 7.73%，大于 $10\times10^{-3}\ \mu m^2$ 的储层占 2.15%，平均渗透率为 $1.1902\times10^{-3}\ \mu m^2$。综合分析表明，良里塔格组属于中孔低渗型储层。

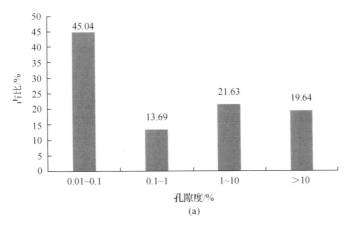

(a)

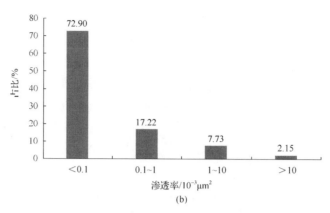

(b)

图 1.11　塔中 I 号气田良里塔格组储层孔隙度、渗透率分布直方图

　　鹰山组储层孔隙度和渗透率的分布情况如图 1.12 所示，鹰山组孔隙度小于 0.1%的储层占 3.03%，孔隙度分布为 0.1%~1%的储层占 6.06%，孔隙度分布为 1%~10%的储层占 27.27%，其中孔隙度大于 10%的储层占 63.64%，；渗透率大于 0.01×10^{-3}μm^2 的样品的平均渗透率为 0.4075×10^{-3}μm^2，其中渗透率小于 0.1×10^{-3}μm^2 的储层占 76.67%，渗透率分布为 0.1×10^{-3}~1×10^{-3}μm^2 的储层占 15.00%，渗透率分布为 1×10^{-3}~10×10^{-3}μm^2 的储层占 8.33%。综合分析表明，鹰山组属于高孔低渗型储层。

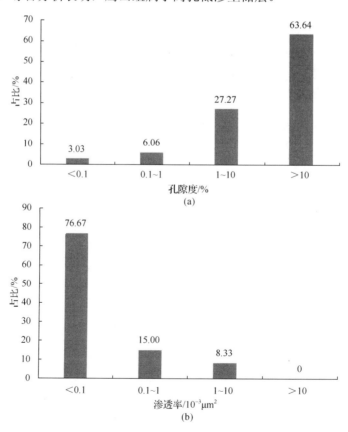

图 1.12　塔中 I 号气田鹰山组储层孔隙度、渗透率分布直方图

4. 储层类型

储集空间主要为孔、洞、缝。根据其组合特征可以把储层划分为孔洞型、裂缝型、裂缝-孔洞型和洞穴型。

1)孔洞型储层

孔洞型储层的主要储集空间是溶蚀孔、洞。这类储层一般是原生孔隙发育的层段经溶蚀改造而成，裂缝欠发育。

2)裂缝型储层

裂缝型储层为工区普遍发育的一类储层，该类储层基质孔隙一般不发育，孔隙小于1.8%，裂缝为其主要储集空间和连通渠道，储集性通常较差，渗流性较好。

3)裂缝-孔洞型储层

裂缝-孔洞型储层是目的层的一种重要储集类型，这类储层孔洞、裂缝均较发育。孔洞是其主要的储集空间，裂缝作为储集空间，但更为重要的是作为渗流通道。与单一孔洞型或单一裂缝型储层相比，其孔洞和裂缝共存，大大提高了储集、渗流能力。

4)洞穴型储层

洞穴型储层为工区重要的储层类型。洞穴型储层的储渗空间主要为大型洞穴(指直径大于 500mm 的溶洞)，同时也可有溶蚀孔洞、风化裂缝及半充填或未充填的构造裂缝。

通过对塔中各井区储层类型的统计，塔中 I 号气田 I 区、II区和III区的奥陶统储层类型分布情况如图 1.13～图 1.15 所示。

从图 1.13～图 1.15 可以看出，塔中 I 区、II区和III区孔洞型和裂缝-孔洞型储层分别占该区总储层类型的 92.02%、84.36%和 68.81%，说明塔中 I 号气田储集层以孔洞型和裂缝-孔洞型储层为主。

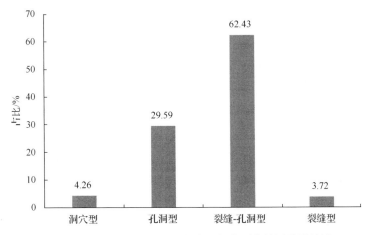

图 1.13　塔中 I 号气田 I 区奥陶系灰岩测井储层分类统计

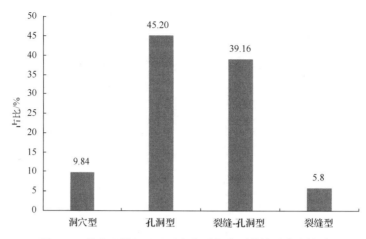

图1.14　塔中Ⅰ号气田Ⅱ区奥陶系灰岩测井储层分类统计

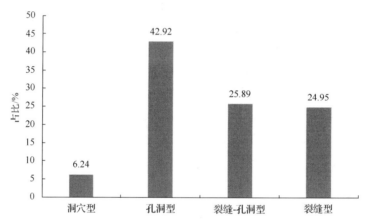

图1.15　塔中Ⅰ号气田Ⅲ区奥陶系灰岩测井储层分类统计

1.1.4　塔中Ⅰ号气田储层压力温度系统

OⅠ气层组油气藏埋藏深度为4711.5～5381.0m，地层压力为58.31～64.98MPa，压力系数为1.22，属于正常压力系统；地层温度为121.1～136.3℃，地层温度梯度为2.49～2.53℃/100m，属于正常温度系统。

OⅢ气层组油气埋深5553.3m，地层压力为61.59MPa，压力系数为1.11，属于正常压力系统；地层温度为142.9℃，地层温度梯度为2.57℃/100m，属于正常温度系统。

1.1.5　塔中Ⅰ号气田储层流体特征

通过统计分析塔中Ⅰ号气田各区的油、气、水、H_2S、PVT样品，得出各井区的流体特征。

（1）地面凝析油性质。

塔中Ⅰ号气田地面凝析油密度为0.7716～0.8265g/cm³；50℃动力黏度为0.9202～

2.6900mPa·s；凝固点为–28～42℃；含硫量为 0.02%～0.37%；含蜡量为 3.63%～23.44%。

（2）地面天然气性质。

塔中 I 号气田地面天然气甲烷含量为 83.72%～94.57%，CO_2 含量为 1.82%～4.91%，N_2 含量为 1.20%～10.12%，相对密度为 0.60～0.68。

（3）地层水性质。

对塔中 I 号气田地层水分析样品统计分析，结果表明：地层水平均密度为 1.0794g/cm³，总矿化度平均为 116294mg/L，水型为 $CaCl_2$ 型。

（4）H_2S 和 CO_2 气体含量及分布特征。

塔中 I 号气田天然气属酸性气体，普遍含 H_2S 和 CO_2 气体，其中 H_2S 含量为 0.011～66.5g/m³，CO_2 气体含量为 1.60%～4.91%。根据 H_2S 含量（g/m³）判别标准（小于 0.02g/m³ 为微含硫；0.02～5.0g/m³ 为低含硫；5.0～30.0g/m³ 为中含硫；30.0～150.0g/m³ 为高含硫；150.0～770.0g/m³ 为特高含硫），塔中 I 号气田属中含硫到特高含硫范畴。图 1.16 为塔中 I 气田各井 H_2S 含量示意图（单位 mg/m³）。塔中碳酸盐岩储层酸性气体严重威胁钻井安全。

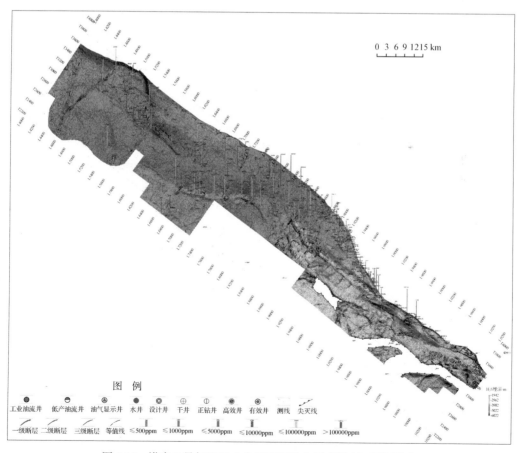

图 1.16　塔中 I 号气田 H_2S 含量平面分布示意图（文后附彩图）

1ppm=10^{-6}

由表 1.2 可以看出，塔中 82 井区西部井区 H_2S 分压较低，以 CO_2 腐蚀为主；东部 H_2S 和 CO_2 分压都比较高，以 H_2S 腐蚀为主，是塔中 I 号气田腐蚀最严重的区块之一。塔中 83 井区单井差异较大，但依照腐蚀气体分压，也为塔中 I 号气田腐蚀最严重的区块；塔中 62 井区凝析气区以 H_2S 腐蚀为主；塔中 62 井区油藏区腐蚀由 H_2S 和 CO_2 共同作用，腐蚀情况比较复杂。

表 1.2　塔中 I 号气田部分井腐蚀性气体情况表

井区	井号	H_2S 分压/MPa	CO_2 分压/MPa	CO_2/H_2S
塔中 82 西部	TZ828、TZ82	0.0034～0.0066	1.01～1.07	153～311
塔中 82 东部	TZ82、TZ821、TZ62-3	0.2885～0.9057	1.54～3.15	2～7
塔中 62 油环区	TZ622	0.0514	0.81	16
	TZ62-1、TZ621	0.0091～0.0294	1.17～1.45	49～129
塔中 62 凝析气区	TZ62-2、TZ44、TZ62	0.0091～0.1116	0.44～0.82	7～8
	TZ623、TZ242	0.0041～0.0174	0.27～0.76	44～66
塔中 83	TZ83	1.2978	4.64	4
	TZ721	0.0055	1.43	260

1.2　塔中碳酸盐岩井型的选择与钻井工程难点分析

塔中 I 号气田主要以碳酸盐岩油气藏为主，储层特征和油藏模式决定所采取的开发井型，采用水平井开发塔中 I 号气田可以获得更大的产能，但塔中碳酸盐岩特殊的地质状况和成藏条件给水平井钻进带来诸多困难。

1.2.1　塔中碳酸盐岩高效开发井型的选择

塔中 I 号气田主要以碳酸盐岩油气藏为主，目的层为奥陶系，岩性以灰岩、颗粒灰岩为主。其油藏类型比较特殊，既不同于常规的孔隙性砂岩油藏，也不同于中东地区和我国东部典型的裂缝性碳酸盐岩油藏。储层裂缝和溶洞发育，储集空间类型主要为粒间与粒内溶孔，主要储层类型为裂缝-孔洞型、孔洞型和裂缝型，并发育大型洞穴型储层。储层纵向上叠置、横向上连片，形成整体连片的、横向上具有非均质性变化的礁滩体储层。同时塔中碳酸盐岩岩溶储层单个储集体规模小，空间分布具有相当大的随机性，表现为不规则形态和不均匀分布。

储层特征和油藏模式决定了所采取的开发井型。为了获得更大的产能，应用水平井尽可能多地穿越裂缝和溶洞，同时钻探两个以上的储集体，可以实现塔中 I 号气田大规模高效开发[7]。塔中油气开发以水平井为主，水平井数及总井数如图 1.17 所示，水平井水平段的长短决定了开发效果和单井的经济效益，碳酸盐岩水平井平均水平段长及平均井深如图 1.18 所示。与直井相比，水平井能够大大增加钻遇裂缝的机会，且水平井泄油能力强，有效增加单井控制储量及单井产量，延长稳产期，提高油气最终的采出程度（表 1.3）。

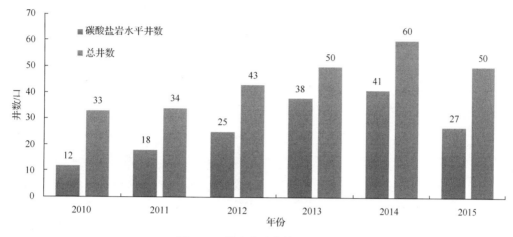

图 1.17　塔中水平井数及总井数

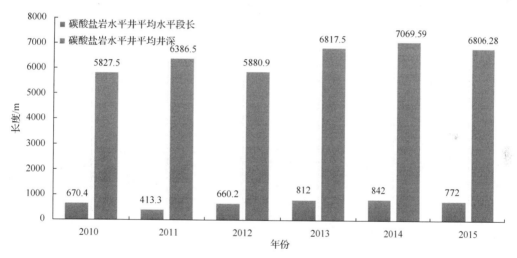

图 1.18　碳酸盐岩水平井平均水平段长及平均井深

表 1.3　水平井与直井开发效果对比

井区	储层类型	井型	初始日产		初期生产压差/MPa	稳产期采出程度			20 年采出程度	
			油/(t/d)	气/(10⁴m³/d)		年/a	油/%	气/%	油/%	气/%
塔中 62	I 类	直井	41.7	15	5.6	4.9	3.98	7.35	7.02	16.54
		水平	83.4	30	3.02	5	8.32	15	14.73	38.9
	II 类	直井	7.76	2.5	11	4.76	2.12	4.76	6.91	15.32
		水平	23.27	7.5	4.93	5.29	8.79	15.87	15.05	40.42

1.2.2　塔中碳酸盐岩超深水平井钻井工程难点分析

近年来，塔中地区水平井数量逐年增多，水平井井深随着开发的深入而不断加深，水平段也逐步加长，碳酸盐岩井钻井成功率也逐年提升，近 5 年塔中碳酸盐岩钻井成功率如图 1.19 所示。2013 年碳酸盐岩水平井平均井深为 6817.5m，比 2012 年增加 936.6m；2013 年碳酸盐岩水平井平均水平段长 905.6m，比 2012 年增加 245.4m。但塔中碳酸盐岩特殊的地质状况和成藏条件给水平井钻进带来诸多困难。

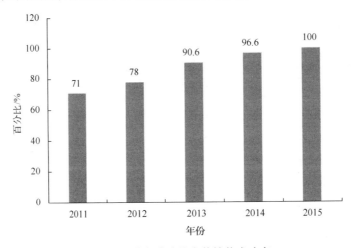

图 1.19　塔中碳酸盐岩井钻井成功率

(1) 储层安全密度窗口窄。

储层孔洞、裂缝发育，孔隙压力和漏失压力都较低且预测困难，储层压力敏感性强，地层压力窗口窄，气油比高，不同缝洞体压力体系可能不同，溢流、井漏频繁发生[8]。特别是下奥陶缝洞发育，在地震剖面上存在串珠状反射，在钻进过程中，很多井甚至出现溢漏同存现象，井控风险大。据统计，在 2010~2014 年，塔中发生井漏、溢流井数占完井总数的 73% 左右，其中溢漏同存占井漏、溢流井的 62.5%。

(2) 井眼轨道优化难度大。

目前的勘探水平只能对裂缝性储层可能出现的区域(串珠)进行预测，但对于储层特性如裂缝类型、具体位置、流体类型、底水状态等却不能做出较高精度的预测。储层上述特性无法精确预测油藏构造边缘砂体的不稳定发育、单个储集体规模过小等，都会导致轨迹设计与优化的困难，而地层倾角变化大、地层对比困难、造斜段和稳斜段设计难度大则进一步增加了轨迹优化难度。

(3) 井眼轨迹控制困难。

目的层埋藏深，一般超过 5000m，厚度薄，入靶控制精度要求高。井下环境高温、高压，测量和定向仪器工作性能不稳定，工作寿命短，给轨迹控制造成很大的困难；构造边缘储集层横向展布不均匀，碳酸盐岩非均质性极强，裂缝和孔洞十分发育，分布规律呈现不均匀性，对缝洞体认识不清，井眼轨迹很难准确入靶，造成实际井眼轨迹不能很好地钻遇大型裂缝和溶洞。由于奥陶系灰岩目的层上部没有明显标志层，无法精确预测储层深度，控制在缝洞单元顶部进行钻井难度非常大，一旦与大型缝洞沟通，造成漏失，轨迹调整难度更大。

(4)水力参数优化困难。

对于塔中碳酸盐岩超深水平井，为提高机械钻速，常采用螺杆钻具进行复合钻进，螺杆钻具对钻井液排量、工作压降和最大钻头压降都有要求，需要在螺杆钻具的工作参数范围内确定水力参数。超深水平井中温度、压力对钻井液密度、流变性的影响较大，需要建立高温高压钻井液密度模型和流变性模型，才能准确地计算循环压耗。超深水平井井段长、井斜大、循环压耗大且钻杆偏心严重，岩屑极易在大斜度井段和水平井段形成岩屑床；井眼清洁困难。若井眼尺寸较大，钻井液返速低，水平段钻进过程中在稳斜段和水平段极易形成岩屑床，导致卡钻、扭断钻具和井下仪器无法下入等事故发生。

(5)水平段机械钻速低。

塔中碳酸盐岩储层在钻井过程中钻遇地层十分复杂，诸如岩石可钻性级值高、研磨性强、深部地层岩性不均质等，水平段钻进时易出现托压和黏卡现象，给安全快速钻井带来困难。同时，构造边缘储集层横向展布不均匀，钻遇岩性多样，同一井眼内岩性变化大，导致定向钻井机械钻速过慢，延长了建井周期。

(6)井眼稳定问题突出。

目的层钻遇高伽马井段后，由于泥岩水化膨胀，易发生垮塌，形成"大肚子"，导致通井过程中钻具通过困难。常规划眼易划出新井眼，从而丢失老井眼。同时由于该地区油藏埋藏深，钻井周期长，在大斜度井段易发生井壁失稳。

(7)高温高压问题突出。

塔中水平井储层埋藏深，目的层温度为130~150℃，地层压力为65~78MPa。造斜段全部在深部，在超深、高温、高压、高造斜率条件下，测量仪器工作性能不稳定，工作寿命短。同时高温高压条件下，钻井液流变性易发生变化，钻井液密度不再一成不变，表现为两种效应：弹性压缩效应，钻井液密度增加；热膨胀效应，钻井液密度降低。在裂缝溶洞发育的储层段，安全密度窗口窄，很容易导致井下复杂情况发生。

(8)酸性气体的存在。

塔中碳酸盐岩储层普遍含 H_2S 和 CO_2 气体，属中含硫到特高含硫范畴，其中 H_2S 含量为 0.011~66.5g/m³，CO_2 气体含量为 1.60%~4.91%，含量变化大，具有一定的不确定性，钻完井安全风险大。由于 H_2S、CO_2 对金属材料的双重影响及 H_2S、CO_2 气体间的交互作用，这种复杂多相介质体系中钻具的腐蚀问题变得异常严重和复杂，特别是高钢级钻具经常发生刺漏、脆性断裂等失效事故，而服役载荷远远未达到其屈服强度。

(9)水平段及裸眼段长，井眼摩擦阻力(简称摩阻)大。

塔中碳酸盐岩储层埋藏深，多在5000m以上，水平井井深多达7000m，部分井深甚至达到8000m，塔中碳酸盐岩水平井水平段长多为800~1600m，岩屑清洁困难，易造成岩屑堆积，造成起下管柱摩阻大，钻压无法传递至底部钻具，定向段托压严重，通井过程中甚至发生钻具屈曲现象(图1.20)。

图 1.20　托压严重导致钻具屈曲

对 2008~2014 年所钻的 135 口水平井的水平段进行分析表明（图 1.21），还有很大一部分井未钻达设计井深就提前完钻，所以目前的水平井钻井技术还不能达到储层高效开发设计的要求。

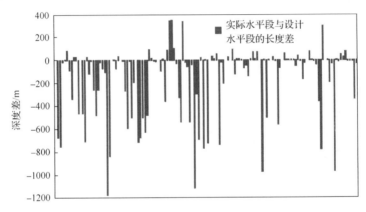

图 1.21　塔中碳酸盐岩水平井实钻与设计情况对比

为提高储层钻遇率，使水平井真正成为高效井，要根据塔中地区特殊的地质状况与遇到的钻井工程难题，形成一套适用于塔中地区碳酸盐岩超深水平井的工程配套技术，从而节省钻井成本，缩短建井周期，实现塔中地区碳酸盐岩储层的高效开发。

参 考 文 献

[1]　塔里木油田分公司, 西南石油大学. 塔中碳酸盐储层钻井完井方式优选. 库尔勒: 塔里木油田分公司, 2009.

[2]　于红枫. 塔中 I 号气田中古 5 井区奥陶系新增天然气探明储量报告. 库尔勒: 塔里木油田分公司, 2008.

[3]　吉云刚, 于红枫, 董瑞霞, 等. 塔中 I 号气田中古 8 井区奥陶系新增天然气探明储量报告. 库尔勒: 塔里木油田分公司, 2009.

[4]　徐彦龙, 吉云刚, 于红枫, 等. 塔中 I 号气田中古 10 井区奥陶系新增天然气预测储量报告. 库尔勒: 塔里木油田分公司, 2009.

[5]　韩剑发, 吉云刚, 张承森, 等. 塔中 I 号气田中古 43 井区奥陶系新增天然气预测储量报告. 库尔勒: 塔里木油田分公司, 2010.

[6]　罗春树, 张正红, 康博, 等. 塔中 I 号气田中古 51 井区奥陶系新增天然气预测储量报告. 库尔勒: 塔里木油田分公司, 2011.

[7]　王书琪, 康延军, 刘绘新. 塔中 I 号气田开发试验区 10 亿方试采方案气藏工程方案. 库尔勒: 塔里木油田分公司勘探开发研究院, 2007.

[8]　塔里木油田分公司, 中国石油大学(北京). 塔中 I 号气田压力敏感储层井控技术规范研究. 库尔勒: 塔里木油田分公司, 2014.

第 2 章　塔中碳酸盐岩油气田地层压力评估

塔中碳酸盐岩油气田钻遇地层自上而下依次为古近系、新近系、白垩系、三叠系、二叠系、石炭系、志留系和奥陶系。三叠系为紫红色泥岩及灰色泥岩夹灰白色粉砂岩，中下部以灰色、褐灰色中砂岩、含砾砂岩为主，夹泥岩。二叠系以灰褐色砂泥岩、夹火山喷发岩为主，其中玄武岩易塌易漏，三叠系、二叠系的棕红色泥岩造浆极为严重，易造成钻头泥包。奥陶系由桑塔木组、良里塔格组、鹰山组构成，以泥质灰岩为主，是塔中碳酸盐岩油气田的主要含油气带。建立该地区的地层三压力剖面是合理设计井深及确定钻井液密度的基础。

2.1　塔中碳酸盐岩油气田地层压力特征分析及评估方法

塔中碳酸盐岩地层形成时间较远，埋藏深度较深，地质情况复杂，地下压力体系多变[1]。碳酸盐岩地层在形成过程中沉积速度较慢，主要由岩石骨架来承担上覆岩层压力，使砂泥岩地层中常见的欠压实作用在碳酸盐岩地层中不易形成。且碳酸盐岩的胶结作用几乎与沉积作用同时进行，胶结作用使岩石固结，导致其孔隙度锐减。而由于各种后生成岩作用，碳酸盐岩储层发生巨大变化，次生孔隙成为主要的有效储集空间，从而形成非均质性的特点。

目前，对于砂泥岩地层压力的预测技术已经较为成熟，而由于碳酸盐岩地层特殊的生成、保存环境及空间分布的不均质性和储集结构的复杂性，其地层压力呈现出较为复杂的分布状态，地层压力预测精度不高，因此需要根据塔中碳酸盐岩油气田的地层特点选取合适的压力预测模型[2]。

2.1.1　塔中碳酸盐岩油气田地层压力特征分析

地层孔隙压力的形成，特别是异常高压，是由许多机制引起的。目前，公认的孔隙压力形成机制有以下几种[3]：①欠压实；②生烃作用；③蒙脱石转化伊利石；④水热增压；⑤构造作用；⑥侧向压力传递。塔中碳酸盐岩油气田上部为砂泥岩地层，下部储层为碳酸盐岩地层，砂泥岩地层易出现由欠压实作用导致的地层异常高压，而碳酸盐岩地层由于沉积速率低不易产生异常高压。塔中碳酸盐岩地层生成时间长，原始的地层压力形成后，在漫长的地质过程中，地层中的压力系统经过不断的破坏和改造，现今存留的地层压力状况是由多种地质作用长时间共同改变的结果。

地层岩石由于构造运动产生断裂、褶皱、滑移和隆起等，在长期的地质演变过程中，这些构造作用都会对地层中的压力分布产生影响：一方面可能会导致异常高压的产生，另一方面也可能起泄压的作用。如断层可能使含流体层在纵向上发生位移，即可能产生新的流体运动通道而引起压力变化，也可能出现上倾阻挡层隔离流体，使该构造运动期间的初始压力得以保持[4]。在强烈褶皱的地层中，由于压缩作用，随着翼部强岩层的减薄和背斜褶皱核部的挤压，孔隙体积减小。岩石骨架承受超出弹性极限的拉张和挤压，形成另外的岩层断裂。这样，在隔离的断块中易形成高流体压力。

图 2.1 为塔中低凸起奥陶系北部斜坡带油气藏剖面。塔中古隆起在早奥陶世末期由断块运动形成，晚奥陶系世末期以褶皱为特点，形成了塔中复式背斜的基本格局，晚海西期为局部构造调整期，构造演化与油气运聚相结合，从而奠定了塔中多个含油气层系叠置的格局。塔中碳酸盐岩油气田发育了一系列基底隐伏大断裂，其构造形态、油气保存状况、地应力状态等地质情况均受断层控制。油气生产井压力形成测试证明，切断储层的断层能形成压力间断并阻止流体运移。断层的阻挡致使流体被迫在沉积过程中承受较大的上覆压力，可能形成异常高压。从图 2.1 可以看出，塔中 83 井区储层被断层切断，可能形成压力间断并阻止流体运移，导致地层形成异常高压。

2.1.2　地层压力评估方法

钻井施工前，掌握该地区的地层孔隙压力十分必要，不仅有利于避免钻进过程中潜在的复杂情况，而且为钻井参数、井身结构等设计提供重要依据，对保护油气层、提高钻井成功率具有重要意义。地层压力评估的方法主要分为三类：①利用地震层速度进行钻前压力预测，其预测精度主要取决于地震资料的品质、对地质分层和岩性的了解程度及计算模型的合理性；②利用钻井过程中测量到的随钻信息资料实时压力监测，如 dc 指数法、标准化钻速法、随钻测井(logging while drilling，LWD)资料法等；③利用钻后测井资料计算地层孔隙压力，常用的有声波时差法、页岩电阻率法和泥页岩密度法等，该方法最为可靠，精度较高。

1. 砂泥岩地层压力评估方法

目前，针对砂泥岩地层，常用的地层压力评价方法主要有两类：一是基于沉积压实理论，主要有 Eaton 法、等效深度法和改进的 dc 指数法；二是基于有效应力定理，通过试验或理论推导，建立纵波速度、有效应力与岩石物理参数间的关系模型。其基本原理为，在正常压实地层，随着深度增加，地层逐渐被压实，岩石孔隙度逐渐减小，密度逐渐增加；而在异常高压地层，却表现为孔隙度比正常压实的孔隙度大，体积压缩系数比正常压实的体积压缩系数大，密度比正常压实的密度小，纵波速度比正常压实的纵波速度小。此规律可很好地识别异常高压地层，评估地层压力的大小。

Vahid 等[5]认为在异常高压地层，孔隙压力的大小取决于孔隙空间的变化，此时岩石的压缩性也会有较小的变化。因此可基于该井岩心分析和测井资料所得的体积模量和孔隙压缩系数，建立地层孔隙压力计算模型。

王斌等[6]指出地层含气影响纵波速度随地层压力的变化，当地层含气时纵波速度会降低，而横波速度并不降低；而当地层压力增大时，纵波速度和横波速度都会降低。因此，分别从杨氏模量和体积模量的定义出发，结合波动方程推导有效应力与纵波、横波之间的关系，并按一定比例加权，建立弹性参数联合法求取地层压力。

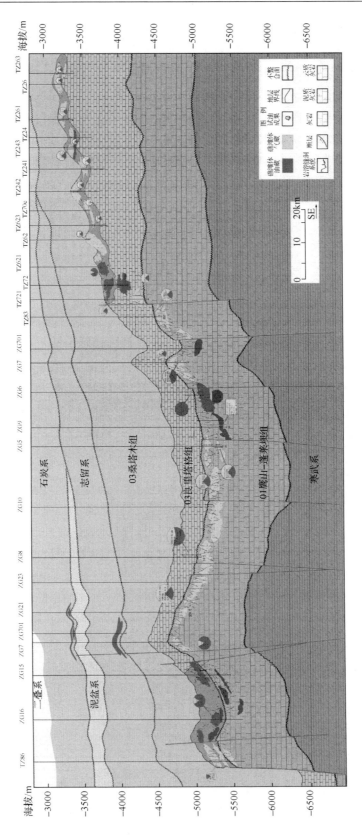

图2.1 塔中低凸起奥陶系北部斜坡带油气藏剖面(文后附彩图)

2. 碳酸盐岩地层压力评估方法

碳酸盐岩地层压力的预测一直是研究的热点与难点，主要原因是碳酸盐岩硬度比泥页岩更大，且地层孔隙压力与孔隙度没有较强的相关性，使在砂泥岩中适用的地层压力预测方法在预测碳酸盐岩地层压力时会出现偏差。由于碳酸盐岩地层的特殊性，其对地层压力预测方法的要求更加苛刻[7]。目前，碳酸盐岩地层压力预测的方法主要有两类：一是基于有效应力定理，利用岩石力学实验，寻找纵波速度、有效应力与岩石力学参数间的经验关系；二是基于正常压实趋势线，针对碳酸盐岩的特殊性质，对正常压实趋势线进行修正。

1）有效应力法

基于有效应力定理的地层压力预测方法，对岩性及地层异常压力的成因没有限制，不需要建立地层的正常趋势线，理论上适合碳酸盐岩的地层压力预测。为此，学者们提出了纵波速度与黏土含量、孔隙度和有效应力间的关系模型，有效应力与纵横波速度比间的关系模型，有效应力与地应力均方根间的关系模型，地层压力与体积压缩系数、孔隙度与上覆岩层压力的关系模型等。

程远方等[8]认为裂缝作为影响声波响应的重要因素，其作用常常被忽略。利用深、浅侧向电阻率差值判断地层裂缝的产状，定量计算裂缝孔隙度和张开度，研究了裂缝发育程度和孔隙压力变化对声波时差的响应，回归纵横波速、裂缝孔隙度与有效应力的定量关系，建立了一套考虑裂缝发育的碳酸盐岩地层孔隙压力预测模型。

余大等[9]指出异常高压形成机制是建立地层压力检测模型的基础，并研究了构造挤压应力对地层压力的影响。基于薄板理论，从孔隙弹性力学角度考虑体积弹性模量对地层压力的作用，建立了碳酸盐岩地层压力地质力学识别模型，能较为精确地检测构造挤压作用下的碳酸盐岩地层压力。

杨顺辉等[10]指出碳酸盐岩地层压力评价的关键在于碳酸盐岩纵波速度与异常高压的响应特征，需要找到纵波速度中表征异常高压特性的成分。基于 Biot 理论，建立由岩石骨架和孔隙流体组成的纵波速度方程。利用小波变换方法对纵波速度进行分解，提取高频系数及孔隙流体对纵波速度的贡献部分，从而识别异常高压地层并建立地层压力评价模型。

2）修正趋势线法

Weakley[11]提出利用碳酸盐岩地层中的泥页岩夹层来建立正常趋势线，通过测井资料对大段的碳酸盐岩地层进行精细分层，挑选出泥页岩段，建立泥页岩段的正常压实趋势线，并将趋势线连接，使其穿过碳酸盐层段，最后通过实测数据对孔隙压力剖面进行修正。

刘之的等[12]将碳酸盐岩内的灰质泥岩或白云泥岩作为视泥岩层，利用其测井数据得到正常压实趋势线，并通过调整回归趋势线的斜率和截距来修正正常趋势线。当由趋势回归方程所计算的等效深度点的声波时差介于声波时差基值与该点的声波时差之间，且所计算的地层孔隙压力与实测地层压力相近时，即可把此斜率和截距作为正常压实趋势方程的系数。

3. 地层压力评估方法的发展趋势

地层压力评估方法的发展，一方面要适应更加复杂多样的地质环境和新的钻井工艺技术要求，另一方面要不断提高压力评估的精度。从目前情况来看，碳酸盐岩地层压力预测的方法仍有待提高。总的来说，地层压力的评估将逐步完善，各种理论、方法将逐渐成熟，能适应各种复杂的地质情况，精度也会逐步提高。

2.2　塔中碳酸盐岩油气田地层压力的评估方法

在塔中碳酸盐岩油气田的钻井施工过程中，二叠系、石炭系、志留系等砂泥岩地层容易出现起下钻遇阻、井眼扩径等复杂情况，主要是因为施工过程中钻井液密度低于地层坍塌压力当量密度，使钻井液柱的压力不能平衡井周围岩应力，造成井壁失稳。奥陶系以泥质灰岩为主，并夹杂泥岩条带，且裂缝发育，导致该地层的安全泥浆密度窗口窄，漏失频发，甚至出现溢流、漏失同存的现象。这些钻井复杂情况与地层的孔隙压力、破裂压力、坍塌压力密切相关，因此，地层三压力剖面的确定在塔中碳酸盐岩油气田的勘探开发中显得十分重要。

2.2.1　地层孔隙压力的确定方法

1. 利用声波时差求取碳酸盐岩地层孔隙压力的可行性分析

声波时差主要与地层岩性、孔隙度、孔隙压力、孔隙流体类型有关。对于砂泥岩剖面，不论是对"欠压实"情况还是"流体膨胀卸载情况"，采用声波时差计算地层孔隙压力已成为一种常用的方法。对于碳酸盐岩地层，目前还没有特别成熟的方法。在碳酸盐岩剖面上，随着深度的增加，声波速度变化没有砂泥岩剖面大，但当出现流体高压层时，声波速度也会有一定程度的降低。因此，声波时差测井资料也可以用于碳酸盐岩剖面的压力分析。通过声波时差测井资料建立正常压实趋势线，再根据碳酸盐岩地层特点，结合实测数据对正常趋势线进行修正，以符合碳酸盐岩地层实际的压力分布。

塔中地区地层岩性复杂，且地层年代较老，在这种情况下砂泥岩剖面上泥岩的压实趋势线比较符合半对数坐标系中的线性关系规律。但由于存在不整合面，不同年代的地层正常压实趋势线不同。对于碳酸盐剖面，随着深度的增加，虽然声波时差变化不像砂泥岩剖面那样明显，但声波时差的总趋势还是减小的。

2. 利用声波时差检测地层孔隙压力方法

目前常用声波时差检测地层孔隙压力，其理论依据是"泥质沉积物不平衡压实造成地层欠压实并产生异常高压"这一机理。对于泥岩，假定孔隙度与垂直有效应力有如下关系[13,14]：

$$\phi = \phi_0 e^{-kP_e} \tag{2.1}$$

式中，ϕ 为泥岩孔隙度，%；ϕ_0 为地表泥岩孔隙度，%；k 为与地区及地质年代有关的系数；P_e 为垂直有效应力，MPa。

正常压实情况下，泥岩的垂直有效应力随埋深增加而逐渐增大，其孔隙度逐渐减小。因此，式(2.1)可改写为孔隙度与深度的关系：

$$\phi = \phi_0 e^{-kh} \tag{2.2}$$

式中，k 为与地区及地质年代有关的系数；h 为深度，m。

在孔隙度为对数横坐标、深度为普通纵坐标的半对数坐标系中，孔隙度随深度的增加而逐渐减小，该直线称为"正常压实趋势线"。若孔隙度偏离该正常趋势线，就会产生压力异常。

常采用 Eaton 法定量确定地层孔隙压力，Eaton 法是根据墨西哥湾等地区经验及理论分析建立起来的地层孔隙压力与测井参数间的关系式：

$$G_p = G_0 - (G_0 - G_h)(\frac{\Delta t}{\Delta t_n})^n \tag{2.3}$$

式中，G_p 为地层孔隙压力梯度，MPa/m；G_0 为上覆岩层压力梯度，MPa/m；G_h 为静液压力梯度，MPa/m；Δt 为计算点实测声波时差，μs/m；Δt_n 为计算点对应的正常趋势线的值，μs/m；n 为 Eaton 指数，与地区及地质年代有关。

3. 声波时差资料的处理方法

如果井径扩大较严重，则会造成声波时差波动较大，因此声波时差测井资料的处理比较麻烦。经过反复试验，最终采用如下方法和步骤处理原始声波时差，获得用于确定压力剖面的声波时差数据。

(1)对原始声波时差过滤平滑处理。测井过程中，声波测井探头与井壁随机碰撞及声波在裂缝的多次折射、反射引起声波测井曲线的失真和毛刺的产生。必须先将这些与地层性质无关的统计起伏和毛刺干扰滤掉，只保留曲线上反映地层特性的有用成分。平滑滤波是用最简单的低通滤波器，滤掉声波信号中的高频成分，从而使声波曲线尽可能真实地反映地层特性。

(2)对过滤平滑的声波时差数据自动分层取值。不同时期沉积的地层，地球物理性质不同，在测井响应上具有不同的特征，因此需要将测井曲线按一定的深度间隔进行划分，以层内所有样点的平均振幅值来代替真实振幅值。分层简化了测井曲线，结果更加精确。

(3)对分层取值数据进行包络线取值处理。砂泥岩地层取包络线均值，碳酸盐岩地层取包络线高值。

4. 正常趋势线的确定

以塔中Ⅰ区为例，经过反复试算分析，并参照地质分层，趋势线具体分段如下。

(1)第一段：塔中 82 井区、塔中 62 井区、塔中 26 井区、塔中 54 井区均是三叠系底界以上地层；塔中 45 井区是新近系底界以上地层(砂泥岩剖面)。

(2)第二段：塔中 82 井区、塔中 62 井区、塔中 26 井区均是自三叠系底界至石炭系巴楚组底界地层;塔中 54 井区是自三叠系底界至石炭系卡拉沙依组底界地层;塔中 45 井区是自新近系底界至石炭系卡拉沙依组底界地层(砂泥岩剖面)。

(3)第三段:塔中 82 井区、塔中 62 井区、塔中 26 井区均是自石炭系巴楚组底界至奥陶系桑塔木组底界地层;塔中 45 井区、塔中 54 井区是自二叠系卡拉沙依组底界至奥陶系桑塔木组底界地层(砂泥岩剖面)。

(4)第四段:奥陶系良里塔格组以下地层(碳酸盐岩剖面)。

不同地区趋势线的斜率和截距有一定差别,分析确定四个地区的趋势线具体数据见表 2.1。

表 2.1 各井区正常趋势线

井区	截距	斜率	Eaton 指数
塔中 82	2.10406	−0.0000364	2.6
	2.28042	−0.0000891	2.6
	2.04576	−0.0000405	2.6
	1.87279	−0.0000275	3
塔中 62	2.11046	−0.0000501	2.6
	2.31350	−0.0001052	2.6
	1.94487	−0.0000243	2.6
	1.76157	−0.0000125	3
塔中 26	2.07666	−0.0000453	2.6
	2.41305	−0.0001494	2.6
	2.28053	−0.0001070	2.6
	1.76782	−0.0000129	3
塔中 45	2.14351	−0.0000705	2.6
	2.18705	−0.0000656	2.6
	1.94338	−0.0000206	2.6
	1.86335	−0.0000254	3
塔中 54	2.12504	−0.0000518	2.6
	2.23560	−0.0000786	2.6
	1.95248	−0.0000219	2.6
	1.88575	−0.0000312	3

5. 上覆岩层压力梯度

上覆岩层压力是地下应力产生的主要根源,也是地层沉积压实的源动力,是地层压力预测中首先要确定的基础参数。密度测井曲线可以较真实地反映地下岩石的体密度随其埋藏深度的变化规律,是求取上覆岩层压力最为理想的资料。密度测井曲线主要受井径扩大及泥浆浸泡的影响,井径扩大造成井眼几何形状改变,导致密度仪极板贴不上井壁,使密度大幅度减小,甚至变为泥浆密度的读数;泥浆浸泡时间长会使井壁附近泥岩发生蚀变,导致泥岩的测量值低于实际密度值,因此应先对密度测井曲线进行校正。

对于井径扩大的影响,采用逐点估算与判别的方法进行校正。当前采样点估算密度

值的公式为

$$\rho_e = \rho_{fm}(1 - V_{sh}) + \rho_{sh}V_{sh} \tag{2.4}$$

式中，ρ_{fm} 为纯岩石密度值，g/cm^3；ρ_{sh} 为泥岩密度值，g/cm^3；V_{sh} 为泥质含量。

如果当前采样点密度读数 $\rho < \rho_e$，且井径扩大值(井径减去钻头直径)大于给定的容限值 ε，即 $d_h - d_B > \varepsilon$，则令 ρ_e 作为当前采样点的密度近似值；若 $\rho \geqslant \rho_e$，则保留原始值 ρ。

对于钻井液浸泡的影响，可采用如下公式：

$$\rho_c = [(a + b\rho) - \rho]V_{sh} + \rho \tag{2.5}$$

式中，ρ_c 为校正后的密度值，g/cm^3；ρ 为密度测井值，g/cm^3；a 和 b 分别为模型系数。

对校正好的密度测井曲线进行自动分层。由于地下沉积岩石具有一定的成层性，而且每一层的物性具有一定的均一性，这样分层的数据更加合理可靠。经过前面几步处理后，可以消除大多数不合理的数据，但得到的密度数据中还不能完全排除存在少量假数据的可能，需要通过人工判断方式进一步去除余下的不合理数据点。为了获得某一地区合理的上覆岩层压力梯度，应尽可能多地收集该地区已钻井的密度测井资料，按照上面的方法对单井密度曲线进行处理，然后将这些数据迭加并重新排序。

对前面处理好的密度散点数据进行等间距插值处理，然后采用如下公式计算上覆岩层压力梯度散点数据：

$$G_{oi} = \frac{\rho_w h_w + \rho_0 h_0 + \sum_{i=1}^{n} \rho_{bi} \Delta h}{h_w + h_0 + \sum_{i=1}^{n} \Delta h} \tag{2.6}$$

式中，G_{oi} 为一定深度上覆岩层压力梯度，g/cm^3；ρ_w 和 h_w 分别为海水密度及水深，g/cm^3，m；ρ_0 和 h_0 分别为上部无密度测井地层段平均密度及厚度，g/cm^3,m；ρ_{bi} 为一定深度的密度散点数据，g/cm^3；Δh 为深度间隔，m。

2.2.2 地层破裂压力的确定方法

井内一定深度出露的地层，其承压能力是有限的，当井内流体柱的压力达到一定值时会将地层压裂，用地层破裂压力来描述地层的这种承压能力。地层破裂压力与岩性、上覆岩层压力、地层孔隙压力、地层年代及该处岩石的应力状态等因素有关，总的趋势是地层破裂压力随井深的增加而增加。由于构造运动或钻头的破碎作用，井眼周围的岩石中往往存在许多微裂缝，使这些已存在的微裂缝张开并扩展的压力称为裂缝传播压力。裂缝传播压力略小于地层破裂压力，为安全起见，有些学者将其作为地层破裂压力的下限，并作为设计套管下深与确定钻井液密度上限值的依据。

地层的破裂压力的大小和地应力的大小密切相关。从力学上说，地层破裂是由于井内钻井液密度过大，使岩石所受的周向应力达到岩石的抗拉强度而造成的，即

$$\sigma_\theta = -S_t \tag{2.7}$$

$$\sigma_\theta = -P_i + (1 - 2\cos 2\theta)\sigma_H + (1 + 2\cos 2\theta)\sigma_h + \delta\left[\frac{U(1-2\nu)}{1-\nu} - \phi\right](P_i - P_p) \tag{2.8}$$

式中，σ_θ 为岩石所受周向应力；S_t 为岩石拉伸强度；σ_H、σ_h 分别为最大和最小水平主应力；δ 为渗透率系数，渗透时为 0，不渗透时为 1；P_i 为井内液注压力；P_p 为地层孔隙压力；ϕ 为孔隙度；U 为有效应力系数；ν 为泊松比。

从式(2.8)可以看出，当 P_i 增大时，σ_θ 变小，当 P_i 增大到一定程度时，σ_θ 将变成负值，即岩石所受周向应力由压缩应力变为拉伸应力，当拉伸应力大到足以克服岩石的抗拉强度时，地层则产生破裂造成井漏。破裂发生在 σ_θ 最小处，即 θ 为 0°或 180°处，此时 σ_θ 值为

$$\sigma_\theta = 3\sigma_h - \sigma_H - UP_p - P_i + K_1(P_i - P_p) \tag{2.9}$$

式中，K_1 为渗流效应系数，将(2.9)式代入式(2.7)，可得岩石产生拉伸破坏时地层破裂压力 P_f：

$$P_f = \frac{3\sigma_h - \sigma_H - \delta\left[\dfrac{U(1-2\nu)}{1-\nu} - \phi\right]P_p + S_t}{1 - \delta\left[\dfrac{U(1-2\nu)}{1-\nu} - \phi\right]} \tag{2.10}$$

2.2.3　地层坍塌压力的确定方法

从力学的角度来说，造成井壁坍塌的主要原因是井内液柱压力较低，井壁周围岩石所受应力超过岩石本身的强度而产生剪切破坏造成的，软的泥页岩表现为塑性变形而缩径；而硬脆性的泥页岩一般表现为剪切破坏而坍塌扩径。

井壁坍塌与否与井壁围岩的应力状态、围岩的强度特性等密切相关。根据 Mohr-Coulomb 的研究，岩石破坏时剪切面上的剪应力必须克服岩石的固有剪切强度值 S_0 (称为黏聚力)加上作用于剪切面上的摩擦阻力 $\mu\sigma$：

$$\tau = S_0 + \mu\sigma \tag{2.11}$$

式中，τ 为剪应力；μ 为岩石的内摩擦系数，$\mu = \tan\alpha$，其中，α 为岩石的内摩擦角；σ 为法向正应力。

Mohr-Coulomb 准则用最大和最小主应力 σ_1 和 σ_3 表示为

$$\sigma_1 - UP_p = (\sigma_3 - UP_p)\cot^2\left(45° - \frac{\alpha}{2}\right) + 2S_0\cot\left(45° - \frac{\alpha}{2}\right) \tag{2.12}$$

岩石剪切破坏与否主要受岩石所受到的最大主应力、最小主应力控制，σ_1 与 σ_3 的

差值越大，井壁越易坍塌。井壁岩石最大主应力和最小主应力分别为周向应力和径向应力，这说明导致井壁失稳的关键是井壁岩石所受的周向应力 σ_θ 和径向应力 σ_r 的差值，即 $\sigma_\theta - \sigma_r$ 大小。若水平地应力不均匀（$\sigma_H \neq \sigma_h$），井壁岩石周向应力 σ_θ 是随 θ 角的变化而变化的。当 θ 角为 90°或 270°时，$\cos 2\theta = -1$，σ_θ 达到最大值，那么该两处的差应力值 $\sigma_\theta - \sigma_r$ 也是最大的。这说明井壁失稳坍塌位置是 θ 角为 90°或 270°处，即井壁失稳方位与最小水平地应力方向一致，有

$$\sigma_r = P_i - \phi(P_i - P_p) - UP_p \tag{2.13a}$$

$$\sigma_\theta = 3\sigma_H - \sigma_h - P_i + K_1(P_i - P_p) - UP_p \tag{2.13b}$$

$$\sigma_z = \sigma_v + 2\nu(\sigma_H - \sigma_h) + K_1(P_i - P_p) - UP_p \tag{2.13c}$$

$$\tau_{r\theta} = 0 \tag{2.13d}$$

式中，σ_z 为轴向应力；σ_v 为上覆岩石应力；K_1 为渗流效应系数，$K_1 = \delta\left[\dfrac{U(1-2\nu)}{1-\nu} - \phi\right]$，其中，$\phi$ 为孔隙度，δ 为渗透率等级。

上述分析是在假设井壁围岩为线弹性体的基础上得出的，而碳酸盐岩弹性模量与围压、酸化时间有关，弹性模量 E 一般随围压 σ_3 的增加也明显增大，且呈非线性关系；随酸化时间的增加，弹性模量 E 也明显降低。用线弹性理论计算出的保持井壁稳定所需的压差与实际值相比偏大，为此应考虑岩石非线性特性对井壁应力的影响，修正围岩弹性模量变化对保持井壁稳定所需的压差。对均匀水平地应力作用下、无孔隙压力作用时，考虑岩石弹性模量与围岩相关的井壁应力进行计算，把井内壁的径向应力 σ_r 视为最小应力，据此得出

$$E = E_0 \sigma_r^n \tag{2.14}$$

式中，E_0 为零围压下的弹性模量；n 为修正系数。

经过推导得到修正后的井壁围岩周向应力 σ_θ 和径向应力 σ_r 的表达式为

$$\sigma_r = \sigma_a\left\{\left[\left(\frac{P_i}{\sigma_a}\right)^{1-n} - 1\right]\left(\frac{R}{r}\right)^N + 1\right\}^{\frac{1}{1-n}} \tag{2.15a}$$

$$\sigma_\theta = M\sigma_r - \frac{N}{1-n}\sigma_r^n \sigma_n^{1-n} \tag{2.15b}$$

式中，$N = \dfrac{1}{1-\nu}[(2\nu-1)(1-n)-1]$；$M = \dfrac{\nu(1-n)-1}{(1-n)(1-\nu)}$；$R$ 为井眼半径；r 为距井眼中心的径向距离；σ_a 为远场均匀地应力。

当 $n = 0.1$，$\nu = 0.2$ 时，上式计算的井眼应力分布如图 2.2 所示。

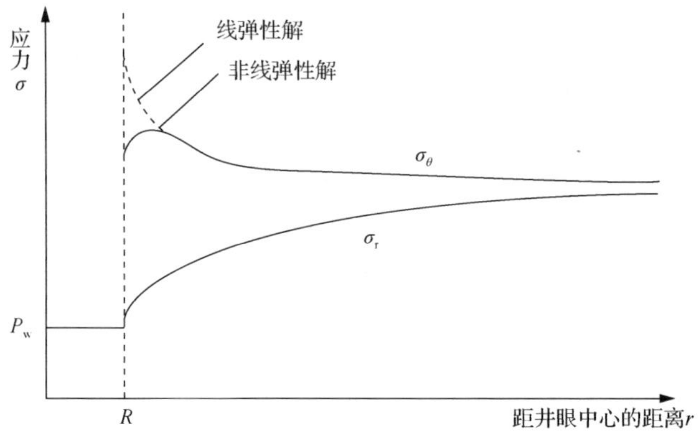

图 2.2 考虑岩石弹性模量随围压变化时的井壁应力分布图

P_w 为井底压力

从图 2.2 可以看出，考虑了弹性模量的非线性变化后得到的 σ_θ 值要比线弹性的低，当井内压力 P_i 较小时，这种差别就更加明显了。应力差 $\sigma_\theta - \sigma_r$ 不是在井壁上达到最大值，其最大值发生在距井壁一定深处的某个位置上，因此，井眼围岩破坏不一定发生在井壁上，也可能发生在距井壁一定距离的某个位置。对于非均匀地应力的情况，当考虑了弹性模量随围压变化时，无法求得井壁围岩应力分布的解析式，这里用均匀地应力情况下求得的围岩应力降低系数对非均匀地应力下的井壁应力进行修正。

在均匀地应力下：

$$\sigma_\theta^r = 2\sigma_a - P_p \quad \text{（线弹性解）} \tag{2.16}$$

$$\sigma_\theta^b = \frac{\nu(1-n)-1}{(1-n)(1-\nu)}P_i - \frac{(2\nu-1)(1-n)-1}{(1-\nu)(1-n)}P_i^n \sigma_a^{1-n} \quad \text{（非线弹性解）} \tag{2.17}$$

取 $\sigma_a = \dfrac{\sigma_H + \sigma_h}{2} = 0.021H$，$P_i = 0.12$，$\nu = 0.25$，$n = 0.1$（试验结果），将它们代入式(2.16)和式(2.17)，则可求得应力降低系数：

$$\eta = \frac{\sigma_\theta^r}{\sigma_\theta^b} = 0.95 \tag{2.18}$$

因此，在非均匀地应力作用下，井壁上 θ 为 90°和 270°处的有效切向应力应修正为

$$\sigma_\theta = \eta(3\sigma_H - \sigma_h - P_i) + K_1(P_i - P_p) - \alpha P_p \tag{2.19}$$

根据上面的分析可知，井壁坍塌失稳发生在 θ 为 90°和 270°处，该处的有效差应力 $\sigma_\theta - \sigma_r$ 最大。将 σ_θ 和 σ_r 代入 Mohr-Coulomb 强度准则式(2.11)，得保持井壁稳定的坍

塌压力计算公式为

$$P_{cr} = \frac{\eta(3\sigma_H - \sigma_h) - 2CB + UP_p(B^2 - 1)}{(B^2 + 1)H} \times 100 \tag{2.20}$$

式中，B 为与岩石性质有关的参数，$B = \cot\left(45° - \dfrac{\alpha}{2}\right)$；$H$ 为井深，m；P_{cr} 为坍塌压力，MPa；C 为岩石的黏聚力，MPa；η 为应力非线性修正系数。

2.2.4 岩石力学参数及地应力解释

1. 纵横波速度

将岩石看作是弹性体，可用弹性波在介质中的传播规律研究声波在岩石中的传播特性。在均匀无限大地层中，声速主要取决于岩石的弹性和密度。可见，若测出声波在地层中的传播速度，则可反映该地层的弹性状态。纵波时差 Δt_p 可由测井公司提供的测井曲线或磁盘数据中得到，经换算即可得到纵、横波速度：

$$V_p = \frac{1}{\Delta t_p} \tag{2.21}$$

$$V_s = \sqrt{11.44V_p + 18.03} - 5.686 \tag{2.22}$$

式中，V_p 为纵波速度；V_s 为横波速度。

2. 地层泥质含量

自然伽马测井是在井内测量岩层中自然存在的放射性核素核衰变过程中放射出来的 γ 射线的强度，可用于划分岩性，估算地层泥质含量。

由于泥质颗粒细小，具有较大的比表面积，对放射性物质有较大的吸附能力，泥质含量的多少决定了沉积岩的放射性强弱。利用自然伽马测井资料估算泥质的含量，相对值法计算公式如下：

$$V_{sh} = \frac{2^{GCUR \cdot I_{GR}} - 1}{2^{GCUR} - 1} \tag{2.23}$$

式中，V_{sh} 为泥质的体积含量；GCUR 为希尔奇指数，与地质时代有关，可根据取心分析资料与自然伽马测井值进行统计确定，古近系与新近系地层取 3.7，老地层取 2；I_{GR} 为泥质含量指数，$I_{GR} = \dfrac{GR - GR_{min}}{GR_{max} - GR_{min}}$，其中 GR、$GR_{min}$、$GR_{max}$ 分别为目的层、纯砂岩层和纯泥岩层的自然伽马值。

3. 地层孔隙度

声波在岩石中的传播速度与岩石的性质、孔隙度和孔隙液体等因素有关，研究声波在岩石中的传播速度或传播时间可以确定岩石的性质和孔隙度。Wylie 等提出了著名的 Wylie 公式：

$$\phi = \frac{\Delta t - \Delta t_{\text{ma}}}{\Delta t_{\text{f}} - \Delta t_{\text{ma}}} \tag{2.24}$$

式中，ϕ 为岩石孔隙度；Δt 为岩石声波时差测井值；Δt_{ma} 为岩石骨架声波时差值；Δt_{f} 为岩石孔隙流体声波时差值。

4. 静态和动态弹性参数

岩石弹性参数的静态值和动态值存在一定的差值，静态弹性模量普遍小于动态弹性模量，而静态泊松比有的大于动态泊松比，有的小于动态泊松比。根据实际受载情况，岩石的静态力学特性参数更适合工程需要，利用声波法得到的动态参数不能直接用于工程分析中。因此，需要利用现场提供的声波测井、密度测井、地层压力、部分岩心等资料确定动、静弹性参数之间的关系。

假设岩石为各向同性无限弹性体，则根据纵波速度和横波速度计算动态泊松比和动态杨氏模量的关系式：

$$E_{\text{d}} = \rho V_{\text{s}}^2 (3V_{\text{p}}^2 - 4V_{\text{s}}^2) / (V_{\text{p}}^2 - 2V_{\text{s}}^2) \tag{2.25}$$

$$v_{\text{d}} = (V_{\text{p}}^2 - 2V_{\text{s}}^2) / 2(V_{\text{p}}^2 - V_{\text{s}}^2) \tag{2.26}$$

式中，v_{d} 为动态泊松比；E_{d} 为动态弹性模量；ρ 为密度。

中国石油大学（北京）岩石力学室通过对东部各主要油田砂泥岩的三轴试验研究发现，静态泊松比随围压增大而增大，岩石的泊松比、弹性模量同所处的深度有关，并提出用式(2.27)和式(2.28)描述岩石泊松比和弹性模量的变化规律：

$$v_{\text{s}} = v_{\text{so}} + mP_{\text{c}}^n \tag{2.27}$$

$$E_{\text{s}} = E_{\text{so}} + aP_{\text{c}}^b \tag{2.28}$$

式中，v_{s} 为静态泊松比；m、n、a、b 分别为取决于岩性的常数；E_{s} 为静态杨氏模量；v_{so} 为单轴静态泊松比；E_{so} 为单轴静态杨氏模量；P_{c} 为围压。

基于现场实际岩心在三轴条件下进行动静态同步测试得

$$v_{\text{s}} = A_1 + K_1 \mu_{\text{d}} \tag{2.29}$$

$$E_s = A_2 + K_2 E_d \tag{2.30}$$

式中，$A_1 = a_{11} + a_{12} \lg(\sigma_1 - \sigma_3)$；$K_1 = k_{11} + k_{12} \lg(\sigma_1 - \sigma_3)$；$A_2 = a_{21} + a_{22} \lg(\sigma_1 - \sigma_3)$；$K_2 = k_{21} + k_{22} \lg(\sigma_1 - \sigma_3)$；$a_{11}$，$a_{12}$，$a_{21}$，$a_{22}$，$k_{11}$，$k_{12}$，$k_{21}$，$k_{22}$ 分别为回归系数。

对于 A_1、K_1、A_2 和 K_2 的取值，最简单的方法是对动静态同步测试得到的弹性参数进行线性回归。

5. 岩石强度参数

有学者根据大量的室内试验结果建立了砂泥岩的单轴抗压强度 σ_c 和动态杨氏模量以及岩石的泥质含量 V_{sh} 之间的关系[15]：

$$\sigma_c = (0.0045 + 0.0035 V_{sh}) E_d \tag{2.31}$$

根据纵、横波在岩石中的传播特性可得黏聚力 C 的计算公式：

$$C = A(1 - 2\nu_d)\left(\frac{1 + \nu_d}{1 - \nu_d}\right)^2 \rho^2 V_p{}^4 (1 + 0.78 V_{sh}) \tag{2.32}$$

式中，A 为与岩石性质有关的常数。

岩石的类型、颗粒大小等均对内摩擦角 α 值有很大影响。一般岩石的 α 值与 C 值存在一定的关系，通过回归分析得到砂泥岩地层内摩擦角 α 与黏聚力 C 间的关系式为

$$\alpha = a \lg[M + (M^2 + 1)^{1/2}] + b \tag{2.33}$$

式中，$M = a_1 - b_1 C$，其中，a、b、a_1、b_1 均为与岩石有关的常数。

岩石的抗拉强度可通过下式得到：

$$S_t = \left[0.0045 E_d (1 - V_{sh}) + 0.008 E_d V_{sh}\right] / K \tag{2.34}$$

式中，K 取 8～15。

岩石黏聚力和内摩擦角可以根据室内岩石三轴试验测得。试验用的岩样制备过程如图 2.3 所示：先用金刚石取心钻头在现场岩心上套取一个 $\Phi25\text{mm}$ 的圆柱形试样，然后将圆柱形试样的两端车平、磨光，使岩样的长径比不小于 1.5。

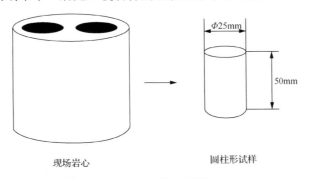

现场岩心　　　　　　　　　　圆柱形试样

图 2.3　取样示意图

　　由于井壁围岩处于三向应力状态，所以需进行三轴压缩试验才能得出合理的结果。对圆柱形岩样的横向施加液体围压 $\sigma_c = P_c$，然后逐渐增大轴向载荷，测出岩石破坏时的轴向应力 σ_1，并绘出应力-应变关系曲线。

　　所用实验装置如图 2.4 所示，全套装置由高温高压三轴室、围压加压系统、轴向加压系统、数据自动采集控制系统四大部分组成。高温高压三轴室的设计指标为围压为 140MPa，可容纳岩样的尺寸为 Φ25mm。最大轴压为 1500kN，轴向应变测试范围为 5mm/mm，周向应变测试范围为 4mm/mm。围压、轴向载荷与位移、应变等信号由数据自动采集控制系统 TESTSTAR II 采集与控制。

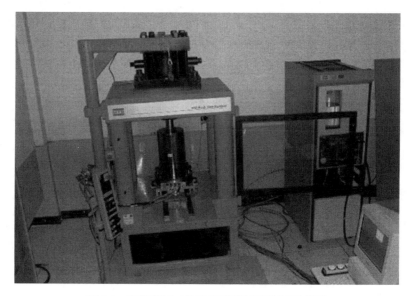

图2.4　高温高压三轴岩石强度试验装置示意图

试验过程如下。

　　(1)检查电源线、信号线和压力管线是否就位。

　　(2)打开计算机和 TESTSTAR II 电源；检查 TESTSTAR II 传感器指示灯是否正常；运行 TESTSTAR 检查增压器位移传感器是否需要复位；增压器是否需要加油。

　　(3)装载试样；塑封试样；放入围压室，夹持应变仪；罩上围压筒体；推围压室入操作台中央，定位；关好操作台安全门。

　　(4)编辑和调整 TESTSTAR II 控制方式及相应保护模式。

　　(5)编辑实验加载方式。

　　(6)确认所有上述操作正确无误。

　　(7)进行控制模块，进行实验。

　　(8)实验过程中，发生意外，立即启动 EMERGENCY STOP。

　　(9)实验结束后，卸围压，回油增压器，卸除岩样。

　　(10)按步骤(3)~(9)重复实验。

　　(11)整个实验结束，关闭电源，拔掉插头，按规定放好传感器。

(12) 整理各类工具，妥善处理废样废油，保持实验室清洁。

由三轴抗压强度实验可得到不同围压下试样的破坏强度，用 Mohr-Coulomb 准则对实验数据进行回归，可得到试样的内摩擦角和黏聚力。用主应力表示的 Mohr-Coulomb 准则：

$$\sigma_1 = \sigma_3 \cot^2\left(45° - \frac{\alpha}{2}\right) + 2C\cot\left(45° - \frac{\alpha}{2}\right) \tag{2.35}$$

式中，σ_1 为最大主应力；σ_3 为最小主应力。

6. 地应力解释

地层间或层间的不同岩性岩石的物理特性、力学特性及地层孔隙压力等方面的差别造成了层间或者层内应力分布的非均匀性。测井资料可以有效地计算这些特征量。根据上述测井资料解释出来的岩层物理、力学参数可以有效解释地应力。

基于七五模式的地应力解释方法：

$$\sigma_z = \int \rho g \mathrm{d}z$$
$$\sigma_h = \frac{1}{2}\left[\frac{E_s\xi_1}{1-\nu_s} + \frac{2\nu_s(\sigma_z - UP_p)}{1-\nu_s} + \frac{E_s\xi_2}{1+\nu_s}\right] + UP_p \tag{2.36}$$
$$\sigma_H = \frac{1}{2}\left[\frac{E_s\xi_1}{1-\nu_s} + \frac{2\nu_s(\sigma_z - UP_p)}{1-\nu_s} - \frac{E_s\xi_2}{1+\nu_s}\right] + UP_p$$

式中，ξ_1、ξ_2 分别为构造应力系数，代表一个区域的特性值，可以通过试验中测得的地应力等参数回归得

$$\xi_1 = \frac{1}{E_s}\left[(\sigma_H + \sigma_h - 2UP_p)(1-\nu_s) - 2\nu_s(\sigma_z - UP_p)\right]$$
$$\xi_2 = \frac{1}{E_s}(\sigma_H - \sigma_h)(1+\nu_s) \tag{2.37}$$

2.2.5　地层三压力确定方法的验证

1. 地层孔隙压力分析

表 2.2 是用测井资料计算的地层孔隙压力结果与现场钻杆测试得到的地层孔隙压力结果对比。从表 2.2 可以看出，实测压力系数与预测压力系数大致相符，建立的地层孔隙压力预测模型在塔中碳酸盐岩油气田应用效果良好，对塔中碳酸盐岩油气田的地质构造及地层特点有较强的适应性。

表 2.2　实测地层孔隙压力与预测地层孔隙压力结果对比

井区	井号	井深/m	实测压力/MPa	实测压力系数	预测压力系数
塔中 82	TZ 82 井	5250	63.26	1.23	1.19
	TZ 83 井	5500	60.99	1.13	1.15
	TZ 821 井	5100	61.41	1.23	1.212
塔中 62	TZ 621 井	4780	57.25	1.22	1.2
	TZ 721 井	4900	48.33	1.01	1.03
		4993.67	56.52	1.15	1.16
塔中 26	TZ 242 井	4455.36	55.4	1.26	1.251
		4733.55	60.7	1.31	1.275
		4739.17	59.32	1.28	1.27
塔中 45	TZ 86 井	6150	67.01	1.11	1.09
	ZG 17 井	6418.63	72.46	1.15	1.11
		6435.94	70.47	1.12	1.129
	ZG 18 井	6573.31	74.17	1.15	1.14
塔中 54	ZG 2 井	5897.64	68.22	1.18	1.164
	ZG 5 井	6333.29	66.28	1.05	1.08

2. 地层破裂压力分析

塔中 82 井区、塔中 62 井区、塔中 26 井区、塔中 54 井区、塔中 45 井区在研究井段范围内共进行了 31 次地破试验,其中共压破 6 层。表 2.3 是用测井资料计算的地层破裂压力结果与现场地破试验得到的地层破裂压力结果对比,可以看出地破试验结果与计算结果大致相符。

表 2.3　地破试验得到的地层破裂压力当量密度结果与计算结果对比

井区	井号	井深/m	地破实验结果/(g/cm³)	计算结果/(g/cm³)
塔中 82	TZ 82 井	1211	1.97	1.98
塔中 83	TZ 83 井	1210	2.09	1.99
塔中 26	TZ 242 井	806	2.38	2.34
塔中 45	ZG 17 井	1020	1.78	1.78
塔中 54	ZG 2 井	1007	2.18	1.85
	ZG 5 井	1110	1.78	1.74

3. 地层坍塌压力分析

塔中 45 井区和塔中 54 井区部分井径对比如图 2.5 所示,可以看出塔中 45 井区二叠系以上井段,地层坍塌压力当量密度(最大值为 1.1g/cm³)小于泥浆密度(1.3g/cm³),井径呈直线段；二叠系至志留系井段，地层坍塌压力当量密度(1.28g/cm³ 左右)与泥浆密度(1.3g/cm³)非常接近，井径曲线呈不规则波峰状，扩径现象明显。

塔中 54 井区二叠系以上井段，地层坍塌压力当量密度(最大值为 1.1g/cm³)小于泥浆密度(1.3g/cm³)，井径呈直线段；二叠系至志留系井段，地层坍塌压力与泥浆密度非常接近，井径曲线呈不规则波峰状，扩径现象明显。上述分析表明，地层坍塌压力预测方法适用于塔中碳酸盐岩油气田地层情况。

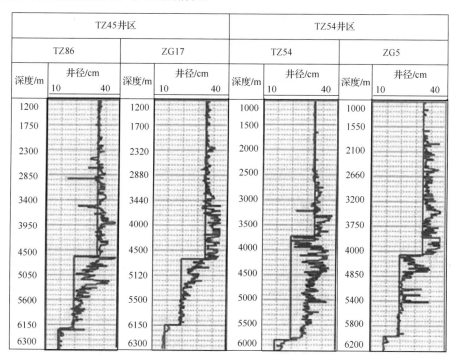

图 2.5　部分井井径对比图

2.3　塔中碳酸盐岩油气田地层压力分布规律

依据勘探开发进程将塔中碳酸盐岩油气田划分为 Ⅰ、Ⅱ、Ⅲ 三个区块。参照塔中低凸起奥陶系北部斜坡带油气藏剖面(图2.1)，塔中 Ⅰ区位于塔中碳酸盐岩油气田东部，储层埋深相对较浅，塔中 Ⅱ区位于中部，塔中 Ⅲ区位于西部，储层埋深相对较深。对塔中碳酸盐岩油气田地层压力评估分塔中 Ⅰ、Ⅱ、Ⅲ 三个区块进行，并对现场施工钻井液密度进行统计，分析地层压力分布规律，为后续勘探开发提供指导依据。

2.3.1　塔中 Ⅰ区地层压力分布规律

1. 塔中 Ⅰ区三压力剖面

塔中 Ⅰ区包括塔中 26 井区、塔中 62 井区、塔中 82 井区等，对该地区地层压力进行预测，地层孔隙压力系数基本小于1.20，其中塔中 82 井区部分井存在较弱异常高压；地层坍塌压力当量密度为 1.21～1.30g/cm³；地层破裂压力当量密度为 2.32～2.45g/cm³。如果钻遇地层裂缝发育段时，漏失压力为闭合压力，其当量密度约为 1.85g/cm³；目的层溶洞发育时，漏失压力将远小于地层破裂压力和闭合压力。塔中Ⅰ区地层压力剖面如表 2.4所示。

　　由于奥陶系储层为缝洞型碳酸盐岩储层，裂缝发育使安全泥浆窗口较窄，该水平段的现场钻井液密度多采用 1.10～1.25g/cm³，以避免发生漏失，仅有少部分井采用了密度小于 1.10g/cm³ 或大于 1.30g/cm³ 的钻井液。因此，水平段的钻井液推荐使用与地层孔隙压力系数相近的密度，或结合控压钻井技术采用密度小于 1.10g/cm³ 的钻井液，从而起到保护储层并达到避免漏失的作用。

表 2.4　塔中Ⅰ区地层压力剖面

地层	井壁稳定相关压力当量密度/(g/cm³)				施工钻井液密度/(g/cm³)
	孔隙压力	坍塌压力	闭合压力	破裂压力	
新近系	1.08	1.21～1.24	1.68～1.70	2.32～2.35	1.08～1.1
白垩系	1.08～1.09	1.24～1.25	1.69～1.71	2.32～2.35	1.09～1.1
三叠系	1.10	1.24～1.27	1.69～1.71	2.33～2.35	1.18～1.29
二叠系	1.12～1.14	1.25～1.30	1.70～1.73	2.33～2.35	1.25～1.3
石炭系标准灰岩顶	1.12～1.14	1.24～1.25	1.71～1.73	2.32～2.36	1.25～1.3
石炭系生屑灰岩顶	1.09～1.14	1.21～1.24	1.72～1.78	2.40～2.45	1.25～1.3
石炭系东河砂岩	1.10～1.13	1.24～1.27	1.71～1.75	2.35～2.38	1.25～1.3
志留系	1.12～1.14	1.26～1.28	1.77～1.79	2.35～2.40	1.29～1.3
奥陶系桑塔木组	1.14～1.22	1.25～1.27	1.79～1.80	2.37～2.42	1.16～1.3
奥陶系良里塔格组	1.16～1.27	1.21～1.29	1.81～1.90	2.40～2.45	1.08～1.33

2. 地层压力分布规律

　　根据塔中 26 井区、塔中 62 井区、塔中 82 井区、塔中 83 井区地层孔隙压力，绘制塔中Ⅰ区地层孔隙压力剖面(图 2.6)。塔中Ⅰ区各井区储层深度在 5500m 左右，其中塔中 26 井区储层深度相对较浅，地层孔隙压力系数为 1.06～1.23，总体上随深度增加呈增大趋势，在 4000m 左右有小幅波动。地层孔隙压力系数随深度变化具体趋势为：1800～3500m，地层孔隙压力系数增大；3500～4000m，地层孔隙压力系数减小；4000～5500m，地层孔隙压力系数增大。整体上塔中Ⅰ区地层孔隙压力变化规律明显，相同垂深处地层孔隙压力系数基本一致，可为今后塔中Ⅰ区钻井设计提供依据。

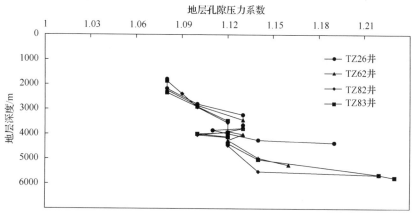

图 2.6　塔中 Ⅰ 区地层孔隙压力剖面

2.3.2　塔中 Ⅱ 区地层压力分布规律

1. 塔中 Ⅱ 区三压力剖面

塔中 Ⅱ 区位于塔中碳酸盐岩油气田中西部,该区鹰山组以上地层孔隙压力系数小于1.20,鹰山组为1.20左右,属于正常压力系统;地层坍塌压力当量密度为1.20~1.35g/cm³;地层破裂压力当量密度为2.30~2.45g/cm³。如果钻遇地层裂缝发育段时,漏失压力为闭合压力,其当量密度约为1.90g/cm³;目的层溶洞发育时,漏失压力将远小于地层破裂压力和闭合压力。塔中 Ⅱ 区地层三压力剖面如表2.5所示。

由于奥陶系储层为缝洞型碳酸盐岩储层,裂缝发育使安全泥浆窗口较窄,该水平段的现场钻井液施工密度多采用1.10~1.20g/cm³,以避免发生漏失。有部分井采用了控压钻井技术,使用密度小于1.10g/cm³的钻井液,施工效果较好;仅有极少的井采用了密度大于1.26g/cm³的钻井液。因此,水平段的钻井液推荐使用与地层孔隙压力系数相近的密度,或结合控压钻井技术采用密度小于1.10 g/cm³的钻井液,从而起到保护储层且避免漏失的作用。

表 2.5　塔中 Ⅱ 区地层三压力剖面

地层	井壁稳定相关压力当量密度/(g/cm³)				钻井液密度/(g/cm³)
	孔隙压力	坍塌压力	闭合压力	破裂压力	
古近系	1.08~1.11	1.22~1.27	1.68~1.71	2.27~2.34	1.05~1.1
白垩系	1.09~1.12	1.21~1.28	1.69~1.71	2.27~2.33	1.06~1.25
三叠系	1.10~1.14	1.24~1.27	1.68~1.73	2.30~2.34	1.22~1.35
二叠系	1.12~1.14	1.24~1.30	1.70~1.74	2.25~2.35	1.28~1.35
石炭系标准灰岩顶	1.12~1.14	1.23~1.30	1.70~1.75	2.32~2.37	1.25~1.35
石炭系生屑灰岩顶	1.08~1.12	1.20~1.25	1.70~1.85	2.32~2.43	1.26~1.35
石炭系东河砂岩	1.08~1.12	1.23~1.26	1.73~1.76	2.33~2.38	1.26~1.35

续表

地层	井壁稳定相关压力当量密度/(g/cm³)				钻井液密度/(g/cm³)
	孔隙压力	坍塌压力	闭合压力	破裂压力	
志留系	1.13~1.14	1.23~1.26	1.74~1.78	2.31~2.37	1.28~1.35
奥陶系桑塔木组	1.14~1.16	1.23~1.31	1.79~1.82	2.37~2.40	1.12~1.35
奥陶系良里塔格组	1.12~1.19	1.21~1.23	1.85~1.91	2.41~2.44	1.08~1.17
奥陶系鹰山组	1.16~1.2	1.20~1.22	1.84~1.95	2.41~2.43	1.14~1.20

2. 地层压力分布规律

　　根据中古 5 井区、中古 7 井区、中古 8 井区、中古 43 井区地层孔隙压力,绘制塔中 II 区地层孔隙压力剖面(图 2.7)。塔中 II 区各井区储层深度为 5500~6400m,地层孔隙压力系数为 1.08~1.20,总体上随深度增加呈增大趋势,但在 4000m 左右变化幅度较大。地层孔隙压力系数随深度变化具体趋势为:2000~3800m,地层孔隙压力系数增大;3800~4200m,地层孔隙压力系数减小;4200~6000m,地层孔隙压力系数增大。整体上,塔中 II 区地层孔隙压力的规律性较差,在相同垂深处的地层孔隙压力系数相差较大,对于不同井区地层孔隙压力的确定需要重点参考该井区的测井资料。

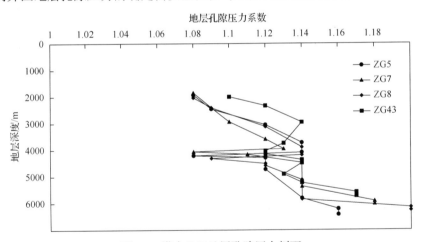

图 2.7　塔中 II 区地层孔隙压力剖面

2.3.3　塔中III区地层压力分布规律

1. 塔中III区三压力剖面

　　塔中III区位于塔中碳酸盐岩油气田西部,该区地层孔隙压力系数小于 1.20,属于正常压力系统;地层坍塌压力当量密度为 1.20~1.31g/cm³;地层破裂压力当量密度为 2.30~2.45g/cm³。如果钻遇地层裂缝发育段时,漏失压力不大于闭合压力,其当量密度约1.86g/cm³;目的层溶洞发育时,漏失压力将远小于地层破裂压力和闭合压力。塔中III区地层三压力剖面如表 2.6 所示。

由于奥陶系储层为缝洞型碳酸盐岩储层，裂缝发育使安全泥浆窗口较窄，该水平段的现场钻井液施工密度多采用 $1.10\sim1.26g/cm^3$，以避免发生漏失，仅有少部分井采用了密度小于 $1.10 g/cm^3$ 或大于 $1.30g/cm^3$ 的钻井液。因此，水平段钻井液推荐使用与地层孔隙压力系数相近的密度，或结合控压钻井技术采用密度小于 $1.10g/cm^3$ 的钻井液，从而起保护储层且避免漏失的作用。

表 2.6　塔中Ⅲ区地层三压力剖面

地层	井壁稳定相关压力当量密度/(g/cm^3)				钻井液密度/(g/cm^3)
	孔隙压力	坍塌压力	闭合压力	破裂压力	
新近系	1.08	1.21~1.24	1.69~1.71	2.30~2.34	1.08~1.16
白垩系	1.08~1.11	1.25~1.28	1.69~1.72	2.30~2.34	1.12~1.25
三叠系	1.1~1.14	1.25~1.27	1.70~1.72	2.32~2.34	1.31~1.32
二叠系	1.11~1.14	1.25~1.30	1.70~1.73	2.32~2.36	1.3~1.35
石炭系标准灰岩顶	1.12~1.13	1.24~1.26	1.71~1.74	2.33~2.37	1.3~1.35
石炭系生屑灰岩顶	1.08~1.10	1.20~1.23	1.74~1.80	2.36~2.42	1.3~1.35
石炭系东河砂岩	1.10~1.12	1.22~1.28	1.71~1.74	2.32~2.38	1.3~1.35
泥盆系	1.10~1.14	1.25~1.27	1.74~1.75	2.33~2.35	1.3~1.35
志留系	1.10~1.15	1.21~1.26	1.75~1.77	2.35~2.37	1.3~1.35
奥陶系桑塔木组	1.13~1.14	1.23~1.29	1.77~1.80	2.37~2.40	1.03~1.38
奥陶系良里塔格组	1.16~1.18	1.21~1.23	1.84~1.91	2.42~2.44	1.08~1.16

2. 地层压力分布规律

根据塔中 45 井区、塔中 86 井区、中古 16 井区、中古 17 井区、中古 26 井区地层孔隙压力，绘制塔中Ⅲ区地层孔隙压力剖面(图 2.8)。塔中Ⅲ区各井区储层深度在 6200m 左右，地层孔隙压力系数为 1.08~1.18，总体上随深度增加呈增大趋势，在 4500m 左右

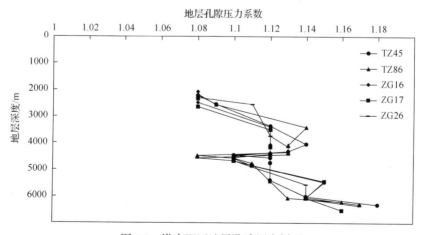

图 2.8　塔中Ⅲ区地层孔隙压力剖面

波动幅度较大。地层孔隙压力系数随深度变化具体趋势为：在2000～4000m，地层孔隙压力系数增大；4000～4500m，地层孔隙压力系数减小；4500～6400m，地层孔隙压力系数增大。整体上，塔中Ⅲ区地层孔隙压力变化规律明显，相同垂深处地层孔隙压力系数相差不大，可为今后塔中Ⅲ区钻井设计提供参考。

3. 塔中碳酸盐岩油气田地层压力分布规律

基于以上三个区块的地层压力分析，塔中碳酸盐岩油气田地层基本属于正常压力系统。在地层孔隙压力的纵向分布上，奥陶系存在较弱的地层高压，孔隙压力系数最大为1.25，奥陶系以上地层压力正常。压力系数分布规律呈现出先增大、后减少、再增大的趋势。从整体上看，塔中碳酸盐岩油气田自西向东储层深度逐渐减小，储层压力系数逐渐增大。

破裂压力在纵向上呈现两端大、中间小的趋势，两端破裂压力当量密度值大都为1.90～2.14g/cm³；在白垩系到石炭系部分井段破裂压力较低，破裂压力当量密度值大都为1.65～1.85g/cm³，最小值仅为1.61g/cm³。

坍塌压力当量密度普遍在1.21～1.30g/cm³，根据复杂情况事故情况来看，塔中Ⅰ区二叠系至志留系扩径严重，尤其是塔中82井区、62井区部分井段坍塌压力超过1.3g/cm³。对于坍塌压力较大的井段，有必要从钻井液密度和钻井液性能入手，改善井眼扩径情况。

塔中碳酸盐岩油气田地层层位主要是古近系、白垩系、三叠系、二叠系、石炭系、泥盆系、志留系和奥陶系。通过各井区压力分析可知，在横向上地层孔隙压力和破裂压力变化都不大，压力的横向分布基本上是受层位控制的，且压力系数受层位控制的分布规律为：从古近系到二叠系压力系数增加，在石炭系压力系数下降，志留系直至奥陶系压力系数逐渐增加。

塔中碳酸盐岩油气田奥陶系天然裂缝发育，地层安全密度窗口窄，下钻激动压力大，导致该层段易出现严重的井漏事故。石炭系至上奥陶系均存在不同程度的下钻遇阻及卡钻事故；古近系存在厚砂岩层，地层失水大、泥饼较厚，造成井眼缩径，井径不规则，对钻井液性能有较高要求。

2.3.4　塔中862H井地层压力预测

塔中862H井位于塔中低凸起塔中Ⅰ号坡折带西端的塔中861上奥陶统缝洞系统。塔中861井区上奥陶良里塔格组顶面与良三段顶面构造有较好的继承关系。整体构造形态为受塔中Ⅰ号断裂、塔中45北断裂及塔中86东走滑断裂控制的断背斜构造。塔中862H井位于断背斜翼部斜坡部位，位置相对较高。同时利用多种方法对奥陶系岩溶-裂缝储层预测，结果显示塔中861缝洞系统裂缝较发育，塔中862H井处于裂缝发育区。塔中862H邻井油层中部实测压力系数均小于1.20，预测塔中862H井地层压力属于正常压力系统(表2.7)。

表 2.7　邻井油层中部实测压力数据表

井号	层位	深度/m	地层压力/MPa	地层压力系数	备注
ZG 16	O_3l	6249.50	68.51	1.14	试油时静压
ZG 17	O_3l	6418.63	72.457	1.15	试油时静压
ZG 18	O_1y	6573.31	74.165	1.15	试油时静压
ZG 452	O_1y	6324	63.38	1.02	试油时静压

塔中 86 井区地层三压力剖面见表 2.8。该井区地层孔隙压力系数小于 1.20，属于正常压力系统；地层坍塌压力当量密度为 $1.20\sim1.29\text{g/cm}^3$；地层破裂压力当量密度为 $2.31\sim2.44\text{g/cm}^3$。该井区地层孔隙压力系数变化规律与塔中碳酸盐岩油气田地层孔隙压力变化规律相同，呈现出先增大、后减小、再增大的变化趋势。

表 2.8　塔中 86 井区地层三压力剖面

地质	井壁稳定相关压力/(g/cm^3)			
	孔隙压力	坍塌压力	闭合压力	破裂压力
古近系	1.08	1.21~1.25	1.70~1.71	2.33~2.34
白垩系	1.08~1.10	1.25~1.28	1.70~1.71	2.31~2.33
三叠系	1.10~1.14	1.25~1.27	1.70~1.73	2.32~2.34
二叠系	1.11~1.14	1.25~1.30	1.70~1.74	2.32~2.36
石炭系标准灰岩顶	1.12~1.13	1.24~1.26	1.71~1.75	2.33~2.37
石炭系生屑灰岩顶	1.08~1.10	1.20~1.23	1.73~1.85	2.36~2.42
石炭系东河砂岩底	1.10~1.12	1.22~1.28	1.71~1.75	2.32~2.38
泥盆系	1.10~1.14	1.25~1.27	1.74~1.76	2.33~2.35
志留系	1.10~1.15	1.21~1.26	1.75~1.77	2.35~2.37
奥陶系桑塔木组	1.13~1.14	1.23~1.29	1.77~1.79	2.37~2.40
奥陶系良里塔格组	1.16~1.18	1.21~1.22	1.85~1.91	2.42~2.44

预测塔中 862H 井自上而下将钻遇新生界第四系、新近系、古近系、中生界白垩系、三叠系及古生界二叠系、石炭系、泥盆系、志留系、奥陶系，缺失侏罗系。目前，塔中 862H 所在的塔中 861 缝洞系统已钻 2 口井，塔中 861 井、中古 18 井均未获得工业油气流；邻井塔中 86、中古 17-1H 等井在奥陶系良里塔格组获工业油气流。中古 17、塔中 86 等井钻至目的层段后油气显示活跃，其中中古 17 等井溢流、井涌、井漏频繁发生，钻井过程中要注意预防井喷、井漏和保护油气层。根据邻井钻探成果，预测塔中 862H 井在二叠系钻遇黑色玄武岩，注意防漏、防喷、防卡；奥陶系安全泥浆窗口预测值相对较宽，但是针对碳酸盐岩储层，裂缝溶洞发育，其实际安全密度窗口会变窄，需要注意防漏、防喷；另外，邻井的奥陶系储层出现 H_2S，需要注意防 H_2S。

参 考 文 献

[1] 徐璐. 碳酸盐岩地层压力预测研究. 青岛: 中国石油大学(华东)硕士学位论文, 2011.

[2] 刘之的, 夏宏泉, 陈平. 利用测井资料计算碳酸盐岩三个地层压力. 钻采工艺, 2005, 28(1): 18-21.

[3] Fu Yu, Yan Jin, Mian Chen. Pore pressure prediction in ultra-deep salt formation in Tarim Basin. Abu Dhabi International Petroleum Exhibition and Conference, Abu Dhabi, 2014.

[4] G.V.奇林格等著; 赵文智等译. 异常地层压力成因与预测. 北京: 石油工业出版社, 2004.

[5] Vahid A, Mark T, Mohammad H Z. Compressibility method for pore pressure prediction. Abu Dhabi International Petroleum Exhibition and Conference, Abu Dhabi, 2012.

[6] 王斌, 雍学善, 潘建国, 等. 纵横波速度联合预测地层压力的方法及应用. 天然气地球科学, 2015, 26(2): 367-370.

[7] 樊洪海. 异常地层压力分析方法与应用. 北京: 科学出版社, 2016.

[8] 程远方, 时贤, 李蕾, 等. 考虑裂缝发育的碳酸盐岩地层孔隙压力预测新模型. 中国石油大学学报, 2013, 37(3): 83-87.

[9] 余夫, 金衍, 陈勉, 等. 基于薄板理论的碳酸盐岩地层压力检测方法探讨. 石油钻探技术, 2014, 42(5): 57-61.

[10] 杨顺辉, 余夫, 豆宁辉, 等. 纵波速度在碳酸盐岩地层压力评价中的方法探讨. 钻采工艺, 2015, 38(2): 1-4.

[11] Weakley R R. Determination of formation pore pressure in carbonate environments from sonic logs. Petroleum Society of Canada, june, 1990.

[12] 刘之的, 夏宏泉, 汤小燕. 碳酸盐岩地层孔隙压力预测方法研究. 大庆石油地质与开发, 2003, 22(6): 8-10.

[13] 樊洪海. 测井资料检测地层孔隙压力传统方法讨论. 石油勘探与开发, 2003, 30(4): 72-74.

[14] 樊洪海, 金衍. 塔中I号气田三个压力剖面建立验收报告. 北京: 中国石油大学(北京), 2009.

[15] 时贤, 程远方, 袁征, 等. 定向井破裂压力预测方法及计算参数敏感性分析. 科学技术与工程, 2012, 12(31): 8205-5209.

第3章　塔中超深水平井井身结构与套管柱优化设计

塔中碳酸盐岩储层埋藏深，裂缝溶洞发育，采用水平井是开发碳酸盐岩储层的有效方式，但传统的井深结构设计方法已不能满足塔中碳酸盐岩超深水平井的设计要求。本章针对塔中地区碳酸盐岩超深水平井水平段内压力分布和管柱摩阻和扭矩的特殊性，提出一种新的超深水平井井身结构设计方法。同时考虑井底高压高温环境，储层上部岩性复杂，套管受力更加复杂，因此，对套管管柱进行了优化设计。

3.1　塔中碳酸盐岩超深水平井井身结构优化设计

塔中碳酸盐岩储层埋藏较深，一般超过5000m，岩性以灰岩、颗粒灰岩为主，裂缝和溶洞发育，储层类型主要为裂缝-孔洞型。根据储层特征，采用超深水平井穿过多条裂缝及溶洞发育带，能够大大增加钻遇裂缝的机会，增强水平井的泄油能力，有效增加单井产量，是开发裂缝性碳酸盐岩储层的有效方法[1]。

井身结构设计主要确定套管的层次、各层套管的下深及套管与井眼尺寸的配合等方面的内容。根据地层特性剖面、孔隙压力剖面、破裂压力剖面等地质资料设计合理的井身结构，其主要原则是让裸眼井段尽可能地安全钻进，防止"喷、漏、塌、卡"等井下复杂情况的发生。井身结构设计是油气井工程的基础设计，其设计水平是关系到能否安全、优质、快速钻达目的层及能否保护储层不被损害的主要保障[2]。在塔中碳酸盐岩超深水平井井身结构设计过程中，由于储层埋藏深，水平段长，限制超深水平井水平段套管下入深度的因素有很多，如安全钻井液密度窗口、扭矩的传递、起下钻钩载及套管的下入等。如果塔中超深水平井井身结构设计不合理，可能会导致部分水平井没有钻达目的深度而提前完钻[3]。目前常规的井深结构设计方法已不能满足塔中碳酸盐岩超深水平井的设计要求。

针对塔中碳酸盐岩超深水平井水平段压力分布和钻柱摩阻和扭矩的特殊性，提出一种新的超深水平井井身结构设计方法，该方法在常规井身结构设计方法的基础上，综合考虑超深水平井水力性能和机械性能，对塔中超深水平井的井身结构进行优化设计，使井深结构更加合理。

3.1.1　塔中超深水平井井身结构设计的原则及所需基础数据

1. 井身结构设计的原则

塔中碳酸盐岩超深水平井井身结构设计所遵循的原则主要有以下几点。

(1)有效地保护油气层，使不同地层压力的油气层免受钻井液的损害。

(2)应避免漏、喷、塌、卡等井下复杂情况的发生，为顺利钻进创造条件，以获得最短的建井周期。

（3）钻下部地层采用重钻井液时产生的井内压力，不致压裂上层套管处最薄弱的裸露地层。

（4）下套管过程中，井内钻井液柱的压力和地层压力之间的压力差，不致产生压差卡套管现象。

（5）碳酸盐岩裂缝溶洞发育储层的水平井中，地层易发生漏失，钻井过程中需要密切关注 ECD（equivalent circulating density）值，必须确保 ECD 值低于地层破裂压力和漏失压力，以免压漏地层。

（6）保证钻井过程中钻柱所承受的最大扭矩和拉力小于其自身的抗扭强度和抗拉强度。

2. 井身结构设计所需的基础数据

确定套管层次及下深所需的基础数据包括地质方面资料及钻井工艺类数据。

1）地质方面的资料

（1）三压力（地层孔隙压力、地层破裂压力和地层坍塌压力）剖面是确定套管层次及下深所需的最基础的数据。

（2）同一地区、邻近地区及邻井的钻井资料（地层测试数据及钻井中井眼状况等，特别是井漏、井塌、卡钻等复杂情况），产层的开发情况，地层的岩石物性（孔隙度、渗透率）等。

2）钻井工艺类数据

井身结构设计与钻井工艺技术水平有密切的关系。高水平的钻井工艺技术有助于减少套管的层次、下深，还有助于减小套管与井眼之间的间隙，从而缩短建井周期、降低钻井成本。井身结构设计主要涉及以下系数。

（1）抽汲压力系数（S_w）和激动压力系数（S_g）。

钻井过程中，上提管柱时会产生抽汲压力（swab pressure），下放管柱时会产生激动压力（surge pressure）。井眼压力的波动会引起井下复杂情况的发生，在进行井身结构设计时需要考虑压力波动的影响。现代井身结构设计方法建立在井眼与地层间的压力平衡基础上，因此，这种由起下钻或上提管柱引起的压力波动势必要引入井身结构的设计当中。抽汲压力和激动压力的大小受以下因素的控制和影响：起下管柱的速度，钻井液的密度、黏度、静切力，井眼与管柱间的环空间隙，环形节流等。美国现场统计资料的 S_w 和 S_g 均取 0.6g/cm³，我国一般 S_w 取 0.05～0.08g/cm³，S_g 取 0.07～0.10g/cm³。

1994 年，葛洪魁[4]在大斜度井段和水平井段考虑钻柱的偏心环空中流体速度影响，给出了水平井眼内某截面的抽汲压力系数（S_{wh}）和激动压力系数（S_{gh}）的计算方法：

$$S_{wh} = \frac{M}{T} S_w \tag{3.1}$$

$$S_{gh} = \frac{M}{T} S_g \tag{3.2}$$

式中，M 和 T 分别为该界面的测深和垂深，m。

在塔中碳酸盐岩超深水平井水平段的设计过程中，应采用水平井的抽汲压力系数 S_{wh} 和激动压力系数 S_{gh} 进行计算。

(2) 破裂压力安全系数 (S_f)。

破裂压力安全系数 S_f 与破裂压力预测的精确度有关，是考虑地层破裂压力预测可能出现的误差而设定的。美国现场 S_f 取 0.024g/cm³，我国一般 S_f 取 0.03g/cm³；在缺乏定向井、水平井地层破裂压力数据的情况下，可先按直井破裂压力剖面线进行设计[5]；在具体的设计中，可根据地层破裂压力预测的精度而定。

(3) 井涌允量 (S_k)。

在钻井过程中，由于对地层压力预测存在误差，实际所用钻井液密度可能会小于异常高压地层的孔隙压力当量密度而可能发生井涌。当溢流发生时，关井立管压力的大小反映环空静液柱压力与地层压力之间的欠平衡量。S_k 表示井涌的风险程度，该值根据预测的最大井涌地层压力当量密度与钻井液密度的差值确定，也取决于现场的井涌控制能力。美国现场 S_k 取 0.06g/cm³，我国一般推荐 S_k 取 0.05～0.14g/cm³。

(4) 压差允值 (ΔP) (ΔP_n 和 ΔP_a)。

在裸眼井中，钻进时的液柱压力与地层孔隙压力的差值太大，除了使机械钻速降低外，还可能造成压差卡钻，影响套管的顺利下入，严重时会导致已钻井眼无法完成固井和完井作业。压差允值与钻井工艺技术和钻井液性能有关，也与裸眼井段的地层孔隙压力有关。如果钻井液流变性和润滑性好，井眼曲率小，则压差卡钻允许值可以提高，而在正常压力带则要小一些，故压差卡钻的允许值有正常压力井段 (ΔP_n) 和异常压力井段 (ΔP_a) 之分，一般，两者之间的关系是 $\Delta P_n < \Delta P_a$。

3.1.2　塔中碳酸盐岩超深水平井裸眼段长度的确定

把裸露井眼中满足地层-井内压力系统条件的极限长度井段定义为可行裸露段，可行裸露段的长度是由工程和地质条件决定的井深区间，其顶界是上一层套管的必封点，底界为该层套管的必封点[6]。

如果不考虑地质因素的影响，为了保证裸眼段正常钻进，在工程上确定当前设计套管下深的依据是：在钻当前设计套管下部井段的过程中，所预计的井内最大压力不足以压裂当前设计套管的裸露地层，即钻下部地层时不得压裂上一层套管鞋处的裸露地层。一般分为以下 3 种情况讨论可行裸眼段的长度 (即当前设计套管的下入深度)。

1. 正常作业工况 (起下钻、钻进) 条件

裸眼段内某一深度处的有效液柱压力当量密度应小于或等于裸眼井段最小安全地层破裂压力当量密度，约束方程表达式：

$$\rho_{fmin} \geqslant \rho_{pmax} + S_w + S_g + S_f \tag{3.3}$$

式中，ρ_{fmin} 为裸露井段中最小地层破裂压力当量密度，g/cm³；ρ_{pmax} 为最大地层压力当

量密度，g/cm^3。可以依据式(3.3)确定该层套管的下入深度。

2. 溢流工况条件

发生溢流时，井内有效液柱压力的当量密度沿井深按双曲线规律分布。循环排出溢流期间，裸露井深区间内地层破裂强度(地层破裂压力)均应承受井内液柱的有效液柱压力，其约束方程的一般表达式为

$$\rho_{fmin} \geqslant \rho_{pmax} + S_w + S_f + \frac{H_x}{H} S_k \tag{3.4}$$

式中，H_x为出现溢流的井深，m；H为中间套管下入井深的假定值，m。

可以依据式(3.4)确定溢流时该层套管的下入深度。

3. 压差卡钻工况条件

钻井作业过程中，钻井液液柱压力与地层压力的最大压差应小于限制压差值。限制压差值在正常压力井段为ΔP_n，在异常压力井段为Δp_a，约束方程如下：

$$P_{well} - P_p \leqslant \Delta P_n \text{ 或 } \Delta P_a \tag{3.5}$$

式中，P_{well}为裸眼段内的井筒压力，MPa；P_p为地层孔隙压力，MPa。

在井身结构设计中，由正常作业工况条件或溢流约束条件设计出该层套管必封点深度后，一般用压差卡钻约束条件来校核能否安全下到必封点位置。

必封点的确定需注意以下两点。

(1)溢流约束条件用于地质探井，对地层压力掌握得不确切、地质情况模糊、高压油气区域的井，一般情况下采用溢流约束条件设计较为安全。

(2)对于地质复杂层(如坍塌层、断层、漏失层、水层、非目的油气层等)，以及目前钻井工艺技术难于解决的其他层段，只要在裸露段出现，则这些井段是应考虑的必封点。

3.1.3　塔中碳酸盐岩超深水平井井身结构设计方法

塔中碳酸盐岩超深水平井井身结构设计方法是在常规井身结构设计方法的基础上，综合考虑超深水平井水力性能和机械性能，该设计方法包括直井段设计方法及水平段设计方法，设计步骤是由内向外、自下而上、逐层进行的。

1. 塔中碳酸盐岩水平井直井段井身结构设计方法

直井段设计方法采用两个剖面(地层孔隙压力及地层破裂压力剖面)，取得6个参数(抽汲压力允值、激动压力允值、井涌条件允值、正常或异常压力压差卡钻临界值、钻井液密度允值)，确定必封点(垮塌井段和漏失井段)，然后根据压力平衡关系设计合理的井

身结构方案。具体设计步骤如下。

1) 中间套管下入深度初选点 H_n 的确定

确定套管下入深度的依据，是下部井段钻井中预计的最大井内压力不会超过上层套管鞋处的裸露地层压裂压力。根据井内最大地层压力当量密度求得上部地层不被压裂所应具有的最小地层破裂压力当量密度 ρ_{fmin}。

(1) 正常作业时：

$$\rho_{fnr} = \rho_{pmax} + S_k + S_g + S_f \tag{3.6}$$

式中，ρ_{fnr} 为中间套管以下井段下钻时，上部地层不被压裂所应有的地层破裂压力当量密度，g/cm^3；ρ_{pmax} 为中间套管以下井段最大地层压力当量密度，g/cm^3。

(2) 井涌发生时：

$$\rho_{fnk} = \rho_{pmax} + S_g + S_f + \frac{H_{pmax}}{H_n} S_k \tag{3.7}$$

式中，ρ_{fnk} 为中间套管以下井段发生井涌时，上部地层不被压裂所应有的地层破裂压力当量密度，g/cm^3；H_{pmax} 为发生溢流时的井深，m；H_n 为中间套管下入深度的初选点，m。

由式(3.6)和式(3.7)可知，$\rho_{fnr} < \rho_{fnk}$，故一般用 ρ_{fnk} 设计；当确定不会发生井喷时，用 ρ_{fnr} 设计。对中间套管，可用试算法试取 H_n 值代入式(3.7)中求 ρ_{fnk}，然后在地层破裂压力梯度曲线上求 H_n 对应的地层破裂梯度。若计算的 ρ_{fnk} 与实际值相差不大或略小于实际值，则 H_n 为中间套管下入深度的初选点；否则另取一个 H_n 值计算，直到满足要求为止。

2) 校核中间套管下到初选点深度时，是否会发生压差卡钻

先求出该井段最小地层压力处的最大静止压差：

$$\Delta P_m = 0.00981 H_{mm}(\rho_m + S_w - \rho_{pmin}) \tag{3.8}$$

式中，ΔP_m 为中间套管钻进井段实际的井内最大静止压差，MPa；ρ_m 为钻井液密度，g/cm^3；H_{mm} 为最小地层压力点对应的井深，m；ρ_{pmin} 为该井段内最小地层压力当量密度，g/cm^3。

比较 ΔP_m、ΔP_n 和 ΔP_a 的大小，当 $\Delta P_m < \Delta P_n$ 或 $\Delta P_m < \Delta P_a$ 时，则不会发生压差卡钻，即初选点深度为中间套管的下入深度。反之，则可能发生压差卡钻，这时下入深度 H_n 应小于初选点深度，其 H_n 的计算如下：令 $\Delta P_m < \Delta P_n$ 或 $\Delta p_m < \Delta p_a$，则允许的最大地层压力的当量密度 ρ_{per} 为

$$\rho_{per} = \frac{1}{0.00981} \frac{\Delta P_n}{H_{mm}} + \rho_{pmin} - S_w \tag{3.9}$$

从地层压力梯度曲线上查出 ρ_{per} 所对应的井深，即为中间套管的下入深度 H_n。

3) 当中间套管下入深度小于初选点时，则需要下入尾管并确定尾管下入深度 H_{n+1}

(1) 确定尾管下入深度初选点 H_{n+1}。

由中间套管鞋处地层破裂压力梯度 ρ_{per} 求得允计的最大地层压力的当量密度 ρ_{per}，由前述可得

$$\rho_{per} = \rho_{fn} - S_w - S_f - \frac{H_{n+1}}{H_n} S_k \tag{3.10}$$

式中，ρ_{fn} 为中间套管鞋处的地层破裂压力梯度的当量密度，g/cm³；ρ_{per} 为中间套管鞋处地层破裂压力梯度为 ρ_{fn} 时，其下井段所允许的最大地层压力梯度的当量密度，g/cm³；H_{n+1} 为尾管下入深度的初选点，m。

(2) 校核尾管下入初选点深度时，是否会发生压差卡钻，校核方法与前述相同。

先求出该井段钻井液密度与最小地层压力之间的最大静止压差 ΔP_m：

$$\Delta P_m = 0.00981 H_{mm}(\rho_m + S_w - \rho_{pmin}) \tag{3.11}$$

式中，ΔP_m 为尾管钻进井段实际的井内最大静止压差，MPa；ρ_m 为该井段最大地层压力当量密度，g/cm³；H_{mm} 为该井段内最小地层压力梯度对应的最大井深，m；S_w 为抽汲压力允许值，g/cm³；ρ_{pmin} 为中间套管鞋处的最小地层压力对应的当量密度，g/cm³；

比较 ΔP_m、ΔP_n 和 ΔP_a 的大小，当 $\Delta P_m < \Delta P_n$ 或 $\Delta P_m < \Delta P_a$ 时，则不会发生压差卡钻，H_{n+1} 即为尾管的下入深度，反之则可能发生压差卡钻。

4) 计算表层套管下入深度 H_1

(1) 根据中间套管鞋处地层压力 Δp_{ph2}，在给定 S_k 的溢流条件下，用试算法计算表层套管的下入深度，即

$$\rho_{fd} = \rho_{ph2} + S_w + S_f + \frac{H_3}{H_1} S_k \tag{3.12}$$

式中，ρ_{fd} 为设计地层破裂压力梯度当量密度，其工程意义为溢流压井时，表层套管鞋处承受的有效液柱压力梯度的当量密度，g/cm³；ρ_{ph2} 为中间套管鞋处地层压力当量密度，g/cm³；H_3 为中间套管下入的深度，m；H_1 为表层套管下入的深度，m。

(2) 试验结果当 ρ_{fd} 接近或小于 H_3 处的破裂压力梯度的当量密度 0.048g/cm³ 时符合要求。油层套管下入到目的层，即 H_{max} 处，应进行压差卡钻和溢流条件校核，压差为

$$\Delta P = 0.00981 H_n(\rho_{pmax} + S_w - \rho_{mod}) \tag{3.13}$$

式中，ρ_{mod} 为钻井液静液柱压力，MPa；H_n 为最小地层压力点对应的井深，m。如果 $\Delta P < \Delta P_a$，则油层套管无卡钻危险。

2. 塔中碳酸盐岩超深水平井水平段井身结构设计方法

塔中碳酸盐岩超深水平井水平段的设计应首先遵循直井段井身结构设计的基本力学平衡关系，防止裸眼井段发生涌、漏、塌、卡等情况[7]。在设计水平段时，需要考虑塔中碳酸盐岩超深水平井的特殊要求，应满足井眼稳定、携岩、降低摩阻和扭矩等方面的需要。塔中碳酸盐岩超深水平井水平段一般在储层内延伸，储层内地层压力窗口固定，地层孔隙压力和破裂压力不随水平段的延伸而增大。为了尽可能多地穿过裂缝和溶洞，增加供给通道，水平段长度尽可能延长，但如果水平段长度过长，会造成钻柱和套管受到的摩阻和扭矩较大，易造成钻杆断裂，套管下入困难。水平井井身结构设计不仅关系钻井安全，影响经济效应，在某种程度上还决定了水平井钻完井的成败。针对上述难点，应充分考虑水力性能、携岩、摩阻和扭矩及套管下入可行性等因素的影响，从水力和机械两个方面对塔中碳酸盐岩超深水平井水平段进行综合设计。

1) 按照水力性能设计

在水平段内，虽然静液柱压力保持不变，但压耗随着井深的增加而增大，因此井底压力也随着井深而不断增加。

水平井井身结构设计尤其在水平段中要保证正常携岩，需要满足以下 3 个方面的内容：①系统压耗不能超过钻井设备的承压能力；②防止增大的有效液柱压力大于地层破裂压力而压漏地层；③在水平段由于重力作用，钻具会紧贴下部井壁，钻柱下部压力与地层孔隙压力相等，钻具上部压力等于井筒内压力，钻柱上下部的压差会随着水平段的延伸不断增大，压差卡钻发生的可能性也随之增加，故需进行压差校核设计。

(1) 系统压耗不能超过钻井设备的承压能力。

超深水平井井眼长、井斜大、循环压耗大，在大斜度井段和水平井段井眼清洁困难，极易形成岩屑床。钻井过程中，保证有效携岩而不形成岩屑床的最低排量被称为临界排量。临界排量对环空间隙、井斜角比较敏感，因此套管尺寸和下入深度影响临界排量，如果临界排量过高，所需要的泵压较高，有可能超出钻井设备的承压能力，因此，应保证系统压耗低于钻井泵的额定泵压和钻井管线的额定承压能力，具体的约束方程如下：

$$P_s < \min(P_{pump}, P_{line}) \qquad (3.14)$$

$$P_s = \sum_{i=1}^{n}\left(\frac{dP_{pi}}{dL_i}L_i\right) + \sum_{i=1}^{n}\left(\frac{dP_{ai}}{dL_i}L_i\right) + \Delta P_b + \Delta P_m \qquad (3.15)$$

式中，P_s 为钻井系统的系统压耗，MPa；P_{pump} 为泵的额定泵压，MPa；P_{line} 为管线的额定压力，MPa；$\dfrac{dP_{pi}}{dL_i}$ 为第 i 段钻柱内压耗梯度，MPa/m；$\dfrac{dP_{ai}}{dL_i}$ 为第 i 段井筒环空压耗梯度，MPa/m；ΔP_b 为钻头的压降，MPa；ΔP_m 为井下动力钻具所产生的压耗，MPa。

(2) 防止压漏地层。

塔中碳酸盐岩超深水平井水平井段的特点是地层裂缝溶洞发育，裸眼井段长，因此，与直井相比环空压耗的影响就不容忽视，特别是在碳酸盐岩裂缝溶洞发育储层的水平井中，地层易发生漏失，钻井过程中需要密切关注 ECD（equivalent circulating density）值，必须确保 ECD 值低于地层破裂压力和漏失压力，以免压漏地层，具体约束方程如下：

$$ECD < \min(\rho_{l}, \rho_{f}) \tag{3.16}$$

式中，ECD 为钻井液的循环当量密度，g/cm^3；ρ_{l} 为地层的漏失压力当量密度，g/cm^3；ρ_{f} 为地层的破裂压力当量密度，g/cm^3。

在进行水平段井身结构设计时，如果存在压漏地层的风险，可以通过改变钻井液性能，优化钻井液密度和黏度，降低井筒有效液柱压力等措施以避免漏失等井下复杂情况的发生，或应用先进的钻井技术进行堵漏作业和处理井漏事故，延长水平段套管的下入深度，减少套管层次，有效缩减建井周期，节省钻井成本。

(3)防止压差卡钻。

在塔中碳酸盐岩超深水平井水平段内，由于地层压力不随井深变化，而井底压力随着井深的增加而增大，并且钻具下侧与地层紧贴，在水平段设计时需要校核卡钻的风险，校核约束方程如式(3.5)所示。

满足式(3.5)表示从压差的角度考虑不会有卡钻事故。如果理论计算有卡钻的可能性，需要通过降低钻井液的密度和黏度来降低井筒压力，减少套管内外压差，或调整钻井液的润滑性能防止卡钻的发生。如果这些措施还无法避免卡钻事故的发生，则需要对套管的开次及下深进行重新调整。

2)按照机械性能设计

在塔中碳酸盐岩超深水平井水平段钻进时，必须保证钻机能够正常工作，同时保证钻柱的强度满足要求。这就需要准确地确定井口的大钩载荷和扭矩，同时要保证钻井过程中钻柱所承受的最大扭矩和拉力小于其自身的抗扭强度和抗拉强度。如果水平井段需要下套管，还要保证套管的顺利下入。按照常规井身结构设计方法确定初始方案后，应对每一开次钻井各工况进行校核分析。

(1)不超过扭矩极限。

在对超深水平井进行井身结构设计时，需要满足钻进过程中产生的井口扭矩在钻机承受的范围之内，尤其是旋转钻进和倒划眼工况下的井口扭矩不能超过钻机的额定扭矩。同时，在钻柱旋转时，要求钻柱截面上的扭矩小于钻柱的抗扭屈服强度，保证钻柱不发生扭转破坏，具体核约束方程如下：

$$T_{ormax} < T_{orlim} \tag{3.17}$$

式中，T_{ormax} 为钻井过程中钻柱承受的最大扭矩，$kN \cdot m$；T_{orlim} 为钻机和钻柱所能允许的最大扭矩，$kN \cdot m$。

(2)不超过抗拉极限。

在钻井作业中，为保证各个阶段顺利进行，要求钻井过程中的大钩载荷不能超过钻机的提升能力和钻柱的抗拉强度。钻机提升能力是指钻井过程中钻机所能承受的最大钩载。钻具各截面的工作应力必需小于材料的许用应力，确保钻具不发生断裂破坏。因此，要保证钻柱满足最人抗拉强度条件：

$$T_{\text{enmax}} < T_{\text{enlim}} \qquad (3.18)$$

式中，T_{enmax} 为钻井过程中钻柱承受的最大拉力，kN；T_{enlim} 为钻机和钻柱所能允许的最大拉力，kN。

(3) 套管下入可行性。

由于塔中碳酸盐岩超深水平井井深较深，水平段长，套管下入过程中摩阻和扭矩较高，套管下入成功与否对井身结构来说十分关键。根据套管的力学平衡方程确定套管下深，约束方程如下：

$$\text{CRHL}_{\text{min}} > 0 \qquad (3.19)$$

式中，CRHL_{min} 为套管下入过程中的最小大钩载荷(常简称钩载)，kN。

如果套管不能下至设计深度，可以通过降低套管质量(必须套管完整性评价基础降低套管质量)、采用上重下轻的套管柱组合、钻铤送入和套管漂浮等技术保证套管的顺利下入。如果套管实在难以下至设计井深，再考虑调整井身结构，重新修改套管下深。

综上所述，塔中碳酸盐岩超深水平井井身结构设计遵循的基本原则、设计依据与常规的井身结构设计方法相同，但由于其井深较深，水平段较长，应该在常规井身结构设计的基础上增加对水平段的水力延伸性能和机械延伸性能的校核，井身结构设计基本思路如图 3.1 所示。

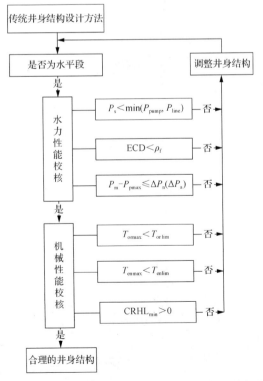

图 3.1　塔中碳酸盐岩超深水平井井身结构设计方法

3.1.4 塔中碳酸盐岩超深水平井井身结构类型及其优化

1. 塔中碳酸盐岩超深水平井井身结构类型

塔中地区油气资源非常丰富,主要油气层为寒武系至奥陶系,储层埋藏深,因此大部分井为深井、超深井,钻遇层位多,区块间地层差异大,地质特征多样化,具有构造复杂、特殊地层发育、地层压力系统复杂等特点,钻井施工普遍存在钻井周期长、钻井效率低、井下复杂工况多等问题。针对上述复杂地质环境和诸多工程技术难点,通过多年的探索、研究和实践,不断优化井身结构,目前已经形成3套适用于塔中地区的井身结构。

1)塔中地区井身结构——塔标 I

塔标 I 井身结构为塔中地区勘探开发初期常用的井身结构,具有 4 个开次,钻头层次为 444.50mm×311.15mm×215.90mm×152.40mm,套管层次为 339.73mm×244.48mm×177.80mm×127.00mm(图 3.2)。

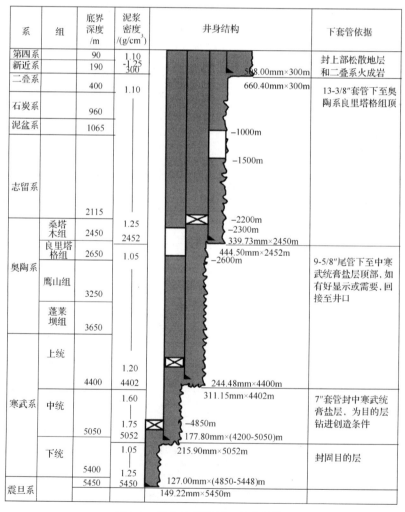

图 3.2 塔中地区塔标 I 井身结构

其中，333.38mm 套管主要封隔表层疏松地层；244.48mm 技术套管封隔三叠系和二叠系的砂泥岩地层；7″套管下至目的层的顶部；152.40mm 井眼主要为了揭示目的层。这套结构具有套管规格标准、供货渠道通畅、工具及井口配备成熟、使用方便等优点，在塔中地区油气田开发初期发挥重要作用。

2）塔中地区井身结构——塔标Ⅱ

塔标Ⅱ井身结构为非常规井身结构，主要用于深井、超深井、探井，其套管层次为五开或六开。

五开井身结构，其钻头层次为 660.40mm×444.50mm×333.38mm×241.30mm×168.28mm，套管层次为 508.00mm×365.13mm×273.05mm×206.38mm（回接 196.85mm）×139.70mm，如图 3.3（a）所示。

六开井身结构，钻头层次为 660.40mm×444.50mm×333.38mm×241.30mm×168.28mm（扩 190.50mm）×127.00mm（扩 139.70mm），套管层次为 508.00mm×365.13mm×273.05mm×206.38mm（回接 196.85mm）×158.75mm×114.30mm[图 3.3（b）]。

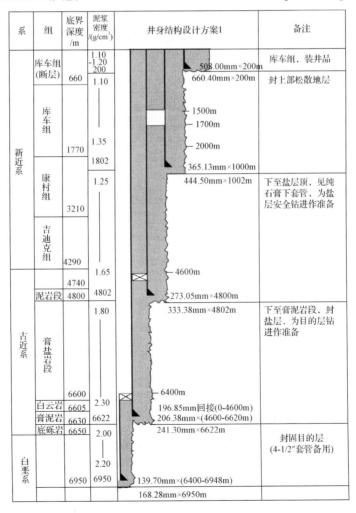

(a) 五开

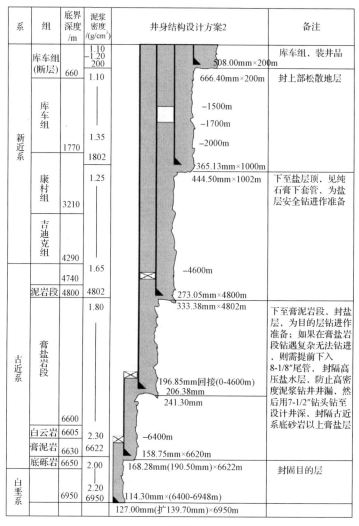

系	组	底界深度/m	泥浆密度/(g/cm³)	井身结构设计方案2	备注
新近系	库车组(断层)	660	1.10~1.20 200 1.10	508.00mm×200m 666.40mm×200m	库车组,装井品 封上部松散地层
	库车组	1770	1.35 1802	−1500m −1700m −2000m 365.13mm×1000m	
	康村组	3210	1.25	444.50mm×1002m	下至盐层顶,见纯石膏下套管,为盐层安全钻进作准备
	吉迪克组	4290			
古近系	泥岩段	4740 4800	1.65 4802 1.80	−4600m 273.05mm×4800m 333.38mm×4802m	下至膏泥岩段,封盐层,为目的层钻进作准备;如果在膏盐岩段钻遇复杂无法钻进,则需提前下入8-1/8″尾管,封隔高压盐水层,防止高密度泥浆钻井井漏,然后用7-1/2″钻头钻至设计井深,封隔古近系底砂岩以上膏盐层
	膏盐岩段	6600		196.85mm回接(0-4600m) 206.38mm 241.30mm	
	白云岩	6605	2.30	−6400m	
	膏泥岩	6630	6622	158.75mm×6620m	
	底砾岩	6650	2.00	168.28mm(190.50mm)×6622m	封固目的层
白垩系		6950	2.20 6950	114.30mm×(6400-6948m) 127.00mm(扩139.70mm)×6950m	

(b) 六开

图 3.3 塔中地区塔标Ⅱ井身结构

塔标Ⅱ井身结构主要用于复杂地质条件下的探井,立足于提高钻井成功率,提升应对复杂超深井钻井过程中井下复杂情况的能力,满足勘探开发的需要。若不存在复杂地质条件,可以按五层套管结构设计。若钻遇盐膏层,出现井下复杂而无法钻进情况,可以提前下入 8-1/8″ 套管,方便转换成六层套管结构,采用 114.30mm 套管完井。

3) 塔中地区井身结构——塔标Ⅲ

塔标Ⅲ井身结构是专为碳酸盐岩裂缝孔洞型油藏设计的井身结构方案。该套井身结构主要为 3 个开次(图 3.4),钻头层次:152.40mm×241.30mm×171.45mm;套管层次:273.05mm×200.03mm×139.70mm(备用,封隔水层)。其中,273.05mm 套管下至 1000~1500m,封固上部疏松地层;200.03mm 套管从表层套管下至目的层顶部(约 6600m);171.45mm井眼钻开储层。

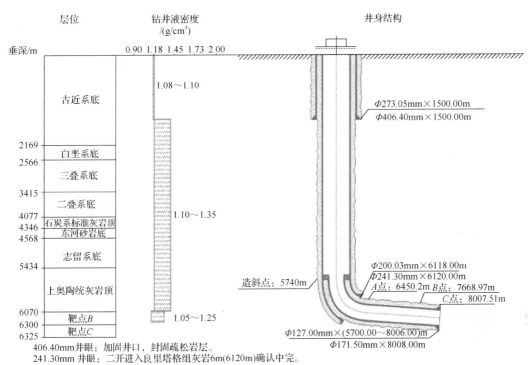

406.40mm 井眼：加固井口，封固疏松岩层。
241.30mm 井眼：二开进入良里塔格组灰岩 6m(6120m)确认中完。
171.50mm 井眼：钻至设计井深，无油气显示完钻。

图 3.4　塔中地区塔标Ⅲ井身结构

2. 塔中地区塔标Ⅲ井身结构优化历程

从 1989 年塔里木油田大会战到 2006 年的 17 年间，塔里木油田主要采用塔标Ⅰ井身结构。该套井身结构在塔中碳酸盐岩油气藏开发初期应用较广，保证了超深井的安全钻井、完井及后期井下作业的顺利进行，基本能够满足塔里木油田勘探开发初期钻井生产的需要。

塔中地区塔标Ⅰ井身结构具有 4 个开次，其中，152.40mm 井眼单独揭示目的层。塔中地区的三叠系和二叠系地层岩性主要为砂岩、泥岩和火成岩，钻井过程中会发生钻头泥包和井壁坍塌现象，以当时的钻井技术水平，该段地层被作为地质必封点，为降低施工风险下入 244.48mm 技术套管封隔该段地层。177.80mm 套管下至目的层顶部。塔标Ⅰ井身结构如表 3.1 所示。

表 3.1　塔标Ⅰ井身结构设计结果

开次	钻头直径 /mm	套管直径 /mm	下深原则
一开	444.50	339.70	封隔上部疏松地层
二开	311.20	244.50	封隔二叠系、三叠系的易坍塌地层
三开	215.90	177.80	封隔目的层奥陶系上部地层
四开	152.40	127.00	

但随着对塔中地区勘探开发的深入和对塔中地区油气田地层压力系统的了解，塔标Ⅰ井身结构已不能满足深井、超深井安全、经济、快速钻进和生产的需求。塔标Ⅰ井身结构暴露了许多问题，主要表现在以下几个方面。

(1)小井眼、小钻具钻探能力不足。

钻井速度慢、异常情况处理难度大、钻具强度不足、钻具抗 H_2S 能力差、循环压力高。水平段施工只能选用 88.9mm 钻杆，带来的主要问题是：钻杆拉力余量小，按 7500m 计算，采用 88.9mm 钻杆时最小拉力余量仅为 300kN，施工风险大，预测最高泵压将达到 35MPa 以上，长时间高泵压施工，对携岩和设备要求高。

(2)环空间隙小，套管下入困难，固井质量无法保证。

215.90mm(井眼)×177.80mm(套管)和 152.40mm(井眼)×127.00mm(套管)组合，套管与井眼的间隙小，易发生套管阻卡，固井质量也难以保证。同时井下地质条件复杂，常常发生下套管遇阻或下不到预定的深度。即使固完井，由于水泥环很薄，难以保证层间不窜通，固井质量差。

(3)不利于应对复杂地层深井、超深井地质变化引发的复杂钻井工程问题。

塔标Ⅰ井深结构三开 215.90mm 裸眼井段长度一般 4000m 左右，最长达 5200m，经常发生电测阻卡、下套管井漏、开泵不通、开泵不返、固井质量差等问题，2004～2006年此类复杂事故发生 25 起，损失时间 166 天，具体统计情况见表 3.2。

表 3.2 2004 年到 2006 年塔里木探井 215.90mm 井眼钻井复杂问题统计

序号	井号	完钻井深/m	裸眼段长度/m	复杂(事故)类型	损失时间/h
1	TZ 71	5015.39	3811.39	下 177.80mm 套管遇阻，开泵不通	
2	TZ 122	4634.00	3429.00	电测卡电缆	41
3	TZ 621	4854.00	3652.80	下 177.80mm 套管井漏失返	
4	LG 381	5516.43	4015.43	电测卡电缆	74
5	TZ 70C	4754.00	原井开窗	钻具断打捞	148
6	TZ 77	4680	3880	下套管中途井口返浆，固井施工井口不返浆	
7	TZ 74	4635.50	3837.31	下套管与固井过程间断漏失	
8	TZ 72	4918	4119.72	套管下到位，不能建立循环，一、二级固井井口不返浆	
9	TZ 623	4719.20	3916.7	套管下到位，不能建立循环，一、二级固井井口不返浆	
10	TZ 261	4350	3150.96	两次卡电测仪器，穿心打捞	43、62

合理的井身结构是深井、超深井安全、经济、高效钻井的基础和保障。为了满足安全、经济、快速钻井与生产的需求，塔里木油田分公司通过技术攻关，针对塔中地区油气藏的地层特性，重新对塔中地区井身结构及套管程序进行分析设计，集成创新了适用于塔中地区油气田的新型尺寸井身结构，形成了具有塔里木油田特色的塔标Ⅲ井身结构设计方案，在优化塔标Ⅰ井身结构的基础上，实现安全、快速钻进，保障了超深复杂地质条件下油气藏的勘探、开发。从塔标Ⅰ井身结构到塔标Ⅲ井身结构历经了三次优化。

1)优化方案 1

随着塔中碳酸盐岩储层开发规模的扩大，为提高钻井效率、降低开发成本、完成产能目标，在对地质特征、压力系统深入认识和钻井、完井工艺及配套技术发展的基础上，将井身结构由原来的四开井身结构简化为三开井身结构(表 3.3)。

表 3.3　井身结构优化方案 1

开次	钻头直径/mm	套管直径/mm	下深原则
一开	444.50	339.70	封隔上部疏松地层
二开	241.30	177.80	封隔目的层奥陶系上部地层
三开	152.40		

2)优化方案 2

经过方案 1 的优化后，相对于优化后 177.8mm 的技术套管，未做修改的 339.725mm 表层套管的尺寸太大，造成了一定的浪费。通过研究井眼直径与套管间隙的配套关系，将表层套管尺寸减小到 273.05mm(表 3.4)，进一步节省套管的用量和费用，同时也满足钻井工程的需要。

表 3.4　井身结构优化方案 2

开次	钻头直径/mm	套管直径/mm	下深原则
一开	406.40	273.05	封隔上部疏松地层
二开	241.30	177.80	封隔目的层奥陶系上部地层
三开	152.40		

3)优化方案 3

塔标Ⅲ井身结构在一开钻头、套管尺寸确定的情况下，优选二开套管尺寸。一般套管与钻头均按照常规尺寸配合，只有在特殊情况下，才采用特殊配合。塔标Ⅲ井身结构二开 241.30mm 井眼，要满足安全钻进、高质量固井及生产作业等要求，其中二开可选用 206.38mm、203.20mm、200.03mm、196.85mm、193.68mm 和 177.80mm 套管，这 6 种套管规格都不在(The American Petroleum Institute)标准范围内，均属于非 API 标准的套管。206.38mm 套管需要采用直连扣才能满足固井水泥环的厚度要求，而长段直连扣套管的安全系数低；196.85mm 套管通径与下层钻头尺寸直径上仅相差 3.56mm，考虑技术套管需下入井深 6000m 处，单边 1.78mm 的间隙太小，不能满足实际钻井需要，所以排除 206.38mm 和 196.85mm 两种型号套管；203.20mm 套管标准接箍外径为 227.33mm，与上层井眼尺寸 241.30mm 的间隙为 13.97mm，而 200.03mm 套管标准接箍外径为 222.25mm，与上层井眼尺寸 241.30mm 的间隙为 19.05mm，按照固井间隙要大于 19mm 的要求，排除 203.20mm 套管，选用 200.03mm 套管是最合适的。

三开使用 171.45mm 钻头钻进，后期侧钻可不扩孔，提高了侧钻的速度；同时，与方案 2 中的 152.40m 钻头相比，直径较大的钻头也利于钻二开水泥塞。171.45mm 井眼内可选择下入的套管型号为 127.00mm、139.70mm，查阅《套管、油管和钻杆使用性能》手册，井眼与套管环空间隙数据见表 3.5。若 171.45mm 井眼不进行裸眼完井，采用 127.00mm、139.70mm 基本能满足环空间隙固井要求。从增加水泥环强度的角度考虑，下入 127.00mm

套管比下入 139.70mm 套管环空水泥环厚度更大，更利于降低套管外应力；从降低环空水泥石微裂隙的角度考虑，下入 127.00mm 套管由于尺寸更小，壁厚更大，比下入 139.70mm 套管降低环空微裂隙的作用更强。因此，若不采用扩眼措施，下入 127.00mm 套管则更利于提高水平井固井质量。从对后期的作业的角度考虑，下入 139.70mm 套管更有利。因此三开套管尺寸根据实际需求来选择。

井身结构优化方案 3(表 3.6)即为塔标Ⅲ井身结构。

表 3.5　168.28mm 井眼下套管环空间隙表

井眼尺寸/mm	套管规格/mm	标准接箍外径/mm	特殊间隙接箍外径/mm	井眼与套管管体间隙/mm	标准接箍与井眼间隙/mm	特殊间隙接箍与井眼间隙/mm
168.28	127.00	141.30	136.53	41.28	26.97	31.75
	139.70	153.67	149.22	28.58	14.61	19.05

表 3.6　井身结构优化方案 3

开次	钻头直径/mm	套管直径/mm	下深原则
一开	406.40	273.05	封隔上部疏松地层
二开	241.30	200.03	封隔目的层奥陶系上部地层
三开	171.45		

经过多次优化，最终形成了目前塔里木油田大范围推广使用的塔标Ⅲ井身结构，即 273.05mm 套管封固表层疏松地层，200.03mm 套管下至目的层顶部，171.45mm 钻头钻开目的层。

3.2　塔中碳酸盐岩超深水平井套管柱设计

塔中碳酸盐岩储层埋藏深，井底为高压高温环境，储层上部存在复杂岩性段，套管受力复杂，同时受到井眼弯曲、高温、套管磨损的影响，对套管的强度有非常高的要求。一旦套管抗外挤强度不能满足储层改造及长期生产的需要，套管将发生变形甚至被挤毁，导致气井不能正常生产，被迫修井甚至报废，给油田造成巨大的经济损失。因此，塔中碳酸盐岩超深水平井套管柱设计非常重要。目前塔标Ⅲ井身结构在塔中地区应用最为广泛，以下针对塔标Ⅲ井身结构的套管柱进行设计。

3.2.1　塔标Ⅲ井身结构套管柱有效外压力的分析与计算

套管有效外挤压力的大小是确定和选择套管强度的依据，其中包括有效拉力、有效内压力和有效外压力。由于套管种类和用途不同，地层条件和工作工况也不一样[8,9]，外载的计算也不相同，套管设计时必须分别计算。

1. 套管的有效外挤压力

套管柱某一时刻受到的外挤压力与内压力之差即为有效外挤压力。

1)表层套管和技术套管的有效外挤压力

表层套管和技术套管是钻井过程中为了克服井下复杂情况而下入的。当管外所处地层稳定性不同时，出现的复杂情况也会不同，分两种情况进行讨论。

(1)稳定地层时的有效外挤压力。

稳定地层的岩石结构坚固、强度大，在钻井过程中和固井后不会出现井眼缩径和井壁垮塌等复杂情况。有效外挤压力计算公式如式(3.22)所示：

$$P_{ce} = 0.00981\left[\rho_m - (1-k_m)\rho_{nmin}\right]H \tag{3.20}$$

式中，P_{ce} 为有效外挤压力，MPa；ρ_m 为固井时管外钻井液密度，g/cm^3；k_m 为管内泥浆掏空系数或漏失系数，k_m=1 为全掏空；ρ_{nmin} 为下次钻进时所用的最小钻井液密度，g/cm^3；H 为井深，m。

(2)不稳定地层时的有效外挤压力。

对于易垮塌层、易膨胀地层，以及各种塑性蠕变地层等不稳定地层，外挤压力的计算需考虑岩石侧压力的作用。套管柱有效外挤压力可按(3.21)计算：

$$P_{ce} = \frac{v}{1-v}P_v - 0.00981(1-k_m)\rho_e H \tag{3.21}$$

式中，v 为岩石泊松系数，对一般塑性蠕变地层，v=0.35～0.4，对严重塑性蠕变地层 v=0.4～0.5；ρ_e 为套管和油管环形空间的钻井液密度；P_v 为岩石的上覆压力，MPa，P_v=$G_v H$，其中，G_v 为上覆岩石压力梯度，MPa/m，一般取 G_v=0.023MPa/m。

2)油层套管的有效外挤压力

(1)稳定油层套管有效外挤压力计算公式：

$$P_{ce} = \left[0.00981\rho_m - (1-k_m)G_p\right]H \tag{3.22}$$

式中，G_p 为油气层压力梯度，MPa/m。

(2)不稳定油层套管有效外挤压力计算公式：

$$P_{ce} = \frac{v}{1-v}P_v - (1-k_m)G_p H \tag{3.23}$$

2. 套管的有效内压力

1)表层套管和技术套管的有效内压力

表层套管和技术套管鞋处最大内压力取循环处理井涌时进行压井作业的套管鞋处的压力。循环压井套管鞋处地层不被压裂是前提条件，因此，当井涌复杂情况发生时，处理井涌循环压井时所用最大泥浆密度不能超过套管鞋处的地层破裂压力当量密度。所以套管鞋处的最大内压力的取值为下一开次钻井所用的最大泥浆密度在相应开次套管鞋处产生的液柱压力。套管鞋处最大压力如式(3.24)所示：

$$P_{is} = 0.00981\rho_{nmax}D_s \tag{3.24}$$

式中，P_{is} 为套管鞋处最大内压力，MPa；ρ_{nmax} 为下一开次钻井时所用的最高钻井液密度，g/cm^3；D_s 为套管下深或套管鞋深度，m。

对任一井深处套管内压力的计算方法一般分油井与气井两种情况考虑。

对塔中地区的气井，有效内压力用公式 (3.25) 计算：

$$P_{iD} = \frac{P_{is}}{e^{1.1155 \times 10^{-4} \delta (D_s - H)}} \tag{3.25}$$

式中，P_{iD} 为计算井深深处的最大内压力，MPa；H 为计算点的井深，m；δ 为天然气的比重，一般取 0.50～0.55。

计算出最大内压力后，管内最大内压力减去管外盐水液柱压力即为有效内压力，计算如式 (3.26) 所示：

$$P_{ie} = P_{iD} - 0.00981 \rho_w H \tag{3.26}$$

式中，P_{ie} 为有效内压力，MPa；ρ_w 为盐水密度，g/cm^3。

2) 生产套管或生产尾管的有效内压力

若管内全部充满天然气，井底最大内压力计算如式 (3.27) 所示：

$$P_{is} = G_p D_s \tag{3.27}$$

式中，G_p 为油层压力梯度，MPa/m；D_s 为油层套管鞋处的井深，m。

则任意井深的有效内压力均为

$$P_{ie} = \frac{P_{is}}{e^{1.1155 \times 10^{-4} \delta (D_s - H)}} - 0.00981 \rho_w H \tag{3.28}$$

3) 预设井涌量法

当气体充满井筒上部，钻井液充满井筒下部时，气体高度除以整个井眼的高度即为井涌量，或称为掏空度。同样，可用式 (3.29) 计算气液界面处的压力：

$$P_{mg} = P_{is} - 0.00981 \rho_{nmax} (D_s - D_{mg}) \tag{3.29}$$

式中，P_{mg} 为气液界面处的套管的内压力，MPa；D_{mg} 为气液界面处的测量深度，m。

3. 套管轴向力

套管柱有效轴向拉力主要由套管柱的自重和泥浆浮力产生的。在一些条件下，套管设计时还应该考虑附加拉力(如摩擦力和弯曲力)，套管轴向力一般随套管柱自下而上逐渐增大，在井口处套管所承受的轴向拉力最大。

以标准 SY/T5724—2008《套管柱结构与强度设计》为基础，综合考虑浮力、弯曲附加力、摩阻力等因素计算套管轴向力，至于井温对套管轴向力的影响，主要考虑温度对套管屈服强度的影响，其他附加轴向力考虑在安全系数之内。

塔中地区以水平井为主，因此将井眼轨迹看作三维的空间曲线，为了建立三维井眼中套管柱轴向载荷的通用模型，首先考虑井眼轨迹上两测点之间的一个套管柱单元。

为了使三维模型简单化，作如下基本假设：①两个测点之间的井眼轨迹在一个空间平面内；②井眼轴线与套管柱轴线重合；③套管柱单元的曲率恒定不变；④套管柱弯曲变形处于弹性范围之内。

若已知套管柱单元下端的轴向力 T_i 和单位长度的侧向力 f_n 时，管柱上端的轴向力 T_{i+1} 可由下式计算：

$$T_{i+1} = T_i + \left(\frac{\Delta L_i}{\cos\left(\dfrac{\theta}{2}\right)} \right) \left[q_{ei}\cos\overline{\alpha} + \mu(f_E + f_n) \right] \tag{3.30}$$

式中，T_{i+1} 和 T_i 分别为第 i 段套管柱单元上端、下端的轴向，N；q_{ei} 为第 i 段套管单位长度有效重量，N；ΔL_i 为第 i 段管柱的段长，m；θ 为管柱单元上下端之间的全角变化，(°)；α_{i+1} 和 α_i 分别为套管柱单元上端和下端的井斜角，(°)；$\overline{\alpha} = \dfrac{\alpha_{i+1} + \alpha_i}{2}$；$f_E$ 为套管柱变形引起的侧向力，N；f_n 为单位管长的侧向力，N；μ 为滑动摩擦因素，无量纲。

套管柱变形引起的侧向力计算公式为

$$f_E = 11.3EJK^3 \tag{3.31}$$

式中，E 为钢材的弹性模量，Pa/m^2；J 为套管柱横截面的惯性矩，mm^4；K 为套管柱单元的曲率，rad/m。

全角平面上的总侧向力由式(3.32)计算：

$$f_{ndp} = -(T_i + T_{i+1})\sin\left(\frac{\theta}{2}\right) + n_3\Delta L_i q_{ei} \tag{3.32}$$

式中，$n_3 = \dfrac{\sin\left(\dfrac{\alpha_{i+1} + \alpha_i}{2}\right)\sin\left(\dfrac{\alpha_{i+1} - \alpha_i}{2}\right)}{\sin\dfrac{\theta}{2}}$

法线方向上的总侧向力为

$$f_{np} = m_3\Delta L_i q_{ei} \tag{3.33}$$

式中，$m_3 = \dfrac{\sin\alpha_i \sin\alpha_{i+1}\sin(\varphi_i - \varphi_{i+1})}{\sin\theta}$；$q_{ei}$ 为第 i 段管柱单位长度质量，kg/m；φ_i 为管柱单元下端井斜方位角，rad；φ_{i+1} 为管柱单元上端井斜方位角，rad；θ 为管柱单元上下端

之间的全角变化，$\theta = K\Delta L$。

由于在三维井眼中，一个管柱单元的总侧向力是全角平面的总侧向力和垂直全角平面的总侧向力的矢量和，它们相互垂直，所以可得单位管长侧向力的计算公式：

$$f_n = \frac{\sqrt{f_{ndp}^2 + f_{np}^2}}{L_s} \tag{3.34}$$

式中，L_s 为三维井眼管柱单元长度，m。

3.2.2 塔标Ⅲ井身结构套管柱强度校核分析与设计

套管柱在井底的受力极为复杂，可以归结为受拉伸、压缩、弯曲、扭转、外挤、内压等力的作用，其中主要是拉伸力、外挤力和内压力的作用，通常套管柱在井下同时受这三种力的共同影响。要精确地计算套管柱在三轴应力下的抗挤、抗内压及抗拉强度，必须采用三轴应力设计。三轴应力设计是目前设计方法中既安全又经济的设计方法，它同时考虑了拉伸力、外挤力和内压力的相互作用对套管强度的影响，是目前最先进的设计方法。

在单轴应力试验条件下得到套管的 API 强度不能直接用于三轴应力强度计算，只有找到三轴应力强度与 API 套管强度之间的关系(通过拉梅公式及 Von-Mises 强度理论联合推导)，才能进行三轴强度设计。套管三轴应力强度设计的基本思路是：用套管在三轴应力下的强度代替套管在不受外力作用下的套管强度，再与套管的有效外压力进行比较，以确定套管是否安全[10,11]。

1. API 套管强度

1) API 套管抗挤强度

根据径厚比的不同，套管挤毁破坏可分为失稳破坏和强度破坏两种形式。API 标准将套管外径与壁厚的比值(D_c/δ)和套管材料的屈服强度值等相关数据进行比较，将套管抗挤毁压力分为 4 种类型，即屈服强度挤毁压力、塑性挤毁压力、过度挤毁强度和弹性挤毁压力，下面分别对这四种抗挤毁强度值进行分析[12-14]。

(1) 屈服挤毁强度。

屈服挤毁强度是使套管内壁产生最小屈服应力的外压力值。

当 $\dfrac{D_c}{\delta} \leqslant \left(\dfrac{D_c}{\delta}\right)_{Y_p}$ 时，用式(3.35)计算：

$$P_{co} = 2Y_p \frac{(D_c/\delta)-1}{(D_c/\delta)^2} \tag{3.35}$$

式中，P_{co} 为抗挤毁强度，MPa；D_c 为套管公称外径，mm；δ 为套管壁厚，mm；Y_p 为管材屈服强度，MPa；$\dfrac{D_c}{\delta}$ 为套管径厚比，无量纲；$\left(\dfrac{D_c}{\delta}\right)_{Y_p}$ 为屈服挤毁强度与塑性挤毁

强度临界点的径厚比，当屈服强度挤毁压力等于塑性强度挤毁压力时，得出屈服挤毁强度与塑性挤毁强度临界值的径厚比，用式(3.36)计算：

$$\left(\frac{D_c}{\delta}\right)_{Y_p} = \frac{\sqrt{(A-2)^2 + 8(B + 0.0068947C/Y_p)} + (A-2)}{2(B + 0.0068947C/Y_p)} \tag{3.36}$$

式中，系数 A、B、C 在实验室利用挤毁实验，应用数理统计中的回归理论得出：$A=2.8762+1.5485 \times 10^{-4}Y_p+4.47 \times 10^{-7}Y_p^2-1.62 \times 10^{-10}Y_p^3$；$B=0.026233+7.34 \times 10^{-5}Y_p$；$C=-465.93+4.475715Y_p-2.2 \times 10^{-4}Y_p^2+1.12 \times 10^{-7}Y_p^3$。

(2)塑性挤毁强度。

塑性挤毁强度是套管在塑性挤毁范围内的最小挤毁压力值。

当 $\left(\frac{D_c}{\delta}\right)_{Y_p} \leqslant \frac{D_c}{\delta} \leqslant \left(\frac{D_c}{\delta}\right)_{p_t}$ 时，用式(3.37)计算：

$$P_{co} = Y_p\left[\frac{A}{D_c/\delta} - B\right] - 0.0068947C \tag{3.37}$$

式中，

$$\left(\frac{D_c}{\delta}\right)_{p_t} = \frac{Y_p(A-F)}{0.0068947C + Y_p(B-G)} \tag{3.38}$$

$$F = \frac{3.238 \times 10^5 \left(\frac{3B/A}{2+B/A}\right)^3}{Y_p\left(\frac{3B/A}{2+B/A} - (B/A)\right)\left(1 - \frac{3B/A}{2+B/A}\right)^2} \tag{3.39}$$

$$G = F(B/A) \tag{3.40}$$

(3)过渡挤毁强度。

过渡挤毁强度为套管从塑性到弹性过渡区的最小挤毁压力值。

当 $\left(\frac{D_c}{\delta}\right)_{p_t} \leqslant \frac{D_c}{\delta} \leqslant \left(\frac{D_c}{\delta}\right)_{t_c}$ 时，用式(3.41)计算：

$$P_{co} = Y_p\left[\frac{F}{D_c/\delta} - G\right] \tag{3.41}$$

式中，$\left(\frac{D_c}{\delta}\right)_{t_c} = \frac{2+B/A}{3B/A}$。

(4) 弹性挤毁强度。

弹性挤毁强度为套管在弹性挤毁范围内的最小挤毁压力值。

当 $\dfrac{D_c}{\delta} \geq \left(\dfrac{D_c}{\delta}\right)_{t_c}$ 时，用式 (3.42) 计算：

$$P_{co} = \frac{3.238 \times 10^5}{(D_c / \delta)(D_c / \delta - 1)^2} \tag{3.42}$$

2) API 套管抗内压强度

套管抗内压强度是最小内压力达到钢材屈服极限所需的压力。套管内压失效形式一般有接箍密封不严造成套管泄露，管体破裂和接箍破裂造成套管失效。

(1) 管体破裂。

管体破裂压力是套管的最小内压力达到管体钢材屈服极限所需的压力。API 明确给出了套管管体抗内压强度的计算公式，其中，0.875 是考虑壁厚不均匀而引入的系数，其公式由通过薄壁筒的周向力公式导出：

$$P_{bo} = 0.875 \left(\frac{2Y_p \delta}{D_c}\right) \tag{3.43}$$

式中，P_{bo} 为套管管体抗内压强度 (最小内部屈服压力)，MPa。

(2) 接箍泄露。

螺纹的联结密封失效也是一种重要的破坏形式。接箍泄露压力一般是套管内压达到套管接箍泄露时的最小内压。API 给出了套管接箍泄露时的最小压力计算公式：

$$p_{iRj} = \frac{ET_{th} N_{nu} P_{th} \left(M_2^2 - M_1^2\right)}{4 M_1 M_2^2} \tag{3.44}$$

式中，p_{iRj} 为套管接箍发生泄露的最小屈服压力，MPa；E 为套管钢材的弹性模量，Pa/m²；T_{th} 为螺纹的锥度，无量纲；N_{nu} 为旋上螺纹的圈数，无量纲；P_{th} 为螺距，mm；M_1 为圆螺纹套管手紧面节径的二分之一，梯形螺纹套管完全螺纹处节径的二分之一；M_2 为接箍外径的二分之一。

(3) 接箍开裂。

接箍开裂强度是最小内压力达到接箍钢材达到屈服极限所需的压力。API 给出了套管接箍开裂时的最小内压力计算公式：

$$p_{bj} = 0.875 \left(\frac{2Y_p \delta_{cj}}{D_{cj}}\right) \tag{3.45}$$

式中，p_{bj} 为套管接箍抗内压强度，MPa；δ_{cj} 为接箍公称壁厚，mm；D_{cj} 为接箍公称外径，mm。

一般设计套管抗内压强度时，取式 (3.43)～式 (3.45) 中的最小值。

3）API 套管抗拉强度

套管的抗拉强度是套管重要的力学特性之一。在轴向力的作用下，套管接箍螺纹与套管管体的抗拉强度不同，在进行管柱抗拉设计时，应取两者的最小值。

（1）管体抗拉强度。

套管管体的抗拉强度是当轴向力达到套管管体钢材的最小屈服强度时的轴向载荷，其 API 计算公式如下：

$$T_y = 7.854 \times 10^{-4} \left(D_c^2 - D_{ci}^2 \right) Y_p \tag{3.46}$$

式中，T_y 为套管管体的屈服强度，kN；Y_p 为套管管材的最小屈服强度，MPa；D_c 为套管的公称外径，mm；D_{ci} 为套管的公称内径，mm。

（2）圆螺纹连接。

套管圆螺纹接头一般按照螺纹的联结长度将圆螺纹连结分为短圆螺纹连结和长圆螺纹连结，圆螺纹连结最常见的失效形式有螺纹断裂和螺纹滑脱两种情况。

圆螺纹断裂强度：

$$T_o = 9.5 \times 10^{-4} A_{jp} U_p \tag{3.47}$$

圆螺纹滑脱强度：

$$T_o = 9.5 \times 10^{-4} A_{jp} L_j \left[\frac{4.99 D_c^{-0.59} U_p}{0.5 L_j + 0.14 D_c} + \frac{Y_p}{L_j + 0.14 D_c} \right] \tag{3.48}$$

式中，T_o 为接头处最小的抗拉强度，kN；A_{jp} 为螺纹处的管壁截面积，mm^2；$A_{jp} = 0.785 \times \left[\left(D_c - 3.6195 \right)^2 - D_{ci}^2 \right]$；$U_p$ 为管材最小极限强度，MPa；L_j 为螺纹配合长度，mm。

在计算圆螺纹的连结强度时，取式（3.47）和式（3.48）中的最小值。

（3）梯形螺纹连接。

对于梯形螺纹，失效形式有管体螺纹失效和接箍螺纹失效两种。

管体螺纹连结强度：

$$T_o = 9.5 \times 10^{-4} A_p U_p \left[25.623 - 1.007 \left(1.083 - Y_p / U_p \right) D_c \right] \tag{3.49}$$

接箍螺纹连结强度：

$$T_o = 9.5 \times 10^{-4} A_c U_c \tag{3.50}$$

式中，U_c 为接箍最小极限强度，MPa；$A_p = 0.785 \left(D_c^2 - D_{ci}^2 \right)$；$A_c = 0.785 \left(D_{cj}^2 - d_{cj}^2 \right)$，其中，$D_{cj}$ 和 d_{cj} 分别为接箍的外径和内径，mm。

在计算梯形螺纹的连结强度时，取式（3.49）和式（3.50）中的最小值。

2. 套管柱三轴应力强度计算

随着钻井技术的发展，钻井深度不断增加，套管在井下的受力情况趋于复杂，单纯的单轴设计和双轴设计已经不能满足套管工作的实际情况，所以采用套管的三轴应力强度，也就是套管在井下受轴向力、周向力、径向力的共同作用时套管所剩余的抗挤毁强度、抗内压强度、抗拉强度。套管的三轴应力设计方法是用套管在三轴应力下的强度与套管的有效外载荷进行比较，确定套管工作状况是否安全的方法[15-18]。

由于 API 强度是套管在单轴应力条件下解得的，在三轴应力强度设计时不能直接使用 API 强度。须求找出三轴应力强度与 API 套管强度之间的关系，再进行三轴强度设计。

为了使复杂的问题简单化，建立三轴应力强度模型，作以下的基本假设：①研究的对象为套管，不考虑水泥环的作用；②套管受均匀的外挤压力作用；③套管是一个没有制造缺陷的弹性体；④固井完成后的套管，底端由地层约束，顶端与井口装置联结，套管两端均有约束，假设套管柱处于没有轴向应变、存在轴向应力的一种状态。

在以上假设的前提下，考虑套管承受外挤力、轴向力和内压力的作用，套管处在三轴应力状态下受力模型如图 3.5 所示，通过弹性力学的拉梅公式，并考虑轴向应力沿径向均匀分布及套管承受外力对称性，可得到套管的内应力分布存在以下关系：

$$\sigma_r = \frac{P_i r_i^2 - P_o r_o^2}{r_o^2 - r_i^2} - \frac{(P_i - P_o) r_i^2 r_o^2}{r^2 (r_o^2 - r_i^2)}$$

$$\sigma_\theta = \frac{P_i r_i^2 - P_o r_o^2}{r_o^2 - r_i^2} - \frac{(P_i - P_o) r_i^2 r_o^2}{r^2 (r_o^2 - r_i^2)} \tag{3.51}$$

$$\sigma_z = \frac{T_a}{\pi (r_o^2 - r_i^2)} \times 10^{-3}$$

式中，σ_r 为径向应力，MPa；σ_θ 为周向应力，MPa；σ_z 为轴向应力，MPa；r 为半径，mm；r_o 为套管外半径，mm；r_i 为套管内半径，mm；T_z 为轴向拉力，kN；P_i 为管内流体压力，MPa；P_o 为管外流体压力，MPa。

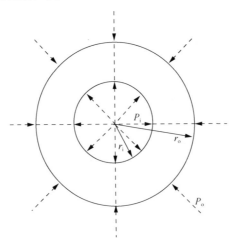

图 3.5　三轴应力受力模型

从式(3.51)可以得出，在内外压力的共同作用下，径向应力和周向应力的大小不仅与内外压力差有关，而且与套管半径和壁厚有关。

根据 Von-Mises 强度理论，在复杂应力状态下，只要危险点处的形状改变比能达到与材料性质有关的极限值材料就会屈服，即当材料中某点的应力强度 σ_e 达到材料单轴屈服应力时，材料开始屈服[15]，Von-Mises 强度理论公式见式(3.52)：

$$\sigma_e = \sqrt{\frac{1}{2}\left[(\sigma_z - \sigma_\theta)^2 + (\sigma_\theta - \sigma_r)^2 + (\sigma_r - \sigma_z)^2\right]} \tag{3.52}$$

将式(3.51)代入式(3.52)，并对 r 求偏导，得式(3.53)[19]：

$$\frac{\partial \sigma_e}{\partial r} = \frac{-K^2 r^{-5}}{\sigma_e} < 0 \tag{3.53}$$

根据函数的单调性可知，σ_e 随着 r 的增加而减小，在 $r = r_i$ 处 σ_e 取最大值，即在套管内壁上应力强度达到最大值。

在 $r = r_i$ 处的径向应力与周向应力如式(3.54)所示：

$$\sigma_{ri} = -P_i$$
$$\sigma_{\theta i} = \left[\frac{P_i\left(r_i^2 + r_o^2\right)}{r_o^2 - r_i^2} - \frac{2P_o r_o^2}{r_o^2 - r_i^2}\right] \tag{3.54}$$

1）三轴抗挤强度

根据材料力学 Von-Mises 强度理论，当材料中某点的应力强度 σ_e（合成应力）等于材料的屈服强度(Y_p)时，材料发生屈服。材料产生屈服破坏时所满足的受力方程如式(3.55)所示：

$$Y_p = \sqrt{\frac{1}{2}\left[(\sigma_z - \sigma_\theta)^2 + (\sigma_\theta - \sigma_r)^2 + (\sigma_r - \sigma_z)^2\right]} \tag{3.55}$$

求解关于 σ_θ 的二元一次方程，得周向应力如式(3.56)及式(3.57)所示：

$$\sigma_\theta = \frac{1}{2}(\sigma_z + \sigma_r) + \sqrt{Y_p^2 - \frac{3}{4}(\sigma_z - \sigma_r)^2} \tag{3.56}$$

$$\sigma_\theta = \frac{1}{2}(\sigma_z + \sigma_r) - \sqrt{Y_p^2 - \frac{3}{4}(\sigma_z - \sigma_r)^2} \tag{3.57}$$

结合式(3.51)，将 σ_θ 变形为式(3.58)所示形式：

$$\sigma_\theta = \frac{r_i^2}{r_o^2 - r_i^2}\left(1 + \frac{r_o^2}{r^2}\right)P_i - \frac{r_o^2}{r_o^2 - r_i^2}\left(1 + \frac{r_i^2}{r^2}\right)P_o \tag{3.58}$$

由式(3.58)可知，随着 P_i 增加、P_o 减小，σ_θ 增加(代表抗内压条件下的周向应力)；相反，随着 P_i 减小、P_o 增大，σ_θ 减小(代表抗外挤条件下的周向应力)。故式(3.58)代表抗内压条件下的周向应力，式(3.57)代表抗外挤条件下的周向应力。

将式(3.57)两边同时除以 Y_p，得

$$\frac{\sigma_\theta}{Y_p} = \frac{1}{2}(\sigma_z + \sigma_r) - \sqrt{1 - \frac{3}{4}\frac{(\sigma_z - \sigma_r)^2}{Y_p^2}} \qquad (3.59)$$

当材料发生屈服破坏时有

$$P_o - P_i = P_{ca} \qquad (3.60)$$

式中，P_{ca} 为三轴应力条件下的抗挤毁强度。

将式(3.60)代入式(3.54)，化简整理得式(3.61)：

$$\sigma_{ti} = -P_{ca}\frac{2r_o^2}{r_o^2 - r_i^2} + \sigma_{ri} \qquad (3.61)$$

当 $P_i = 0$，$T = 0$ 时，即内压力为 0，轴向载荷为 0 的 API 抗外挤强度条件。由于 $\sigma_{ri} = -P_i$，有

$$\sigma_{\theta i} = -P_{co}\frac{2r_o^2}{r_o^2 - r_i^2} \qquad (3.62)$$

$$Y_p = \sqrt{\frac{1}{2}\left[(\sigma_z - \sigma_\theta)^2 + (\sigma_\theta - \sigma_r)^2 + (\sigma_r - \sigma_z)^2\right]} = P_{co}\frac{2r_o^2}{r_o^2 - r_i^2} \qquad (3.63)$$

式中，P_{co} 为套管 API 抗外挤强度，MPa。

将式(3.63)代入式(3.62)得

$$\frac{\sigma_{\theta i}}{Y_p} = -\frac{P_{ca}}{P_{co}} + \frac{\sigma_{ri}}{Y_p} = -\frac{P_{ca}}{P_{co}} - \frac{P_i}{P_p} \qquad (3.64)$$

将式(3.64)代入式(3.55)，得到三轴应力下的抗外挤强度公式：

$$P_{ca} = P_{co}\left[\sqrt{1 - \frac{3}{4}\left(\frac{\sigma_z + P_i}{Y_p}\right)^2} - \frac{1}{2}\left(\frac{\sigma_z + P_i}{Y_p}\right)\right] \qquad (3.65)$$

2) 三轴抗内压强度

利用相同的方法可以推导出三轴抗内压强度公式：

$$P_{\text{ia}} = P_{\text{co}} \left[\frac{r_i^2}{\sqrt{3r_o^4 + r_i^4}} \left(\frac{\sigma_z + P_o}{Y_p} \right) + \sqrt{1 - \frac{3r_o^4}{3r_o^4 + r_i^4} \left(\frac{\sigma_z + P_o}{Y_p} \right)^2} \right] \quad (3.66)$$

式中，P_{ia} 为三轴抗内压强度，MPa。

3）三轴抗拉强度

由 Von-Mises 方程式（3.51）可得：当等效应力 $\sigma_e = Y_{\text{pa}}$ 时，轴向应力 σ_z 即为三轴应力下的抗拉强度 Y_p，即

$$Y_p^2 = \sigma_r^2 + \sigma_\theta^2 + Y_{\text{pa}}^2 - \sigma_r \sigma_\theta - Y_{\text{pa}} (\sigma_r + \sigma_\theta) \quad (3.67)$$

式中，Y_{pa} 为当量管材屈服强度，解一元二次方程式（3.67）得

$$Y_{\text{pa}} = \frac{1}{2} (\sigma_r + \sigma_\theta) + \sqrt{Y_p^2 - \frac{3}{4} (\sigma_r + \sigma_\theta)^2} \quad (3.68)$$

最大拉毁依然在内壁面上，即 $r = r_i$，由此可得

$$\sigma_r + \sigma_\theta = \frac{2 \left(P_i r_i^2 - P_o r_o^2 \right) \times 10^{-6}}{r_o^2 - r_i^2}$$
$$\sigma_r - \sigma_\theta = \frac{2 r_o^2 \left(P_o - P_i \right) \times 10^{-6}}{r_o^2 - r_i^2} \quad (3.69)$$

把式（3.69）代入式（3.68），即

$$Y_{\text{pa}} = \frac{\left(P_i r_i^2 - P_o r_o^2 \right) \times 10^{-3}}{r_o^2 - r_i^2} \sqrt{Y_p^2 - 3 \left(\frac{r_o^2 (P_o - P_i) \times 10^{-6}}{r_o^2 - r_i^2} \right)^2} \quad (3.70)$$

因为 $T_a = 10^3 Y_{\text{pa}} A = 10^3 Y_{\text{pa}} \pi \left(r_o^2 - r_i^2 \right)$，$T_o = 10^3 Y_{\text{pa}} A = 10^3 Y_p \pi (r_o^2 - r_i^2)$，则套管三周应力的抗拉强度为

$$T_a = 10^{-3} \pi \left(P_i r_i^2 - P_o r_o^2 \right) + \sqrt{T_o^2 - 3 \times 10^{-6} \pi^2 (P_i - P_o)^2 r_o^4} \quad (3.71)$$

式中，T_a 为三轴抗拉强度，kN；T_o 为 API 套管抗拉强度，kN。

3. 套管柱强度设计方法

套管柱强度设计先按抗挤强度自下而上进行设计，然后进行抗拉强度和抗内压强度校核。当抗拉强度或抗内压强度不满足要求时，选择比上一段高一级的套管，改为抗拉

强度或抗内压强度设计，并进行抗挤强度校核，直到满足设计要求为止，具体设计步骤如下。

(1) 确定第一段套管的钢级和壁厚。

计算套管鞋处的有效外挤压力 P_{cei}，并根据 $P_{cai} \geqslant S_c P_{cei}$ (S_c 为规定的抗挤系数) 的原则，选择第一段套管的钢级和壁厚，用上述套管强度公式计算或使用套管强度手册查出套管强度，列出套管性能参数表。

(2) 确定第一段套管的下入长度。

第一段套管下入的长度 L_1 取决于第二段套管的下入深度 H_2，因此，第二段套管应选比第一段套管强度低一级的。第二段套管的下入深度 H_2 用式(3.72)计算：

$$H_2 = \frac{-b + \sqrt{b^2 - 4ac}}{2a} \tag{3.72}$$

式中，$a = C_1^2 + C_1 C_3 + C_3^2$；$b = C_1 C_2 + 2C_2 C_3$；$c = C_2^2 - 1$；设计第 n 段套管时，C_1、C_2 和 C_3 的取值见表 3.7。

表 3.7 C_1、C_2 和 C_3 的取值情况

$N<3$	$n>3$
$C_1 = \dfrac{G_{ce}S_c}{P_{co2}}$	$C_1 = \dfrac{G_{ce}S_c}{P_{con}}$
$C_2 = \dfrac{0.00981 q_1 H_1 k_f}{T_{y2}}$	$C_2 = \dfrac{0.00981 \left(\sum\limits_{i=1}^{n-1} q_i H_i - \sum\limits_{i=2}^{n-1} q_i H_{i-1} \right) k_f}{T_{yn}}$
$C_3 = \dfrac{9.81 \times 10^{-6}(1-k_m)\rho_{min}A_2 - 0.00981 q_1 k_f}{T_{y2}}$	$C_3 = \dfrac{9.81 \times 10^{-6}(1-k_m)\rho_{min}A_n - 0.00981 q_n k_f}{T_{yn}}$

注：G_{ce} 为套管有效外压力梯度；S_c 为规定的抗挤系数；P_{con} 为第 n 段套管抗挤强度；T_{yn} 为第 n 段套管屈服强度；k_f 为浮力系数；k_m 为掏空系数($k_m=0\sim1$，$k_m=1$ 时表示全掏空)；H_1 第一段套管的下入深度；H_i 第 i 段套管的下入深度；q_i 为设计段以下第 i 段套管单位长度质量 kg/m；A_2 为第二段套管内截面积，mm^2；A_n 为第 n 段套管内截面积，mm^2；q_n 为设计段以下第 n 段套管单位长度质量 kg/m。

第一段套管的下入长度 L_1 用式(3.73)计算：

$$L_1 = H_1 - H_2 \tag{3.73}$$

(3) 对第一段套管顶端进行抗内压强度校核。

根据三轴抗内压公式计算第一段套管顶端的三轴抗内压强度 P_{ba1}，以及有效内压力 P_{be1}，则第一段套管的抗内压安全系数为

$$S_{i1} = \frac{P_{ba1}}{P_{be1}} \tag{3.74}$$

如果 $S_{i1} > S_i$ (预设抗内压安全系数)，则满足要求，否则选择高一级的套管改为抗拉设计。

(4) 对第一段套管顶端进行抗拉强度校核。

根据三轴抗拉强度公式计算第一段套管顶端的三轴抗拉强度 T_{a1} 及有效轴向力 T_{e1}，则计算第一段套管抗拉安全系数为

$$S_{t1} = \frac{T_{a1}}{T_{e1}} \tag{3.75}$$

如果 $S_{t1} > S_t$（预设抗拉安全系数），则满足要求，按上述步骤继续设计第二段、第三段等，直到达到设计井深为止。如果不满足，则选择高一级的套管，改为抗拉强度设计该段套管。

(5) 按套管抗拉强度计算本段套管的下入长度 L_{on}。

按抗拉强度公式计算：

$$L_{on} = \frac{\dfrac{T_{on}}{S_t} - 0.00981 \sum_{i=1}^{n-1} q_i L_i k_f}{0.00981 q_n k_f} \tag{3.76}$$

(6) 计算三轴应力下该段套管的下入长度 L_{an}。

$$L_{an} = 10^{-3} \pi \left(P_{in} r_{in}^2 - P_{on} r_{on}^2 \right) + \sqrt{T_{on} + 3 \times 10^{-6} \pi^2 \left(P_{in} - P_{on} \right)^2 r_{on}^4} \tag{3.77}$$

式中，$P_{in} = 0.00981 \left(H_n - L_{on} \right) \left(1 - k_m \right) \rho_{min}$；$P_{on} = 0.00981 \left(H_n - L_{on} \right) \rho_m$。

将 P_{in} 和 P_{on} 的值代入式 (3.77)，即可求出 T_{an}：

$$L_{an} = \frac{\dfrac{T_{on}}{S_t} - 0.00981 \sum_{i=1}^{n-1} q_i L_i k_f}{0.00981 q_n k_f} \tag{3.78}$$

如果 $\left| \dfrac{L_{an} - L_{on}}{L_{an}} \right| \leqslant 0.01$，则 $L_{on} = L_{an}$，然后进行该段套管抗内压校核；如果 $\left| \dfrac{L_{an} - L_{on}}{L_{an}} \right| > 0.01$，令 $L_{on} = L_{an}$，重复上述计算，直到 $\left| \dfrac{L_{an} - L_{on}}{L_{an}} \right| \leqslant 0.01$ 为止。然后进行本段套管的抗内压校核抗挤强度校核，直到达到设计井深为止。

根据设计步骤，给出强度设计具体流程 (图 3.6)。

3.2.3　塔标III井身结构套管柱优化设计

塔中地区多为深井、超深井，高压、高产、高含硫油气井，针对塔标III井身结构设计方案，水平井套管柱设计时应考虑套管磨损缺陷、井眼弯曲、温度、和硫化氢腐蚀的影响。

1. 磨损对套管强度的影响

在钻井过程中，技术套管下入之后还需要长时间钻进，钻具的旋转使套管内壁表面

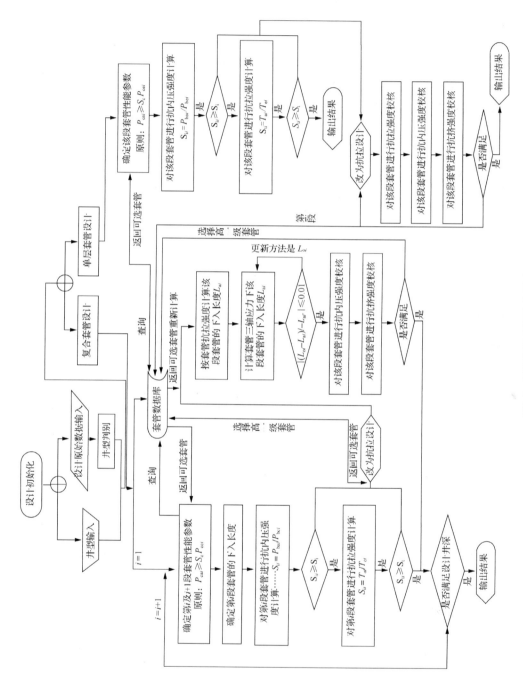

图3.6　套管柱强度设计流程图

受圆周方向的摩擦作用，钻具的纵向钻进及起下钻使套管内壁表面受轴向的摩擦作用，钻压作用下钻具的弯曲变形和钻具的横向振动使套管与钻具在局部位置接触产生摩擦作用，这些因素造成套管的磨损，特别是在井眼狗腿严重井段处，套管内壁磨损十分严重，其直接后果是降低套管的抗挤和抗内压强度，导致油气井寿命降低。塔里木油田近几年已发生 4 起套管磨损破裂和挤毁事故，如阳霞 1 井因 244.5mm SM110TT 套管多处严重磨损，在试油中用清水替换管内泥浆而造成套管挤毁，最后该井报废损失近亿元人民币。因此，有必要研究磨损对套管强度的影响，以便为套管强度设计提供理论依据。塔中超深水平井钻井周期长、井身易斜，不可避免地对套管柱造成磨损，特别是在斜井段和水平段钻进过程中，磨损会更加严重。

1）磨损的预测

一般对机械系统的磨损预测有两种途径：磨损理论模型；磨损监测数据或经验数据。但目前缺乏套管磨损监测技术和监测数据，因此应用磨损-效率理论模型预测更为实际[20]。磨损-效率模型最早由 White 和 Dawson[21]提出，目前发展比较完善。该模型将金属磨损量与磨损消耗能量联系起来，认为磨损量与侧向力和滑运距离的乘积成正比，与材料的硬度成反比。

（1）磨损体积的确定。

由旋转摩擦力产生的摩擦功或摩擦时消耗的机械能量 U_t 为

$$U_t = fFL_z$$

式中，f 为钻柱与套管间的摩擦系数，无量纲；F 为钻杆接头与套管间的侧向力，N；L_z 为钻柱与套管间的相对运动累积路程，m。

摩擦功一部分转化为摩擦热，一部分表现为金属的磨损，金属磨损吸收能量为 $U = VH$，则磨损效率 E 为

$$E = \frac{VH}{fFL_z} \tag{3.79}$$

式中，V 为金属磨损体积，m^3；H 为布氏硬度，N/m^2。则磨损体积 V 为

$$V = \frac{EfFL_z}{H} \tag{3.80}$$

该模型将金属磨损量与磨损消耗的能量联系起来，认为磨损量与接触力和滑动距离的乘积成正比，与材料的硬度成反比。

（2）钻柱与套管间的相对运动累积路程。

$$L_z = \pi N_R D_j \tag{3.81}$$

式中，D_j 为钻杆接箍的外径，m；N_R 为钻柱的转动次数，$N_R = 60R_p L / R_0$，其中，R_p 为转速，rad/min，R_0 为机械钻速，m/h；L 为钻进井段的长度，m。

（3）磨损截面积。

磨损体积除以单根钻杆的长度，即得磨损截面积：

$$A = \frac{E}{H} f\!f_n \pi N_R D_j \tag{3.82}$$

式中，f_n 为套管单位长度上所受到的侧向力，N/m。

(4) 剩余壁厚的计算。

取钻柱与套管作用的一个截面作为研究对象，建立如图 3.7 的坐标关系，套管磨损截面可以看成是 2 个圆相交所形成的公共部分，内层最小圆为钻杆接箍的外圆，中间圆为套管的内壁圆，最大圆为套管的外圆。套管内壁和钻杆接箍外圆相交的部分为套管的几何磨损面积。

钻杆接箍外圆方程：

$$x^2 + (y - k)^2 = r^2 \tag{3.83}$$

套管内圆方程：

$$x^2 + y^2 = R^2 \tag{3.84}$$

式中，k 为钻柱的轴线与套管轴线之间的距离，m；r 为钻杆接箍外圆半径，m；R 为套管内圆半径，m。

联立内外圆方程，得到两方程的交点：

$$X_1 = -\sqrt{R^2 - \frac{\left(R^2 - r^2 + k^2\right)^2}{4k^2}} \tag{3.85}$$

$$X_2 = \sqrt{R^2 - \frac{\left(R^2 - r^2 + k^2\right)^2}{4k^2}} \tag{3.86}$$

几何磨损面积 A 为

$$A = \int_{X_1}^{X_2} \left(\sqrt{r^2 - x^2} + k - \sqrt{R^2 - x^2} \right) \mathrm{d}x \tag{3.87}$$

则套管磨损后的剩余壁厚 t_0 为

$$t_0 = t + R - r + k \tag{3.88}$$

式中，t 为套管壁厚。

根据式 (3.82) 所求得的截面总磨损面积 A，求取 k 值的步骤如下：①由图 3.7 的几何关系，确定 k 值，则 $k = R-r$，代入式 (3.85) 求取套管刚磨穿时的磨损面积 A_{max}；②如果磨损面积 A 为 $0 \sim A_{max}$，则通过计算机进行迭代求出 k，如果套管磨面积 $A > A_{max}$，则套管已经破裂不再计算；③通过式 (3.86) 即可得到套管磨损后的剩余壁厚。

2) 磨损对套管抗挤强度的影响

套管磨损一般为非均匀磨损，其形式主要为月牙形磨损。磨损套管截面如图 3.8 所示，阴影重叠部分是月牙形磨损部位。由于该部位壁厚最薄，且存在较大不圆度和壁厚不均度等几何缺陷，当均匀外挤压力作用于套管时，将产生附加弯矩，形成应力集中区，进而出现屈服[19]。

磨损套管的挤毁首先是在磨损部分开始屈服，然后产生塑性变形，最后被挤毁，所以磨损对挤毁强度的影响表现为套管磨损部位屈服开始点的影响，而最小剩余壁厚则是反映套管磨损程度的主要参数[22]。

套管受到磨损，会产生各种形状的几何缺陷，磨损套管的抗挤强度可看作是由几何缺陷所产生的。根据 ISO 标准的抗挤强度最终极限状态公式，有

$$P_{ult} = \frac{\left(P_{eult} + P_{yult}\right) - \sqrt{\left(P_{eult} - P_{yult}\right)^2 + 4P_{eult}P_{yult}H_{ult}}}{2\left(1 - H_{ult}\right)} \tag{3.89}$$

式中，P_{ult} 为极限抗压强度；σ_s 为套管屈服强度；$P_{eult} = K_{els}\dfrac{2E}{1-v^2}\dfrac{1}{\dfrac{D_{ave}}{t_{ave}}\left(\dfrac{D_{ave}}{t_{ave}}-1\right)^2}$；

$P_{yult} = K_{yls}\dfrac{2\sigma_s}{\left(D_{ave}/t_{ave}\right)}\left[1+\dfrac{1}{2\left(D_{ave}/t_{ave}\right)}\right]$，其中 K_{els} 为最终弹性挤毁校准因子，为 1.089；

K_{yls} 为最终屈服挤毁校准因子，为 0.9911；H_{ult} 为综合影响系数，其计算公式为

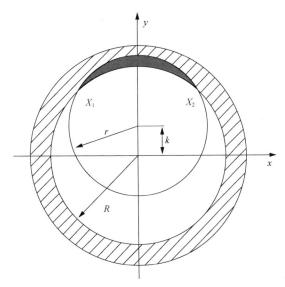

图 3.7　套管内壁磨损后横截面的形状

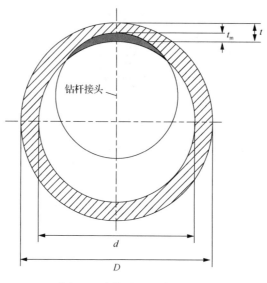

图 3.8 套管月牙形磨损模型

$$H_{ult} = 0.127\phi + 0.0039\varepsilon - 0.44\frac{\sigma_R}{\sigma_s} + h_n \tag{3.90}$$

式(3.89)和式(3.90)中,D_{ave}、D_{max} 和 D_{min} 分别为套管的平均外径、最大外径和最小外径,mm;t_{ave}、t_{max} 和 t_{min} 分别为套管的平均壁厚、最大壁厚和最小壁厚,mm;ε 为不均度,$\varepsilon = 100\dfrac{t_{max} - t_{min}}{t_{ave}}$,无量纲;$\phi$ 为不圆度,$\phi = 100\dfrac{D_{max} - D_{min}}{D_{ave}}$,无量纲;$h_n$ 为应力-应变曲线形状因子;σ_R 为残余应力,MPa。H_{ult} 的限制条件:$H_{ult} \geqslant 0$。

式(3.87)与式(3.88)只考虑了套管外壁不圆度、壁厚不均度和残余应力的影响,忽略了套管的内壁不圆度对抗挤强度的影响,这显然增加了套管抗挤强度的计算误差。为了更符合实际情况,引入套管内壁不圆度概念。以 d_{max} 表示套管内壁最大直径,d_{min} 表示套管内壁最小直径,则套管内壁不圆度为

$$\phi_1 = \frac{2(d_{max} - d_{min})}{d_{max} + d_{min}} \tag{3.91}$$

对于均匀磨损套管,可直接采用套管磨损后的剩余壁厚 t 和径厚比 D/t 利用挤毁方程式(3.87)进行计算。

对非均匀磨损套管,由其挤毁机理可知,壁厚不均度和内壁不圆度的增加是磨损套管抗挤强度降低的主要原因。根据套管非均匀磨损特征,可将非均匀磨损套管简化为一个具有内壁不圆度的套管模型和包含壁厚不均度的套管模型的叠加。如图 3.9 所示,将磨损部位扩展为椭圆,可反映内壁不圆度对套管抗挤性能的影响。D 为实际套管平均外径,d 为未磨损套管内径,t 为实际套管平均壁厚,t_m 为套管不均匀磨损量,由套管外壁不圆度可以转换到内壁不圆度,即

$$\phi = 100\frac{D_{\max}-D_{\min}}{D_{\text{ave}}} = 100\frac{2(d_{\max}-d_{\min})}{d_{\max}+d_{\min}+4t} \tag{3.92}$$

套管磨损后，$d_{\max}=d+t_{\text{m}}$，$d_{\min}=d$，$d=D-2t$，代入式(3.92)，得

$$\phi = 100\frac{2t_{\text{m}}}{2D+t_{\text{m}}} \tag{3.93}$$

将磨损部位扩展为偏心圆，使之成为偏心圆筒，该模型反映了壁厚不均度对套管抗挤性能的影响。可得套管不均匀磨损后的壁厚不均度为

$$\varepsilon = 100\frac{2t_{\text{m}}}{2t-t_{\text{m}}} \tag{3.94}$$

套管磨损后，平均外径和平均壁厚都发生改变，则有

$$\frac{D_{\text{ave}}}{t_{\text{ave}}} = \frac{2D+t_{\text{m}}}{2t-t_{\text{m}}} \tag{3.95}$$

将式(3.93)~式(3.95)代入式(3.90)，即可得到非均匀磨损套管抗挤强度综合影响系数 H_{ult}，然后由式(3.89)可求得磨损后的套管抗挤强度。

3) 磨损对套管抗内压强度的影响

根据 ISO 10400 的抗内压屈服公式：

$$P_{\text{iyield}} = \sigma_y\frac{D^2-d_{\text{wall}}^2}{\sqrt{3D^4+d_{\text{wall}}^4}} \tag{3.96}$$

式中，$d_{\text{wall}}=D-2k_{\text{wall}}t$；$\sigma_y$ 为材料屈服强度，MPa。

套管的抗内压强度与壁厚的允许误差因子 k_{wall} 有关。套管的磨损一般为月牙形磨损，与磨损对套管抗挤强度的影响分析相同，考虑套管的内壁不圆度、壁厚不均度和残余应力的影响，则可将允许误差因子 k_{wall} 与包含套管内壁不圆度、壁厚不均度和残余应力的综合影响系数 H_{ult} 等效。根据综合影响系数 H_{ult} 计算方法，则有

$$k_{\text{wall}} = 1-\left(12.7\frac{2t_{\text{m}}}{2D+t_{\text{m}}}+0.39\frac{2t_{\text{m}}}{2t-t_{\text{m}}}-0.44\frac{\sigma_{\text{R}}}{\sigma_y}+h_{\text{n}}\right) \tag{3.97}$$

则将式(3.97)代入式(3.96)可得套管磨损后的抗内压强度。

2. 井眼弯曲对套管抗挤强度的影响

当井眼存在弯曲段时，管柱在下入过程中与井壁大面积接触，使管柱受到较大的摩阻力；同时，随着井眼的弯曲，管柱也会弯曲，从而增大套管的弯曲附加载荷及降低套管柱的抗挤强度。因此，对塔中碳酸盐岩超深水平井套管柱强度设计应考虑井眼弯曲对套管强度的影响。

1)弯曲井眼中套管的弯曲应力

套管弯曲附加拉力是处于弯曲井眼内的套管受到弯曲应力的作用所产生的附加轴向载荷,即套管在弯曲井眼中发生弯曲时所引起的弯曲应力乘以套管截面积得到的相当轴向力。套管柱发生弯曲时在套管柱截面上引起弯曲应力,其分布是不均匀的,一侧是拉应力,一侧是压应力。通常所说的弯曲应力是指最外侧的最大拉应力,在强度计算中,把弯曲应力和轴向拉应力相加合成,然后与套管钢材屈服极限进行比较,判断套管是否发生屈服破坏。

对弯曲井段的套管进行分析,假设套管轴线与井眼轨迹曲线平行;且套管材料为理想弹塑性材料。取弯曲井段内的一段套管为研究对象,其弯曲形状和受力状态如图 3.9 所示。M 为弯曲井段对套管施加的附加弯矩,α_1、α_2 分别为该段套管两端处井斜角。

在弯曲井段,由于井眼限制,无外载作用时,套管发生初始弯曲。根据材料力学理论,套管上的初始弯曲最大应力(σ_{max})为

$$\sigma_{max} = \frac{EDk}{11460} \tag{3.98}$$

式中,E 为套管钢材的弹性系数,KPa,钢材的 E 为 205.94×10^6kPa;D 为套管的外径,mm;k 为井眼曲率,(°)/30m。

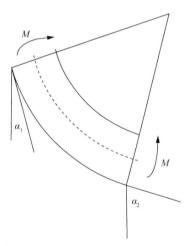

图 3.9　套管弯曲受力示意图

行业标准中推荐使用式(3.97)来近似计算平均井眼曲率[23]:

$$k = \sqrt{\left(\frac{\Delta\alpha}{\Delta L}\right)^2 + \left(\frac{\Delta\phi}{\Delta L}\right)^2 \sin^2\overline{\alpha}} \tag{3.99}$$

式中,ΔL 为测段长度,m;$\Delta\alpha$ 为测段井斜角的变化,(°);$\Delta\phi$ 为测段井斜方位角的变化,(°)$\overline{\alpha} = 0.5(\alpha_1 + \alpha_2)$,其中,$\alpha_1$ 为测段上端井斜角,(°);α_2 为测段下端井斜角,(°)。

弯曲点以下由于套管柱浮重引起的轴向应力的公式如下:

$$\sigma = \frac{T_e}{A_s} \tag{3.100}$$

式中，σ 为弯曲点以下套管柱浮重引起的轴向应力，MPa；T_e 为弯曲点以下套管柱浮重引起的轴向载荷，N；A_s 为套管管体横截面面积，mm^2。

因此，在弯曲井眼内，弯曲段套管柱当量轴向力可以用式(3.101)来进行计算：

$$\sigma_z = \sigma + \sigma_{max} \tag{3.101}$$

式中，σ_z 为弯曲段套管当量轴向力，MPa。

2) 弯曲段套管剩余抗挤强度

弯曲套管主要通过套管中的应力分布影响套管的抗挤强度，并使局部位置变形，应力显著增大，从而导致套管抗挤强度下降。套管的弯曲一方面会使套管失圆，从而使抗挤强度下降，另一方面会使套管在套管弯曲截面上、轴向内侧产生压力，外侧产生拉应力。该拉力一方面与径向上的压力作用，显著增大套管的有效应力，另一方面在轴向力的作用下降低套管的抗挤强度，从而使弯曲段套管抗挤强度下降。

$$Y_{pa} = \left[\sqrt{1 - 0.75 \left(\frac{\sigma_z}{Y_p} \right)^2} - \frac{0.5\sigma_z}{Y_p} \right] Y_p \tag{3.102}$$

将式(3.102)计算得出的弯曲段套管当量屈服强度代入式(3.35)、式(3.37)、式(3.40)、式(3.42)，从而可以计算套管在弯曲条件下的剩余抗挤强度。

3. 温度对套管强度的影响

在高温条件下，由于附加温度应力的作用，套管柱的各种性质将会发生变化，抵抗外部载荷的能力也随之改变。温度对套管强度的影响主要体现在两个方面：一是影响套管的载荷分布；二是影响套管材料的屈服强度。通常套管屈服强度随温度的升高而降低。因此，对于塔中碳酸盐岩超深水平井，由于井下高温高压环境的影响，进行套管柱设计时，必须考虑温度对套管性能的影响[24-27]。

当温度变化时，钢的长度变化为

$$\Delta L = \beta L \Delta t \tag{3.103}$$

式中，ΔL 为长度的变化值，m；β 为钢的热膨胀系数，取 12.45×10^{-6}，1/℃；L 为长度，m；Δt 为温度的变化值，℃。

当钢材固定，不让其收缩或伸长，在套管柱内就会产生内应力，由胡克定律得

$$\sigma = -\beta \Delta t E \tag{3.104}$$

式中，E 为钢的弹性模量，MPa。

由式(3.104)可知，由温度变化产生的轴向应力与套管的长度无关，仅仅取决于温度的变化值[28]。根据套管柱三轴应力强度计算求出轴向应力改变后的新的三轴强度。

套管在高温条件下的许用应力(σ_c)为

$$\sigma_c = \sigma_s K_T \tag{3.105}$$

式中，K_T 为给定温度 T 下套管屈服强度的下降率，$K_T = f(T)$。

依据 Von-Mises 强度屈服理论准则，判断是否满足以下条件式(3.104)，如果满足则处于安全状态，否则不安全。

$$\sigma_T = \left\{ \frac{1}{2} \left(\sigma_z - \sigma_r\right)^2 + \left(\sigma_r - \sigma_\theta\right)^2 + \left(\sigma_\theta - \sigma_z\right)^2 \right\}^{\frac{1}{2}} \leqslant \sigma_c \tag{3.106}$$

式中，σ_T 为给定温度 T 下的套管应力强度，MPa；σ_z、σ_r、σ_θ 分别为温度 T 条件下的轴向应力、径向应力及周向应力，MPa。

高温条件下套管强度优化设计思路为：首先依据温度分布数据得到套管所在的深度处的温度，然后根据材料名称和温度，从材料性能数据库中查出对应温度下材料的屈服强度，再依据这些数据和套管强度数学模型计算套管的抗挤毁强度、抗内压强度和抗拉强度，最后比较这些强度值与外载荷，确定该套管强度是否满足要求[29, 30]。

4. 硫化氢腐蚀对套管的影响

塔中油气田属于高压、高含硫油气藏，其套管强度设计不仅要满足基本的抗挤、抗内压、抗拉强度要求，同时也要考虑 H_2S 腐蚀的影响，所以选取套管钢级时要充分考虑套管腐蚀问题。

通常普通碳钢和低合金钢在 H_2S 环境中会出现三类腐蚀：硫化物应力开裂、氢脆开裂和电化学腐蚀。H_2S 不仅促进 Fe^{2+} 的溶解，加速管材质量损失，还为腐蚀产物提供 S^{2-} 和 H^+，在管材表面会生成硫化亚铁腐蚀产物，与管材表面形成电偶促进管材表面继续腐蚀。而氢原子被铁吸收后将破坏基体的连续性，同时钢铁中的缺陷与氢结合后会形成氢的富集区，产生氢膨胀压，促使钢材脆化，在局部区域发生塑性变形而萌生裂纹，最后导致开裂。影响 H_2S 腐蚀(均匀腐蚀或点腐蚀)的主要因素有 H_2S 分压、pH 等。室温条件下，H_2S 能使套管腐蚀，从而易产生硫化氢腐蚀脆性断裂(简称氢脆)，低浓度 H_2S 也可使套管腐蚀断裂。在较高温度下，硫化氢气体不会引起套管氢脆断裂，但可能发生腐蚀而使套管损失重量。耐腐蚀合金材料制成的套管常用于防止其产生腐蚀损耗。

套管的选材是井身结构设计中重要的部分，为了确保气井的生产寿命，套管的选材和防腐设计应在钻完井过程系统考虑，最大限度地降低套管腐蚀风险，从而满足油气井生产的要求。在进行防腐管材选择时，一般依据计算的 CO_2 和 H_2S 分压值，利用防腐材料选择图版选择油层套管材质，图 3.10 是典型防腐材质选取图版。但是该图版仅考虑 CO_2 和 H_2S 分压值，没有考虑温度、矿化度、流速等因素，设计结果相对保守。在设计中，需结合具体条件选择相应的材质，必要时可模拟实际腐蚀环境，实验确定腐蚀形式和速率，选择可满足油井寿命周期安全要求的套管材质[31]。

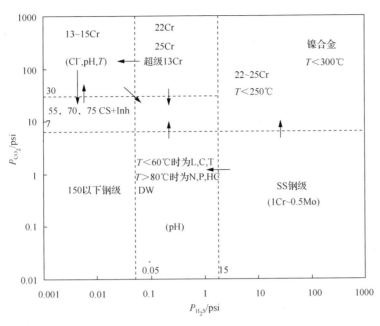

图 3.10　CO₂ 和 H₂S 分压选择材料图版

1psi=6.89476×10³Pa；L, C, T, N, P, HC, DW 代表钢级

　　目前常用的抗硫管材的生产厂家有天津钢铁集团有限公司(简称天钢)、中国宝武钢铁集团有限公司(简称宝钢)、新日本制铁公司、住友电气工业株式会社、川崎重工业株式会社、美国钢铁公司、西德曼尼斯曼公司，国内的抗硫管材厂家基本都能满足下入套管质量要求，如表 3.8 所示。

表 3.8　国内用于酸性环境的套管

公司	系列代号	抗 SSCC	高抗 SSCC	抗 CO₂	抗 SSCC、CO₂ 和 Cl⁻
宝钢	BG	BG-55S、65S、80S、90S、95S、110S	BG-80SS、90SS、95SS、110SS	90S-13Cr、95S-13Cr	
天钢	TP	TP80S、TP90S、TP95S、TP110S	TP80SS、TP90SS、TP95SS		

3.3　塔标Ⅲ井身结构设计与套管柱设计实例分析

　　根据上述塔中碳酸盐岩超深水平井井身结构设计方法与套管柱优化设计理论，以塔中碳酸盐岩最深水平井——塔中 862H 井为例，进行井身结构设计和套管柱设计。

3.3.1　塔中 862H 井基本情况

　　根据上述设计思路，进行井身结构设计和套管柱设计，塔中 862H 井的基本情况见表 3.9，塔中 862H 井的机械参数见表 3.10。由于水平井套管柱强度设计时需要计算下套管过程中的摩阻及扭矩，而摩阻及扭矩的计算依赖于井眼轨道参数，故给出塔中 862H

井钻井井眼轨道的设计参数见表 3.11。

表 3.9　塔中 862H 井基本情况表

井号	井别	井型	地理位置	构造位置	井口坐标			
					设计 X/m	设计 Y/m	实测 X/m	实测 Y/m
塔中 862H	评价井	水平井	新疆沙雅县境内，塔中 861 井西南约 2.5km	塔里木盆地塔中隆起北斜坡塔中 861 号上奥陶统缝洞系统	4402894.08	14650667.56	4402893.2	14650667.1

地面海拔/m		完钻井深/m	完钻层位	目的层	完钻原则
设计	实测				
1050	1034.89	垂深 6325/斜深 8008	梁二段	上奥陶统良里塔格组	钻至设计 C 点，水平段进尺 1557m

表 3.10　塔中 862H 井基本机械参数表

钻机型号	钻机所能承受最大钩载/kN	游车重量/ kg	转盘型号	转盘所能承受的最大扭矩 /(kN·m)	泥浆泵型号
ZJ80DB	6750	8556	ZP375Z	45	F-1600HL

泥浆泵额定泵压 /MPa	斜坡钻杆 S135I 外径/mm	斜坡钻杆 S135I 内径/mm	管体的抗拉强度/kN	管体抗扭强度/(kN·m)	旋转钻进的钻压/kN
23	101.6	82.3	2595.14	62.99	50

表 3.11　塔中 862H 井井眼轨道设计数据

井深/m	井斜 /(°)	方位 /(°)	垂深/m	视平移 /m	偏东或西 /m	偏北或南 /m	闭合距 /m	闭合方位 /(°)	狗腿度 /[(°)/30m]	靶点
5740.00	0.00	0.00	5740.00	0.00	0.00	0.00	0.00	0.00	0.00	
6218.13	51.75	332.79	6077.47	163.69	−74.85	145.57	163.69	332.79	4.00	
6195.10	51.75	332.79	6118.93	216.28	−98.90	192.34	216.28	332.79	0.00	
6450.20	85.77	332.79	6210.00	450.57	−206.03	400.71	450.57	332.79	4.00	A
7668.97	85.77	332.79	6300.00	1666.01	−761.80	1481.64	1666.01	332.79	0.00	B
8007.51	85.77	332.79	6325.00	2003.63	−916.18	1781.90	2003.63	332.79	0.00	C

3.3.2　塔中 862H 井身结构设计

对于储层以上井段，根据裸眼井段安全钻进应满足的压力平衡、避免压差卡钻，从全井最大地层孔隙压力处开始，自下而上逐次设计各层套管下入深度。对于目的层段，根据塔中碳酸盐岩超深水平井水平段井身结构评价进行设计。

1. 塔中 862H 直井段井身结构设计

1)井身结构设计安全系数

井身结构设计安全系数见表 3.12。

表 3.12 井身结构设计安全系数

抽汲压力系数 /(g/cm³)	激动压力系数 /(g/cm³)	井涌允量/(g/cm³)	破裂压力增值 /(g/cm³)	压差卡钻允值	
				正常压力 /MPa	异常压力 /MPa
0.015~0.040	0.015~0.040	0.05~0.10	0.03	12~15	15~20

2)三压力剖面预测图

按照第 2 章压力预测及邻井压力数据，根据《中国石油天然气集团公司石油与天然气钻井井控规定》和《塔里木油田钻井井控实施细则》相关规定，设计气井钻井液密度附加值为 0.07~0.15g/cm³，结合邻井钻井液密度使用值，本井全井段地层三压力情况如图 3.11 所示。

3)计算各层套管下深

自下而上井身结构设计的前提是已知油气层的垂深，再在此基础上设计上一开次的下入深度。奥陶系良里塔格组顶(油气层)所在垂深为 6120m，故在此位置下入一层套管，以实现储层的专层专打。现在此基础上，设计上一层套管的下深。

(1)当不计入坍塌压力的影响时确定套管下入深度。

①不考虑井涌。

全井段孔隙压力最大值在井底 6120m 位置处，最大地层孔隙压力当量密度为 1.16g/cm³，则上部地层不被压裂所应具有的最小地层破裂压力当量密度为

$$\rho_{fmin} = \rho_{pmax} + S_w + S_g + S_f$$
$$= 1.16 + 0.04 + 0.04 + 0.03$$
$$= 1.27(g/cm^3)$$

三压力剖面图中最小地层破裂压力是 2.33g/cm³，说明在不考虑井涌的条件下，即使上部地层不下套管封固，钻下部地层时也不会将上部地层压裂。

②考虑井涌。

若预计要发生井涌，可用式(3.7)计算中间套管以下井段发生井涌时，上部地层不被压裂所应有的地层破裂压力当量密度：

$$\rho_{fnk} = \rho_{p\,max} + S_w + S_f + \frac{H_x}{H_1}S_k \tag{3.107}$$

试算取 $H_1 = 1500m$ ，则

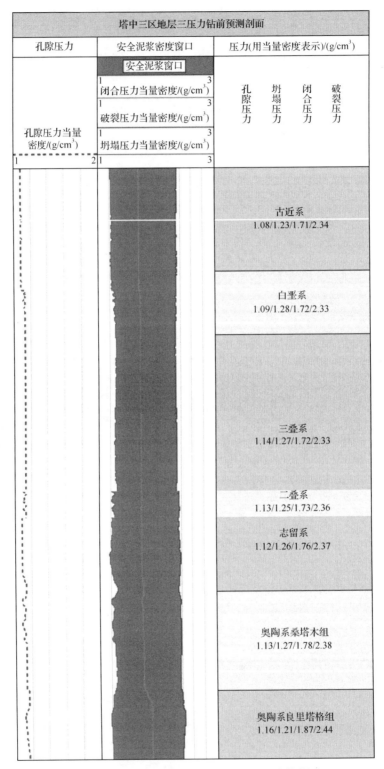

图 3.11　塔中Ⅲ区地层三压力预测图(文后附彩图)

$$\rho_{fnk} = \rho_{p\,max} + S_w + S_f + \frac{H_x}{H_1} S_k$$

$$= 1.16 + 0.04 + 0.03 + \frac{6120}{1500} \times 0.1$$

$$= 1.638(g/cm^3)$$

试算取 $H_2 = 556.36m$，则

$$\rho_{fnk} = \rho_{p\,max} + S_w + S_f + \frac{H_x}{H_2} S_k$$

$$= 1.16 + 0.04 + 0.03 + \frac{6120}{556.36} \times 0.1$$

$$= 2.33(g/cm^3)$$

在考虑井涌的条件下，该层套管的下入深度是 556.36m。下面验证该层套管下到深度 556.36m 是否有被卡的危险。

在三压力剖面图中查得 556.36m 处 $\rho_{556.36} = 1.08g/cm^3$，该段以上地层压力当量密度均为 $1.08g/cm^3$，用式(3.8)验证 556.36m 处套管是否被卡，压差计算值为

$$\Delta p = 0.00981(\rho_m + S_w - \rho_{pmin})H_{mm}$$

$$= 0.00981 \times 556.36 \times (1.08 + 0.04 - 1.08)$$

$$= 0.22(MPa) < 12(MPa)$$

计算结果表明没有压差卡套的危险，12MPa 为正常压力井段的压差允值。

(2) 当计入坍塌压力的影响时确定套管下入深度。

考虑地层坍塌压力对井壁稳定的影响，确定裸眼井段的最大钻井液密度。裸眼井段最大钻井液密度用式(3.108)计算：

$$\rho_{mmax} = max\left\{(\rho_{pmax} + \Delta\rho), \rho_{cmax}\right\} \qquad (3.108)$$

式中，ρ_{mmax} 为裸眼井段最大钻井液密度，g/cm^3；ρ_{pmax} 为裸眼井段最大地层孔隙压力当量密度，g/cm^3；$\Delta\rho$ 为钻井液密度附加值，g/cm^3；ρ_{cmax} 为裸眼井段最大地层坍塌压力当量密度，g/cm^3。

从三压力剖面结合式(3.107)，可得 $\rho_{mmax} = 1.35g/cm^3$。

① 不考虑井涌。

正常作业时最大井内压力当量密度为

$$\rho_{bmax} = \rho_{mmax} + S_g$$

$$= 1.35 + 0.04$$

$$= 1.39(g/cm^3)$$

三压力剖面图中最小地层破裂压力是 $2.33\,\mathrm{g/cm^3}$，说明在不考虑井涌的条件下，即使上部地层不下套管固井，钻下部地层时也不会将上部地层压裂。

②考虑井涌。

若预计要发生井涌，采用式(3.7)计算 ρ_f。经试算得 $H=624\mathrm{m}$，然后验证该层套管下到深度 $H=624\mathrm{m}$ 是否有被卡的危险。

在三压力剖面图中查得，624m 处 $\rho_{624}=1.08\mathrm{g/cm^3}$，该段以上地层压力当量密度均为 $1.08\mathrm{g/cm^3}$，用式(3.8)计算压差：

$$\Delta P = 0.00981\times 624\times(1.08+0.04-1.08)$$
$$= 0.245(\mathrm{MPa}) < 12(\mathrm{MPa})$$

这说明并没有压差卡套的危险。

4) 考虑必封点

表层套管加固井口，封固上部疏松岩层，技术套管封固目的层以上井段，实现下一开次专层专打。

同时，结合该井邻井表层套管下入井段(表 3.13)可知，只要将 624m 以上井段封固住，二开就能顺利钻进，结合已钻邻井井史及危险点考虑，将表层套管下到 1500m 处比较合理。

表 3.13　邻井表层套管下入井段

邻井	ZG 17-1H	ZG 17-H2	ZG 162-H3	TZ 86
一开套管下入深度/m	0～1500	0～1200	0～1500	0～1200

2. 塔中 862H 水平段井身结构设计

根据塔中 862H 井钻井地质设计中的过塔中 862H 井轨迹地质剖面(图 3.12)，按照塔中碳酸盐岩超深水平井水平段井身结构设计思路对水平段井身结构进行设计。

1) 按照水力性能设计

按图 3.1 所示设计方法对井身结构进行设计。结果表明，临界排量下系统压耗没有超过钻井设备的承压能力，同时，水平段内井底压力没有大于地层破裂压力和压漏地层。

临界排量下钻达目标深度时的井底压力为 89.35MPa，预测地层压力为 71.98MPa，则井底压力与地层压力的压差为 17.37MPa，存在压差卡钻的风险。针对此情况，改变钻井方式，采用控压钻井方式对塔中 862H 井三开水平段进行钻进，钻井液的密度调整为 $1.08\mathrm{g/cm^3}$。调整钻井液密度后，计算得到三开水平段控压钻井时保证井眼清洁的临界排量为 14.32L/s(图 3.13)。临界排量下钻达目标深度时的井底压力为 73.2MPa，则井底压力与地层压力的压差为 1.22MPa，没有压差卡钻的风险。

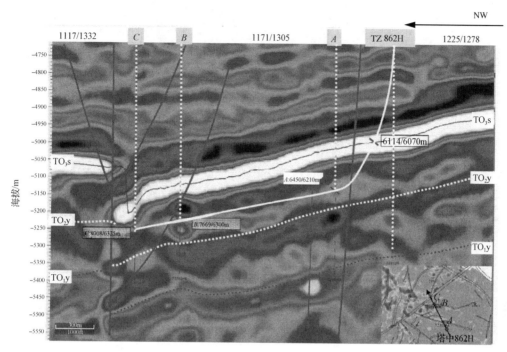

图 3.12　过塔中 862H 井轨迹地震图（文后附彩图）

1ft =3.048×10⁻¹m

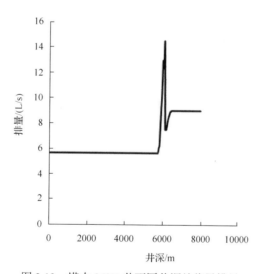

图 3.13　塔中 862H 井不同井深处临界排量

对三开水平段钻进过程中的系统压耗进行分析，得到临界排量条件下环空压耗、钻头压降、钻杆内压耗和系统总压耗随排量的变化情况（图 3.14）。从图 3.14 可以看出，临界排量对应的泵压为 12.95MPa，满足设备承压能力要求。临界排量对应的 ECD 值为 1.18g/cm³，从图 3.15 可以看出，计算的 ECD 远低于地层破裂压力当量密度 2.44g/cm³。

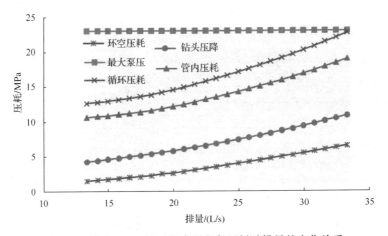

图 3.14　塔中 862H 井三开水平段各压耗随排量的变化关系

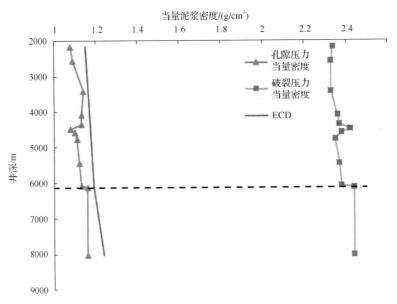

图 3.15　塔中 862H 井钻三开水平段时的当量循环密度对井深的变化情况

　　奥陶系安全泥浆窗口预测值相对较宽，但对于碳酸盐岩储层，裂缝溶洞发育，其实际安全密度窗口会变窄，需要注意防漏、防喷。

　　2) 按照机械性能设计

　　转盘最大扭矩为 45kN·m，钻杆管体抗拉强度为 62.99kN·m，钻杆接头上扣扭矩为 34.7kN·m，其中钻杆接头的上扣扭矩是最小的。如果扭矩过大，超过上紧扭矩的规定值，会造成外螺纹拉长或内螺纹接头胀大，所以选用上扣扭矩为最大抗扭强度。

　　根据塔中地区钻井经验，套管内摩擦系数取 0.1，裸眼段内摩擦系数取 0.377，经计算得到旋转钻进最高扭矩为 20.67kN·m。塔中地区已钻井中，套管内摩擦系数最大取 0.2，裸眼段内摩擦系数最大取 0.5，旋转钻进最高扭矩为 30kN·m，这两种情况下的最高扭矩都低于设备和钻柱所允许的最大抗扭强度(图 3.16)。

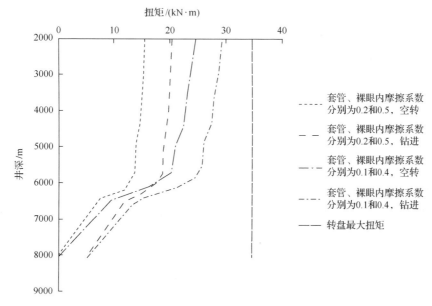

图 3.16　塔中 862H 井三开水平段扭矩分析情况

钻机最大钩载为 6750kN，钻杆管体抗拉强度为 2595.14kN，一般情况下，钻杆接头壁厚要比管体大，其抗拉强度要大于钻杆管体的抗拉强度，所以钻杆管体的抗拉强度是最小的。在作抗拉强度校核时，材料的许用应力一般取钻杆管体抗拉强度的 80%。

套管内摩擦系数一般取 0.1，裸眼段内摩擦系数一般取 0.4，经计算得到起钻过程中最大的大钩载荷为 1738kN。若套管内摩擦系数最大取 0.2，裸眼段内摩擦系数最大取 0.5，此时起钻过程中最大的大钩载荷为 1923kN。这两种情况下的大钩载荷都低于钻杆材料的许用应力 (图 3.17)。

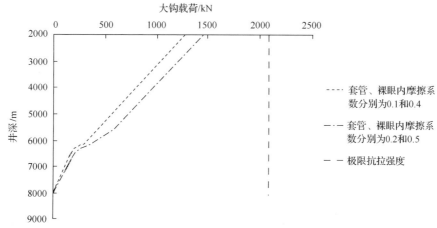

图 3.17　塔中 862H 井三开水平段大钩载荷分析情况

塔中 862H 井三开水平段备用 127mm 套管，根据实钻情况确定完井方案，应用钻杆下入尾管，分析尾管的下入情况。套管内摩擦系数分别取 0.1 和 0.2、裸眼内摩擦系数分别取 0.4 和 0.5，分析尾管下入的可行性 (图 3.18)，从图 3.18 可以看出，这两种情况下尾管可以顺利下入。

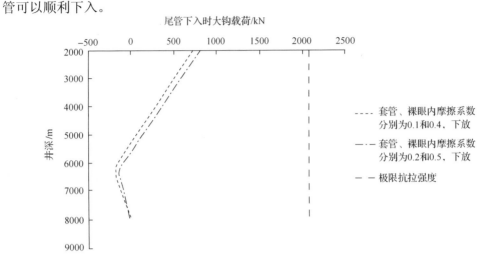

图 3.18　塔中 862H 井三开水平段尾管下入可行性分析

3. 塔中 862H 井身结构设计结果

根据以上水平井井身结构设计方法，对塔中 862H 井进行井身结构设计，设计结果如表 3.14 和图 3.19 所示。

表 3.14　塔中 862H 井井身结构设计数据表

开钻次序	井段/m	钻头尺寸/mm	套管尺寸/mm	套管下入地层层位	套管下入井段/m	水泥封固段/m
一开	0～1500	406.4	273.05	新近系	0～1500	0～1500
二开	1500～6120	241.3	200.03	良里塔格组灰岩顶	0～6118	0～6120
三开	6120～8008	171.5	127	良里塔格组	5700～8006	5700～8008

注：预测深度按实测补心海拔 1043.9m 计算(补心高 9m)，开钻后的各层位深度以复测补心海拔及实际补心高度重新计算值为准；200.03mm 套管下至井深 6120m，进入良里塔格组 6m 中完；127.00mm 套管备用，根据实钻情况确定完井方案。

由于塔中 862H 井目的层为天然裂缝性碳酸盐岩层，岩石坚硬致密，井壁稳定不坍塌，而且该储层不要求层段分隔，所以采用裸眼完井方法。

3.3.3　塔中 862H 井套管柱强度设计

对塔中 862H 井进行套管柱强度设计，并校核其三轴应力强度。

1. 套管设计基本参数

1) 表层套管

表层套管设计原始数据见表 3.15。

2) 技术套管

技术套管设计原始数据见表 3.16。

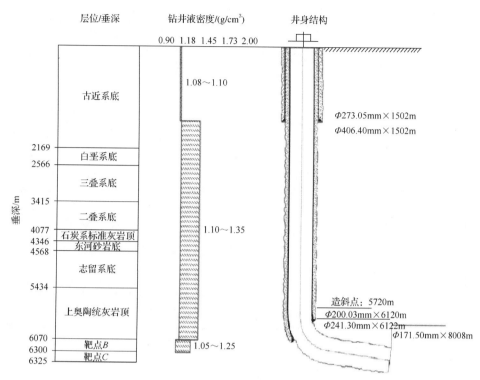

图 3.19　塔中 862H 井井身结构设计结果

一开 406.4mm 井眼：加固井口，封固上部疏松岩层。二开 241.3mm 井眼：二开进入良里塔格组灰岩 6m，即 6120m，确认中完。三开 171.5mm 井眼：钻至设计井深，有良好油气显示或工程异常则提前完钻，否则尽可能延伸水平段长度

2. 套管柱强度设计及校核

1) 表层套管设计

表层套管设计结果数据见表 3.17。

表 3.15　塔中 862H 井表层套管设计原始数据

井型	下深/m	固井时钻井液密度/(g/cm³)	地层水密度/(g/cm³)	下层套管下深/m	套管强度的计算模型	轴向力考虑因素	有效内压力计算模型	有效外挤里计算模型
气井	1502	1.1	1.05	6120	三轴应力模型	浮力系数法	按预设井涌量计算管外按地层水计算	管外按钻井液计算管内按套空系数计算

类型	水泥返高/m	下层最大钻井液密度/(g/cm³)	天然气相对密度	掏空系数	设计抗拉安全系数	设计抗内压安全系数	设计抗挤安全系数
表套	1502	1.38	0.55	1	1.80	1.25	1.125

尺寸/mm	套管下入总长/m	下层最小钻井液密度/(g/cm³)	地层压力当量密度/(g/cm³)	预设井涌余量	考虑温度	考虑磨损	考虑弯曲	考虑腐蚀
406.4	1502	1.14	1.08	0.4	否	是	否	否

表 3.16　塔中 862H 井技术套管设计原始数据

井型	下深/m	固井时钻井液密度/(g/cm³)	地层水密度/(g/cm³)	下层套管下深/m	套管强度的计算模型	轴向力考虑因素	有效内压力计算模型	有效外挤压力计算模型
气井	6122	1.35	1.05	8008	三轴应力模型	浮力系数法	按预设井涌量计算管外按地层水计算	管外按钻井液计算，管内按掏空系数计算

类型	水泥返高/m	下层最大钻井液密度/(g/cm³)	天然气相对密度	掏空系数	设计方法	设计抗拉安全系数	设计抗内压安全系数	设计抗挤安全系数
技套	6122	1.08	0.55	0.3	等安全系数法	1.80	1.25	1.125

尺寸/mm	套管下入总长/m	下层最小钻井液密度/(g/cm³)	地层压力当量密度/(g/cm³)	预设井涌余量	是否考虑温度	是否考虑磨损	是否考虑弯曲	是否考虑地层蠕变	是否考虑腐蚀
241.3	6122	1.08	1.13	1	是	是	否	否	是

表 3.17　表层套管设计结果数据表

直径/mm	扣型	抗挤强度/MPa	三轴抗挤强度/MPa	有效外压力/MPa	设计抗挤系数	抗挤系数
273.05	BC	25.25	24.44	16.21	1.13	1.51

单位长度重量/(kg/m)	管材屈服强度/MPa	抗内压强度/MPa	三轴抗内压强度/MPa	有效内压力/MPa	设计抗内压系数	抗内压系数
75.87	758.42	55.56	59.40	28.34	1.25	2.10

钢级	壁厚/mm	抗拉强度/kN	三轴抗拉强度/kN	拉力/kN	设计抗拉系数	抗拉系数
TP110	11.43	7121.18	7121.18	944.78	1.80	7.54

由于二开裸眼段长，起下钻次数多，旋转时间长，所以套管容易受到磨损，在设计表层套管时，需要对套管磨损后的强度进行校核。

磨损后的套管抗外挤强度为 21.38MPa，安全系数为 1.319，满足强度要求；磨损后的套管抗内压强度为 51.978MPa，安全系数为 1.833，满足强度要求；磨损后的套管抗拉强度为 6053.003kN，安全系数为 6.406，满足强度要求。

2）技术套管设计

技术套管设计结果数据见表 3.18。

表 3.18　技术套管设计结果数据表

直径/mm	扣型	抗挤强度	三轴抗挤强度/MPa	有效外压力/MPa	抗挤系数	设计抗挤系数
200.03	BGT2	49.9	47.46	35.42	1.34	1.13

单位长度重量/(kg/m)	管材屈服强度/MPa	抗内压强度/MPa	三轴抗内压度/kN	有效内压力/MPa	抗内压系数	设计抗内压系数
51.83	758.42	72.46	87.07	45.46	1.92	1.25

钢级	壁厚/mm	抗拉强度/kN	三轴抗拉强度/kN	拉力/kN	抗拉系数	设计抗拉系数
BG110SS	10.92	4917.81	4917.81	2315.11	2.12	1.80

（1）温度的影响。

二开井底深度为 6122m，测得该段最大井斜位于井深 6122m，斜度 43.9°，方位 337°，井底温度 124℃，需要考虑高温对套管强度的影响。

考虑温度后的套管抗外挤强度为 45.086Mpa，安全系数为 1.273，满足强度要求；考虑温度后的套管抗内压强度为 87.07271MPa，安全系数为 1.915，满足强度要求；考虑温度后的套管抗拉强度为 4917.81kN，安全系数为 12.1424，满足强度要求。

（2）磨损的影响。

由于三开为造斜段和水平段，水平段长，起下钻次数多，水平段钻时慢，旋转时间长，二开底端井眼弯曲，所以技术套管磨损严重，需要考虑磨损对套管强度的影响。

磨损后的套管抗外挤强度为 42.278MPa，安全系数为 1.194，满足强度要求；磨损后的套管抗内压强度为 78.3654MPa，安全系数为 1.7235，满足强度要求；磨损后的套管抗拉压强度为 4426.029kN，安全系数为 1.91，满足强度要求。

（3）井眼弯曲的影响。

由于二开井段有一部分处在造斜段，需要考虑二开底端弯曲井段套管的强度。

从表 3.11 可以看出，二开造斜段最大的井眼曲率为 4°/30m。考虑套管弯曲时的屈服应力为 737.68MPa，则套管弯曲后的抗外挤强度为 40.578MPa，安全系数为 1.146，满足强度要求。

（4）硫化氢腐蚀的影响。

从图 3.20 可以看出，邻井中古 17 井测试过程中 H_2S 浓度最高为 23.6g/m^3，塔中 86 井在测试过程中 H_2S 浓度最高为 8.2g/m^3，所以塔中 862H 井所在的井区目的层 H_2S 含量较高，在套管柱设计时需要考虑硫化氢对套管柱腐蚀的影响，应采用防硫套管。根据国内防硫套管的型号，应用宝钢的防硫套管 BG110SS。

综合考虑温度、磨损、井眼弯曲和硫化氢腐蚀的影响，套管的强度校核结果见表 3.19。

表 3.19　塔中 862H 井套管设计结果

套管类型	外径/mm	钢级	壁厚/mm	扣型	抗拉安全系数	抗挤安全系数	抗内压安全系数	是否合格
表层套管	273.05	TP110	11.43	BC	6.406	1.319	1.833	合格
技术套管	200.03	BG110SS	10.92	BGT2	1.912	1.146	1.7235	合格

计算表层套管三轴抗拉、抗外挤及抗内压强度，校核结果如图 3.21 所示。

计算技术套管三轴抗拉、抗外挤及抗内压强度，校核结果如图 3.22 所示。

3.3.4　塔中 862H 井设计效果分析

为评价塔中 862H 井应用塔标Ⅲ井身结构的效果，与邻井塔中 86 井使用的塔标Ⅰ井身结构进行对比。从表 3.20 可以看出，相比塔标Ⅰ井身结构，塔标Ⅲ井身结构平均机械钻速更高，完井周期短，钻头使用少。

对比塔中 862H 井与邻井塔中 86 井施工进度，结果如图 3.23 所示，从两口井时效对比可以看出，塔中 862H 井与塔中 86 井钻井周期大体相同，但是塔中 862H 井比塔中 86 井长 1358m，而且塔中 862H 井为水平井，经比较可以看出，塔中 862H 井的建井周期比塔中 86 井短。

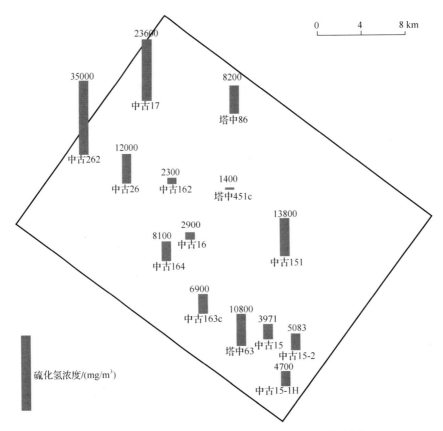

图 3.20　塔中 862H 井邻井上奥陶统硫化氢含量分布图

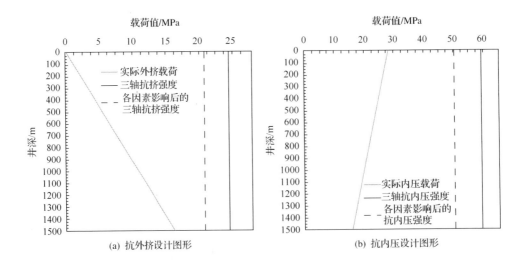

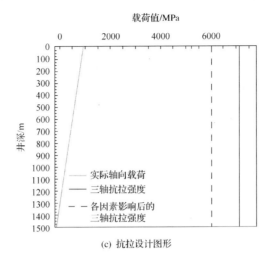

(c) 抗拉设计图形

图 3.21　表层套管三轴强度校核结果

表层套管抗外挤强度、抗拉强度和抗内压强度考虑了磨损因素的影响

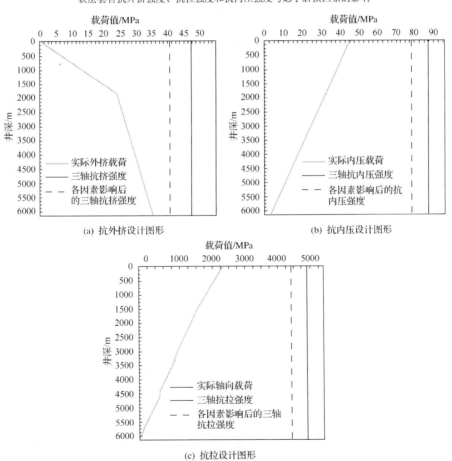

图 3.22　技术套管三轴抗内压强度校核图

技术套管有效外挤载荷中的拐点位置即是掏空界面；抗外挤强度考虑了温度和磨损的影响，
抗内压及抗挤强度考虑了磨损的影响

表 3.20 塔中 862H 井与塔中 86 井钻井情况对比

井号	项目						
	井型	井深/m	钻井周期/d	完井周期/d	平均机械钻速/(m/h)	平均钻机月速/(m/台)	钻头使用情况/只
TZ86 井	直井	6650	158.72	176.35	4.23	1078.85m	24
TZ 862H 井	水平井	8008	157.42	177.92	5.51	1350.42m	15

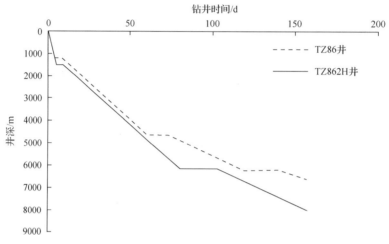

图 3.23 塔中 862H 井与邻井塔中 86 井施工进度对比图

3.4 塔标Ⅲ井身结构应用效果分析

从实钻的统计情况来看，塔中地区自应用塔标Ⅲ井身结构方案以来，在安全钻井、缩短钻井周期、降本增效等方面效果显著，创造了多项技术指标，取得了巨大的经济效益。

3.4.1 塔标Ⅲ井身结构的优点

塔标Ⅲ井身结构相比塔标Ⅰ井身结构在钻井方面的优点主要体现在以下几个方面。

(1) 同等条件下，塔标Ⅰ井身结构，采用 88.9mm 钻杆、排量为 15L/s 时，系统循环压耗高达 30MPa；塔标Ⅲ井身结构，采用 101.6mm 钻杆、排量为 15L/s 时，系统循环压耗仅为 20.5MPa (图 3.24)。因此，塔标Ⅲ井身结构可以有效降低系统压耗。相同排量条件下，采用塔标Ⅲ井身结构泵压下降 31.6%。

(2) 同等条件下，采用塔标Ⅰ井身结构，用 88.9mm 钻杆，钻杆抗拉余量只有 500kN，钻杆强度只有 1390kN；当采用塔标Ⅲ井身结构，用 101.6mm 钻杆，钻杆抗拉余量可以达到 900kN，钻具抗拉余量提高 80%，钻杆强度达到 2350kN，钻杆强度提高了 69%，有效提高了钻杆的力学性能，增加了钻具的安全性 (图 3.25)。

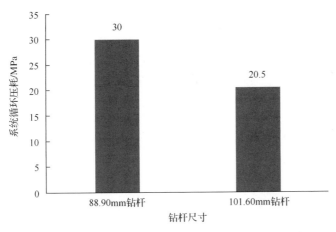

图 3.24　排量为 15L/s 时塔标 I 和III井身结构泵压的对比

(3)塔标III井身结构中，二开使用的 Φ200.03mm 套管，与塔标 I 井身结构的 Φ177.80mm 套管相比，套管通径从 152.40mm 增大到 171.45mm，井眼尺寸的增加利于三开钻进和降低老井侧钻风险，提高侧钻效率。

(4)塔标III井身结构相比塔标 I 井身结构，钻杆与套管的间隙、钻杆与井壁的环空间隙都有所增加(表 3.21)，环空间隙的增加有效降低了钻井过程中管柱的摩阻和扭矩。

表 3.21　塔标 I 和塔标III钻具组合间隙对比

套管尺寸 /mm	井眼尺寸 /mm	钻杆尺寸 /mm	套管内间隙		裸眼段间隙	
			本体处间隙/mm	接头处间隙/mm	本体处间隙/mm	接头处间隙/mm
152.40	177.80	88.90	34.1	15.05	31.75	12.7
171.45	200.03	101.60	38.66	19.61	34.95	15.9

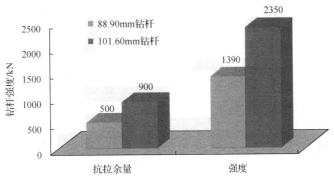

图 3.25　塔标 I 和III井身结构钻杆强度的对比

7000m 井深条件下钻杆强度

(5)塔标III井身结构能有效延长水平井的延伸能力。据统计，2008 年以后中古地区应用塔标 I 结构的 49 口水平井平均井深为 5590.06m，同期塔标III结构的 17 口水平井平均井深为 6325.15m，而且超出的 735.09m 几乎都为水平段的延伸长度。

(6)目的层井眼尺寸从塔标 I 的 Φ177.80mm 扩大为塔标III的 Φ200.03mm，目的层井眼尺寸变大，更能满足完井和增产措施作业的要求。

3.4.2　塔标Ⅲ井身结构应用效果

塔标Ⅲ井身结构已在塔中地区实现大规模工业化应用，保障了塔中碳酸岩盐油气资源的勘探和开发，创造了多项先进的技术指标，并取得了显著的经济效益。

对塔中 31 口直井进行对比分析，20 口井为塔标Ⅲ井身结构，11 口井为塔标Ⅰ井身结构，相比于塔标Ⅰ井身结构，应用塔标Ⅲ井身结构的 20 口直井的平均钻速提高了 26.48%，平均钻井周期缩短 21.04%，合计 27.18d，如图 3.26 所示。对塔中 14 口水平井进行对比分析，3 口井采用塔标Ⅰ井身结构，11 口井采用塔标Ⅲ井身结构，如图 3.27 所示，相比于塔标Ⅰ井身结构，采用塔标Ⅲ井身结构的水平井平均钻速提高了 24.89%，平均钻井周期缩短 32.47%，合计 50d。塔标Ⅲ井身结构有效提高了钻井速度，缩短了钻井周期。

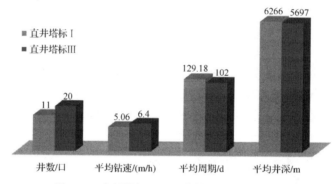

图 3.26　应用塔标Ⅰ和Ⅲ直井的钻井情况对比

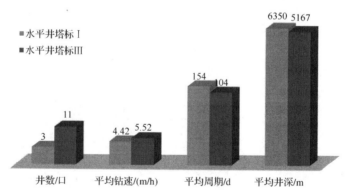

图 3.27　应用塔标Ⅰ和Ⅲ水平井的钻井情况对比

3.4.3　创造的钻井技术指标

塔中地区自应用塔标Ⅲ井身结构方案以来，在安全钻井、缩短钻井周期、降本增效方面效果显著，创造了多项技术指标。

（1）2013 年，中古 5-H2 井采用塔标Ⅲ井身结构，完钻井深 7810m，垂深 6306.2m，水平位移 1655.57m，水平段长 1358m，创造了我国陆上最深水平井的纪录。

(2)2013 年，塔中 721-8H 井采用塔标Ⅲ井身结构，完钻井深 6705m，水平位移 1887.58m，水平段 1561m，创造了塔里木油田最长水平位移和最长水平段长的记录。

(3)2014 年，塔中 862H 井同样采用塔标Ⅲ井身结构，完钻井深 8008m，垂深 6327.6m，水平位移 1997m，水平段长 1552m，刷新了我国陆上最深水平井的记录。

3.4.4 井身结构优化经济效益分析

塔标Ⅲ井身结构实现了安全、提速、降低成本的目标，取得了显著的经济效益。截至 2011 年年底，塔标Ⅲ井身结构在塔中地区应用了 11 口井，总进尺为 68563m，与塔标Ⅰ井身结构相比，机械钻速提高了 46.84%，钻井周期缩短了 36.2d。

应用塔标Ⅰ井身结构每米成本 8423 元，应用塔标Ⅲ井身结构后每米成本 7374 元，每米成本计算依据见表 3.22。塔标Ⅲ比塔标Ⅰ成本节约 1049 元/m，共进尺 68563m，在所使用的多项提速、降本技术工艺中，本项目成果贡献程度(即分成系数)为 70%，创造经济效益 5034 万元。

塔标Ⅲ井身结构的应用加强了塔中地区深井超深井的钻探能力，提高了钻井速度，缩短了钻井周期，同时也为我国深井超深井套管尺寸选择提供更多参考，是我国复杂深井井身结构系列的重要补充和发展。塔标Ⅲ井身结构对提升我国深井超深井的钻井技术水平及获得更好的经济效益，具有十分重要的现实意义。

表 3.22 塔中地区应用塔标Ⅰ和Ⅲ井身结构每米成本对比

井身结构	年份	井号	进尺/m	金额/元	井身结构	年份	井号	进尺/m	金额/元
	2008	ZG 8	6145	58446963		2011	ZG 512	5680	35288710
	2008	ZG 162	6321	49039754		2011	ZG 513	5845	36973323
塔标Ⅰ	2009	ZG 162-1H	6780	61737609		2011	ZG 514	6085	38336076
	2010	ZG 15-1H	6222	53357895		2011	ZG 511	5023	39628623
	2010	ZG 14-2H	6550	47099366		2011	ZG 6-1	5834	30240127
总计			32018	269681587	塔标Ⅲ	2011	ZG 702	5950	39353555
						2011	ZG 105H	7329	64562416
						2011	ZG 261H	6980	74213841
						2011	ZG 44-H2	5938	39105091
塔标Ⅰ井身结构成本 8422.812 元/m						2011	ZG 11-H4	6991	46344957
						2011	ZG 22-2H	6908	61530217
					总计			68563	505576935
					塔标Ⅲ井身结构成本 7374 元/m				

参 考 文 献

[1] 徐晓峰, 傅春梅, 周兴付. 川西气田水平井井身结构对排水采气的影响. 新疆石油天然气, 2013, 9(1): 23-27, 45.

[2] 高德利, 覃成锦, 李文勇. 南海西江大位移井井身结构与套管柱设计研究. 石油钻采工艺, 2003, 25(4): 1-4.

[3] 孙超, 李根生, 康延军, 等. 控压钻井技术在塔中区块的应用及效果分析. 石油机械, 2010, 38(5): 27-29.

[4] 葛洪魁. 水平井井身结构设计探讨. 石油钻探技术, 1994, 22(2): 1-4.

[5] 葛洪魁, 黄荣樽. 理想条件下定向井及水平井地层破裂压力的理论分析. 石油大学学报(自然科学版), 1993, 17(2): 20-26.

[6] 唐继平, 梁红军, 卢虎, 等. 塔西南地区深井、超深井钻井技术. 北京: 石油工业出版社, 2008.

[7] 管志川, 李春山, 周广陈, 等. 深井和超深井钻井井身结构设计方法. 石油大学学报: 自然科学版, 2001, 25(6): 42-43.

[8] 杨明合, 夏宏南, 金业权, 等. 高温高压井套管柱设计和强度校核. 石油钻探技术, 2002, 30(1): 25-27.

[9] 钱锋, 高德利, 蒋世全. 深水工况下套管柱载荷分析. 石油钻采工艺, 2011, 33(2): 16-19.

[10] 周新义. 深井套管柱强度设计研究. 西安: 西安石油大学硕士学位论文, 2012.

[11] 宋军官. 套管柱设计新方法及其软件编制. 大庆: 大庆石油学院硕士学位论文, 2003.

[12] 郝俊芳, 龚伟安. 套管强度计算与设计. 北京: 石油工业出版社, 1987.

[13] 石油钻井工程标准化委员会. SY/T 5724-2008. 套管柱结构与强度设计. 北京: 石油工业出版社, 2009.

[14] 石油钻井工程标准化委员会. SY/T 5322-2000. 套管柱强度设计方法. 北京: 石油工业出版社, 2001.

[15] 覃成锦, 高德利. 套管强度计算的理论问题. 石油学报, 2005, 26(5): 127-130.

[16] 夏宏南, 杨明合, 马元普. 对应用三轴强度理论进行套管柱设计的分析. 石油钻探技术, 2004, 32(5): 13-15.

[17] 韩志勇. 关于"套管柱三轴抗拉强度公式"的讨论. 中国石油大学学报(自然科学版), 2011, 35(4): 77-80.

[18] 韩志勇. 关于套管柱三轴抗挤强度设计问题的讨论. 石油大学学报(自然科学版), 2004, 28(5): 43-48.

[19] 于会媛, 张来斌. 深井、超深井中套管磨损机理及试验研究发展综述. 石油矿场机械. 2006, 35(4): 4-7.

[20] Hall R W, Garkasi A, Deskins G, et al. Recent advances in casing technology. IADC/SPE Drilling Conference, Texas, 1994.

[21] White J P, Dawson R. Casing wear: Laboratory measurements and field predictions. SPE Drilling Engineering. 1987, 2(2): 56-62.

[22] 龚龙祥. 大位移井套管柱强度设计研究. 成都: 西南石油大学硕士学位论文, 2007.

[23] 鲁港, 李晓光, 单俊峰, 等. 平均井眼曲率的计算. 钻采工艺. 2007, 30(3): 149-150, 160.

[24] 席小宁. 高温高压井中套管的蠕变分析. 天津: 天津大学硕士学位论文, 2007.

[25] 张智. 深井高温高压条件下套管柱设计. 成都: 西南石油学院硕士学位论文, 2002.

[26] 杨明合, 夏宏南. 迭代法在高温高压井套管柱设计计算中的应用. 钻井工艺, 2002, 25(1): 65-67, 5.

[27] 刘世奇. 高温高压深井试气管柱受力分析. 青岛: 中国石油大学(华东)硕士学位论文, 2010.

[28] 尹虎, 张韵洋. 温度作用影响套管抗挤强度的定量评价方法——以页岩气水平井大型压裂施工为例. 天然气工业, 2016, 4: 73-77.

[29] 覃成锦. 油气井套管柱载荷分析及优化设计研究. 北京: 清华大学博士学位论文, 2000.

[30] 高德利. 复杂地质条件下深井超深井钻井技术. 北京: 石油工业出版社, 2004.

[31] 杨全安. 实用油气井防腐蚀技术. 北京: 石油工业出版社, 2011.

第4章 塔中碳酸盐岩超深水平井轨道设计与轨迹控制

水平井可以大幅度提高油气田的单井产量及最终采收率，水平井可以大幅度提高单井产量和采收率，但其井眼轨道设计与控制难度较大。

4.1 塔中碳酸盐岩超深水平井井眼轨道优化设计

塔中碳酸盐岩储层类型为缝洞型碳酸盐岩储层，非均质性强，且单个储集体规模较小，成串珠状分布，因此常采用水平井作为主要开发井型，以便贯穿多个储集体，提高单井产量。塔中碳酸盐岩储层埋藏深，多在5000m以上，而所钻水平井井眼也长达7000m，部分井甚至达到8000m。由于井眼较长，需穿过多套地层，且地层倾角变化大，这些因素均增加了井眼轨道设计的难度。如果井眼轨道设计不合理，会造成井下摩阻大，定向段托压严重，平均机械钻速低等问题。

优化井眼轨道，是实现优快钻井的重要前提。针对上述问题，在前人的基础上研究了针对塔中碳酸盐岩超深水平井的井眼轨道优化技术：首先进行剖面类型优选，采用不同井眼剖面类型对同一口井进行轨道设计，通过加权评判法建立综合考虑井眼长度、摩阻和扭矩和井眼曲率等因素的模型，从而优选出最优剖面类型；然后基于该剖面类型，以摩阻最小为目标，以地质特征和施工条件为约束，建立井眼轨道参数优化模型，从而对超深水平井井眼轨道参数进行优化，最终形成剖面类型和轨道参数最理想的井眼轨道。

4.1.1 水平井井眼轨道类型

在井眼轨道设计中，绝大多数水平井采用二维轨道设计，即设计轨道位于某个铅垂平面内[1]。根据钻井工艺的要求和技术条件，井眼轨道设计普遍采用由直线和圆弧所组成的井身剖面。为了减小钻柱的摩阻，20世纪80年代出现了悬链线和抛物线型井身剖面，并广泛应用于大位移井中。目前的井眼轨道设计模型主要有直线、圆弧线、悬链线和抛物线4大类。

(1)直线模型：直线模型是最简单的井眼轨道模型，用于垂直井段、水平井段和稳斜井段。

(2)圆弧线模型：井眼轨道的圆弧线模型用于描述常规的增斜井段和降斜井段。

(3)悬链线模型：悬链线轨道可以减小钻柱的摩阻，提高钻机的钻深能力，有利于套管下入和套管居中，在大位移井中有明显的优越性。

(4)抛物线模型：抛物线模型与悬链线模型的目的和作用基本相同。它们是在相同的力学模型基础上，只是因为作用于钻柱的载荷分布规律不同而产生不同结果。

1. 典型的圆弧型剖面

从钻井工艺的角度来看,无论是滑动钻进还是旋转钻进,均要求钻具组合具有稳定的造斜性能,因此采用圆弧剖面进行井眼轨道设计是比较合理的,钻井过程中对井眼轨迹的把握性也很大。

1) 单增式剖面

单增式剖面又称"直—增—水平"剖面,它是由直井段、增斜段和水平段组成。这种剖面类型非常简单。这种剖面比较适合目标垂深和工具造斜率都十分确定的水平井轨道设计。

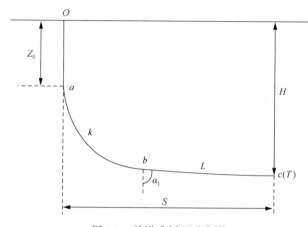

图 4.1　单增式剖面示意图

Z_0 为造斜点垂深,m; H 为靶点垂深,m; S 为水平位移,m; α_1 为最终井斜角,(°); L 为水平段的长度,m

从图 4.1 可以得出:①造斜段的造斜率为 $k°/30\,\mathrm{m}$,因此曲率半径 $R = \dfrac{1719}{k}$;②造斜段垂直位移为 $\dfrac{1719}{k}\sin\alpha_1$,水平位移为 $\dfrac{1719}{k}(1-\cos\alpha_1)$;③水平段垂直位移为 $L\cos\alpha_1$,水平位移为 $L\sin\alpha_1$ 。靶点垂深为

$$H = Z_0 + \frac{1719}{k}\sin\alpha_1 + L\cos\alpha_1 \tag{4.1}$$

水平位移为

$$S = \frac{1719}{k}(1-\cos\alpha_1) + L\sin\alpha_1 \tag{4.2}$$

2) 双增式剖面

双增剖面又称"直—增—稳—增—稳"剖面,在两段增斜段之间设计一段较短的稳斜调整段,调整由于工具造斜率的误差造成的轨道偏离(图 4.2)。这种剖面特别适合目标垂深和造斜工具造斜率不确定的情况。

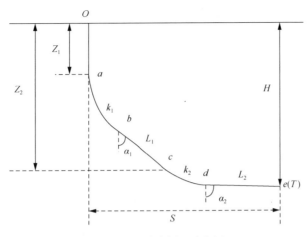

图 4.2　双增式剖面示意图

Z_1 为造斜点垂深，m；H 为靶点垂深，m；S 为水平位移，m；α_1 为稳斜段井斜角，$(°)$；α_2 为水平段井斜角，$(°)$

从图 4.2 可以看出：①ab 段为第一造斜段，造斜率为 $k_1°/30\text{m}$，曲率半径 $R_1 = \dfrac{1719}{k_1}$；②ab 段垂直位移为 $\dfrac{1719}{k}\sin\alpha_1$，水平位移为 $\dfrac{1719}{k}(1-\cos\alpha_1)$；③$bc$ 段长度为 L_1，垂直位移为 $L_1\cos\alpha_1$，水平位移为 $L_1\sin\alpha_1$；④cd 段为第二造斜段，造斜率为 $k_2°/30\text{m}$，曲率半径 $R_2\dfrac{1719}{k_2}$；⑤cd 段垂直位移为 $\dfrac{1719}{k_2}(\sin\alpha_2-\sin\alpha_1)$，水平位移为 $\dfrac{1719}{k_2}(\cos\alpha_1-\cos\alpha_2)$；⑥$de$ 段长度为 L_2，水平段垂直位移为 $L_2\cos\alpha_2$，水平位移为 $L_2\sin\alpha_2$；靶点垂深为

$$H = Z_1 + \frac{1719}{k}\sin\alpha_1 + L_1\cos\alpha_1 + \frac{1719}{k_2}(\sin\alpha_2 + \sin\alpha_1) + L_2\cos\alpha_2 \tag{4.3}$$

水平位移为

$$S = \frac{1719}{k_1}(1-\cos\alpha_1) + L_1\sin\alpha_1 + \frac{1719}{k_2}(\cos\alpha_1 - \cos\alpha_2) + L_2\sin\alpha_2 \tag{4.4}$$

2. 悬链线剖面和抛物线剖面

对于深层水平井，全井钻柱的长径比很大，所以钻柱在井下的整体刚度很小，可以将钻柱看作柔索进行受力分析。井眼的悬链线模型假设钻柱的自重载荷沿钻柱弧长均匀分布，全井的钻柱曲线更接近悬链线；抛物线模型假设钻柱的自重载荷沿横向均匀分布，包含钻铤组合在内的下部钻柱所钻出的曲线更接近于抛物线。悬链线剖面和抛物线剖面具有相似性，这类井段具有如下优势[2-4]。

(1)绝大部分钻柱处于受拉状态，张力促使钻柱脱离下井壁，使其在井眼中具有居中趋势，可以降低摩擦阻力和扭矩，同时减少钻柱和套管的磨损。

（2）井斜角随着井深的增加缓慢递增，可以施加高钻压连续增斜，有利于提高机械钻速。

（3）悬链线或抛物线井段的井眼曲率连续变化，且随着井深的增加而缓慢增加，有利于改善钻柱的受力状况，减轻钻柱的疲劳破坏，减少产生键槽的几率。

（4）悬链线或抛物线井眼有利于套管居中，为提高固井质量创造有利条件。

典型的悬链线轨道或抛物线轨道是由 4 个井段组成的，即"直井段—圆弧段—悬链线段（抛物线段）—稳斜段"（图 4.3）。

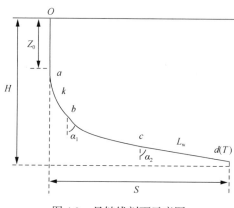

图 4.3　悬链线剖面示意图

在水平井井身剖面设计中，Oa 段为直井段，ab 段为圆弧段，bc 段为悬链线（或抛物线）井段，cd 段为稳斜段。悬链线（或抛物线）剖面设计的实质是确定悬链线（或抛物线）井段的形状与位置，特征参数 a 决定了其形状，稳斜段 cd 的段长 L_w 决定了其位置。一般已知靶点 T 的水平位移 S，垂深 H，造斜点垂深 Z_0，圆弧段造斜率 k，悬链线起点井斜角 α_1，稳斜段井斜角 α_2，需要确定悬链线或抛物线特征常数 a 和稳斜段长度 L_w。

1）悬链线剖面

悬链线方程为

$$y = a\frac{\mathrm{e}^{\frac{x}{a}} + \mathrm{e}^{-\frac{x}{a}}}{2} = a\,\mathrm{ch}\frac{x}{a} \tag{4.5}$$

悬链线特征常数和水平段长度公式计算如下：

$$a = \frac{H - Z_0 - R\sin\alpha_1 - [S - R(1-\cos\alpha_1)]/\tan\alpha_2}{(1/\sin\alpha_1 - 1/\sin\alpha_2) - \ln\dfrac{\tan(\alpha_c/2)}{\tan(\alpha_1/2)}/\tan\alpha_2}$$

$$L_w = \frac{S - R(1-\cos\alpha_1) - (H - Z_0 - R\sin\alpha_1)\tan\alpha_2}{\ln\dfrac{\tan(\alpha_2/2)}{\tan(\alpha_1/2)} - (1/\sin\alpha_1 - 1/\sin\alpha_2)\tan\alpha_2} \tag{4.6}$$

已知悬链线井段起点 b 的垂深为 H_1，水平位移为 S_1，测深为 L_1，井斜角为 α_1。在悬链线井段内每隔一定长度为一个节点 i，节点的井深、井斜角、垂深、水平位移、造斜率(C_K 为曲率单位中长度数值，取 30m) 计算公式如下[5]：

$$L_i = L_1 + \Delta L$$
$$\alpha_i = \arctan[1 / (1 / \tan\alpha_1 - \Delta L / a)]$$
$$H_i = H_1 + a(1 / \sin\alpha_1 - 1 / \sin\alpha_i) \tag{4.7}$$
$$S_i = S_1 + a\ln\frac{\tan(\alpha_i / 2)}{\tan(\alpha_1 / 2)}$$
$$k_i = \frac{180 C_K}{\pi a}\sin^2\alpha_i$$

2) 修正悬链线剖面

悬链线剖面设计中，其造斜率与井斜角正弦的平方成正比关系，随着井斜角的增加，后期的井眼造斜率增长过大，所以需要对悬链线剖面进行修正(井眼轨道同图 4.3)，使其造斜率与井斜角正弦成正比，即 $k = \dfrac{1}{a}\sin\alpha$ (其中 a 为特征参数，α 为井斜角)。

修正悬链线特征常数和水平段长度计算公式为

$$a = \frac{[S - R(1 - \cos\alpha_1)]\cos\alpha_2 - (H - Z_0 - R\sin\alpha_1)\sin\alpha_2}{(\alpha_2 - \alpha_1)\cos\alpha_2 - \ln\dfrac{\sin\alpha_2}{\sin\alpha_1}\sin\alpha_2} \tag{4.8}$$

$$L_w = \frac{H - Z_0 - R\sin\alpha_1 - a\ln\dfrac{\sin\alpha_2}{\sin\alpha_1}}{\cos\alpha_2}$$

在修正悬链线井段内每隔一定井段为一个节点 i，各节点参数为

$$L_i = L_1 + \Delta L$$
$$\alpha_i = 2\arctan\left[\mathrm{e}^{\frac{\Delta L}{a}}\tan\left(\frac{\alpha_1}{2}\right)\right]$$
$$H_i = H_1 + a\ln\frac{\sin\alpha_i}{\sin\alpha_1} \tag{4.9}$$
$$S_i = S_1 + a(\alpha_i - \alpha_1)$$
$$k_i = -\frac{180 C_K}{\pi a}\sin\alpha_i$$

3) 抛物线剖面

抛物线方程为

$$y^2 = 2ax \tag{4.10}$$

特征常数和稳斜段长度公式为

$$a = \frac{S - R(1 - \cos\alpha_1) - (H - Z_0 - R\sin\alpha_1)\tan\alpha_2}{\tan\alpha_1\tan\alpha_2 - \dfrac{\tan^2\alpha_1 + \tan^2\alpha_2}{2}}$$

$$L_{\mathrm{w}} = \frac{H - Z_0 - R\sin\alpha_1 - a(\tan\alpha_2 - \tan\alpha_1)}{\cos\alpha_2}$$

(4.11)

在抛物线井段内每隔一定井段为一个节点 i，各节点参数为

$$\alpha_i = \alpha_{i-1} + \Delta\alpha$$

$$H_i = H_1 + \frac{a}{2}\left(\frac{1}{\tan^2\alpha_1} - \frac{1}{\tan^2\alpha_i}\right)$$

$$S_i = S_1 + a\left(\frac{1}{\tan\alpha_1} - \frac{1}{\tan\alpha_i}\right)$$

$$L_i = L_1 + \frac{a}{2}\left(\frac{\cos\alpha_1}{\sin^2\alpha_1} - \frac{\cos\alpha_i}{\sin^2\alpha_i} + \ln\frac{\tan(\alpha_i/2)}{\tan(\alpha_1/2)}\right)$$

$$k_i = \frac{180C_{\mathrm{K}}}{\pi a}\sin^3\alpha_i$$

(4.12)

4.1.2　塔中碳酸盐岩超深水平井井眼轨道类型优选

1. 井眼轨道优化设计方法

在超深水平井井眼轨道设计中，采用合理的剖面类型和轨道参数能有效降低施工难度、缩短钻井周期，能为钻机选型、钻井方式及下套管方式选择等提供参考。井眼轨道类型优化设计应遵循以下原则。

(1)轨道设计必须满足地质特征、中靶要求及施工条件。

(2)设计井眼轨道摩阻、扭矩小。

(3)设计井眼轨道长度短。

(4)定向施工简单，难度小。

根据井眼轨道优化原则，在优选井眼剖面类型时应综合考虑井眼长度、摩阻和扭矩及定向施工难度问题，采用加权评判法进行剖面类型优选[5]，即在相同的垂深和水平位移的情况下，计算每种剖面类型的井眼长度、造斜段长度、滑动钻进摩阻、起钻摩阻、下钻摩阻、转盘扭矩、最大井眼曲率，将所有的"计算结果"进行对比，取值最小即为最优轨道类型。加权评判法计算方法见表4.1。

表 4.1　加权评判法曲线优选计算方法

曲线类型	井眼长度	最大造斜率	增斜长度	下钻摩阻	起钻摩阻	滑动摩阻	旋转扭矩	计算结果
权值	J_1	J_2	J_3	J_4	J_5	J_6	J_7	
单增式	C_{11}	C_{12}	C_{13}	C_{14}	C_{15}	C_{16}	C_{17}	R_1
双增式	C_{21}	C_{22}	C_{23}	C_{24}	C_{25}	C_{26}	C_{27}	R_2
悬链线	C_{31}	C_{32}	C_{33}	C_{34}	C_{35}	C_{36}	C_{37}	R_3
修正悬链线	C_{41}	C_{42}	C_{43}	C_{44}	C_{45}	C_{46}	C_{47}	R_4
抛物线	C_{51}	C_{52}	C_{53}	C_{54}	C_{55}	C_{56}	C_{57}	R_5

注：R_i 为第 i 行计算结果，$R_i = \sum\limits_{n=1}^{m} \dfrac{C_{in}}{C_{mn}} J_n$；$C_{in}$ 为第 i 行第 n 列的数值；C_{mn} 为第 n 列所有数值中的最小值；J_n 为第 n 列的加权值，根据重要程度进行赋值。

2. 摩阻和扭矩计算方法

目前，常用的摩阻和扭矩计算模型有软杆模型和刚杆模型。软杆模型忽略了钻柱刚度及大直径稳定器的影响，适合在井眼曲率较小的井眼中，计算刚度较小的钻柱段的摩阻和扭矩。刚杆模型考虑了钻柱刚性的影响，适用于方位角和井眼曲率变化大的井段。由于塔中碳酸盐岩储层较深，井眼长度较长，且井眼轨迹复杂，利用单一模型难以准确计算摩阻和扭矩，因此，需要根据钻柱刚性及井段类型合理分段，综合采用软杆模型和刚杆模型，提高摩阻和扭矩的计算精度。

采用分段法计算钻柱的摩阻和扭矩较可靠，且计算过程简单，对于局部狗腿度较严重的井段及刚性较大的钻柱所处的井段，考虑了钻柱刚性的影响，提高了计算精度。分段法计算摩阻和扭矩主要依据钻柱刚性及井段类型划分计算单元，确定在造斜段及底部钻具组合所处的井段使用基于刚杆模型的纵横弯曲梁法计算，稳斜段及水平段则采用修正软杆模型计算，在直井段使用软杆模型计算。

1) 单元软杆模型

钻柱软杆模型假设井下钻柱为一条不承受弯矩但可承受扭矩的软杆。在钻柱刚度较小，井眼不出现严重狗腿角的情况下，钻柱刚度对其受力影响较小，此时可以采用软杆模型。该模型假设拉伸和扭转均由钻柱产生，接触力由井壁提供，而且假定钻柱随井眼曲率变化而变化，这样在整个钻柱的长度上就会产生连续的接触力。刚杆模型的假设条件着重考虑由于钻柱自身的刚性等原因允许部分钻柱不与井壁完全接触，适用于钻柱刚性较大不能忽略的井段，但在直井段或井眼曲率较小的井段应用刚杆模型，计算结果容易发散，计算过程复杂，与实际情况有较大偏差。单元软杆模型单元段受力分析如图 4.4 所示。

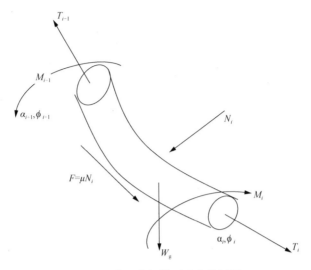

图 4.4　单元软杆模型受力分析图

α_i、α_{i+1} 为第 i 段钻柱上端和下端的平均井斜角；ϕ_i、ϕ_{i+1} 为第 i 段钻柱端和下端的平均方位角；T_{i+1} 和 T_i 分别为第 i 段钻柱单元上端、下端的轴向力，N；M_{i+1} 和 M_i 分别为第 i 段钻柱单元上端、下端的扭矩，N·m；N_i 为第 i 段钻柱单元与井壁的接触正压力值，N；W_g 为第 i 段单元体单位长度浮重，N/m；μ 为滑动摩阻系数，无因次

由图 4.4 可以看出，取一段长为 dl 的微元段，根据力学平衡推出[6]：

$$T_{i+1} = T_i + \left(W_g \mathrm{d}l / \cos\alpha \pm \mu N_i \right) \tag{4.13}$$

$$M_{i+1} = M_i + \mu N_i r \tag{4.14}$$

$$N_i = \sqrt{\left(T_i \Delta\phi \sin\alpha\right)^2 + \left(T_i \Delta\alpha + W_g \mathrm{d}l / \sin\alpha\right)^2} \tag{4.15}$$

$$F = \pm \mu N_i \tag{4.16}$$

式中，r 为钻柱单元半径，m；F 为钻柱摩擦阻力，N；α 为平均井斜角，rad；$\Delta\alpha$ 为井斜角角增量，rad；$\Delta\phi$ 为方位角增量，rad；钻柱向上运动时取 "+"，向下运动时取 "−"。

局部井眼曲率变化较大井段及刚度较大的加重钻杆处井段，钻柱刚性对摩阻和扭矩的影响较大。修正软杆模型是在原软杆模型的基础上，引入附加刚性力的概念，这样既减小了大刚度管柱在井眼曲率较大井段引起的计算误差，提高了计算精度，又保留了原软杆模型计算过程简单、计算速度快的优点。修正软杆模型中管柱与井壁接触正压力由两部分组成：一部分是按照原软杆模型计算的正压力，另一部分是附加的刚性正压力 N_g[7]。

$$N_g = 96EI \left[\frac{1 - \cos\cos(k\Delta l)}{k} - (D - D_0) \right] \Delta l^{-3} \tag{4.17}$$

式中，E 为钻柱材料的弹性模量，GPa；I 为钻柱的惯性矩，m^4；k 为井眼曲率，$(°)/30m$；D 为井眼直径，m；D_0 为钻柱外径，m；Δl 为钻柱附加刚性正压力的管柱段长度，$\Delta l = [24(D - D_0)/k]^{\frac{1}{2}}$，m。

2) 纵横弯曲梁模型

造斜段井眼曲率大，考虑钻柱变形和刚度，钻柱不与井壁完全接触。带有稳定器或弯接头的底部钻具组合(bottom hole assembly，BHA)段，钻柱与井壁的接触主要是稳定器或弯接头的支撑点与井壁的局部接触。这两种特点的井段适合采用纵横弯曲梁模型以提高计算精度。纵横弯曲梁模型是为分析底部钻具组合受力而提出的，假定底部钻具组合位于空间中任一斜平面上，且井眼轨迹是这个斜平面上的圆弧。将 BHA 段的三维分析分解为井斜平面(P 平面)和方位平面(Q 平面)的二维分析，进行单独求解[8]。钻头、稳定器和弯接头(n 个)把 BHA 分为 $n+1$ 段受纵横弯曲载荷的梁柱。以 n 跨连续梁第 i、$i+1$ 段梁柱为研究对象，受力分析如图 4.5 所示。

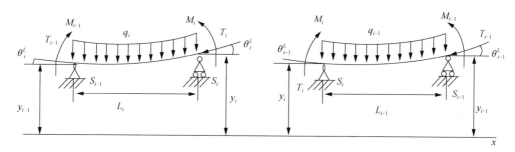

图 4.5　纵横弯曲梁示意图

轴向力修正公式为

$$T_i = T_{i-1} - \frac{1}{2}q_{i-1}L_{i-1}\cos\alpha_{i-1} - \frac{1}{2}q_{i-1}L_{i-1}\cos\alpha_i + \mu\sqrt{(T_i\Delta\phi\sin\alpha)^2 + (T_i\Delta\alpha + q_iL_i\sin\alpha)^2}$$

$$\tag{4.18}$$

式中，α 为第 i 段钻柱的平均井斜角。

支反力公式为

$$N_i = \frac{M_{i-1} - M_i + T_{i-1}(y_i - y_{i-1})}{L_i} + \frac{M_{i+1} - M_i + T_i(y_{i+1} - y_i)}{L_{i+1}} + \frac{q_iL_i + q_{i+1}L_{i+1}}{2} \tag{4.19}$$

分别求出 P 平面和 Q 平面上的支反力 N_{iP} 和 N_{iQ} 则接触点处的支反力为 $N_i = \left(N_{iP} + N_{iQ}\right)^{\frac{1}{2}}$。则 BHA 段的摩阻和扭矩分别为

$$F_{BHA} = \sum_{i=0}^{n+2} \mu_0 N_i \tag{4.20}$$

$$M_{BHA} = \sum_{i=0}^{n+2} \mu_0 r N_i \tag{4.21}$$

式中，F_{BHA} 为 BHA 段摩阻，N；M_{BHA} 为 BHA 段扭矩，N·m；M_i 为第 i 个支点处的弯矩，N·m；q_i 为第 i 跨柱在钻井液中的单位质量，N/m；L_i 为第 i 跨柱的长度，m；y_i 为第 i 个支座的坐标。

3) 整体钻柱摩阻计算

国外学者通过实验得到了管柱发生屈曲时的临界载荷[9,10]（表 4.2）。

表 4.2　管柱发生屈曲时临界载荷

载荷	形状
$\dfrac{F}{\sqrt{4EI\omega\sin\alpha/r}} < 1$	未屈曲
$1 < \dfrac{F}{\sqrt{4EI\omega\sin\alpha/r}} < \sqrt{2}$	正弦屈曲
$\sqrt{2}\,\dfrac{F}{\sqrt{4EI\omega\sin\alpha/r}} < 2\sqrt{2}$	螺旋屈曲或正弦屈曲
$2\sqrt{2} < \dfrac{F}{\sqrt{4EI\omega\sin\alpha/r}}$	螺旋屈曲

（1）钻柱未发生屈曲。

利用纵横弯曲梁模型，通过对 BHA 段受力分析，求出 BHA 段上端点处及各支撑点处的弯矩，进而求出各支撑点处的正压力、该段的摩阻和扭矩。上端点以上部分则采用软杆模型和修正软杆模型计算。以上端点处的摩阻和扭矩为计算初值，自下而上迭代至井口，求得整个钻柱的摩阻和扭矩：

$$T_j = T_s + \sum_{i=1}^{j} \Delta T_i \tag{4.22}$$

$$M_j = M_s + \sum_{i=1}^{j} \Delta M_i \tag{4.23}$$

式中，T_s 为底部钻具组合上端点的轴向力，N；M_s 为底部钻具组合上端点扭矩，N·m；T_j 为底部钻具上端点第 j 个钻柱单元上端轴向力，N；M_j 为底部钻具上端点第 j 个钻柱单元上端扭矩，N·m；ΔT_i 为上端点以上第 i 个钻柱单元的轴向力，N；ΔM_i 为上端点以上第 i 个钻柱单元扭矩增量，N·m。

（2）钻柱发生屈曲。

若判断钻柱发生了屈曲，根据以上结论求得附加接触压力，再求出附加的摩阻和扭矩，在原有计算基础上得到水平井整体钻柱摩阻和扭矩计算模型。

钻柱发生正弦屈曲时，由于钻柱正弦屈曲所产生的附加接触力为

$$\Delta N = \frac{rT^2}{8EI} \tag{4.24}$$

钻柱发生螺旋屈曲时，由于钻柱螺旋屈曲所产生的附加接触力为

$$\Delta N' = \frac{r'T^2}{4EI} \tag{4.25}$$

式(4.24)和式(4.25)中，ΔN 为正弦屈曲时附加接触力，N；$\Delta N'$ 为螺旋屈曲时附加接触力，N；E 为钻柱材料的弹性模量，GPa；I 为钻柱的惯性矩，m^4；T 为钻柱的轴向力，N；r 和 r' 为井眼与钻柱直径差值的 1/2，m。

在正常下放钻柱、定向钻进工况下，轴向力、摩擦阻力、接触力相互影响。假定钻柱在井眼中处于静止状态且轴向力完全是由钻柱重力产生。通过轴向力的大小判断钻柱是否发生屈曲变形，从而计算接触力的大小，进而求解摩擦阻力；利用上一步计算得到的摩阻力(静摩擦力)和轴向力，重新得到一个新的轴向力，作为此时管柱缓慢运动时的轴向力；通过新的轴向力，分析管柱是否发生屈曲，并计算接触力、摩阻力。再利用这一步新得到的摩阻力和轴向力，得到一个新的轴向力；重复上面的计算过程，当计算结果和上一步计算结果的差值足够小时，就可以结束循环过程，得到最终的结果[7]。

上提工况时，钻柱整体处于受拉的状态，因而不需要考虑钻柱屈曲的影响，求解过程与下放钻柱和定向钻进工况一致。

旋转钻进工况下，轴向力由钻柱的重力及钻压决定，直接求解轴向力，判断是否发生屈曲，确定钻柱与井壁接触力，进而计算旋转钻进时的扭矩。

4)摩阻系数反演

为了准确计算摩阻和扭矩，使计算结果更贴近工程实际，必须合理确定摩阻系数，包括套管内摩阻系数和裸眼段摩阻系数。实践证明，利用现场记录的数据进行摩阻系数反演是非常有效的办法。反演一般选取起下钻时的实测数据，因为起下钻时钻压和扭矩为零。而其他工况下难以得到准确的钻压、扭矩，因边界条件未知，反演结果可能与实际有较大出入。所以一般选用起下钻时的钻井数据进行反演，其他工况下会参考起下钻时的计算结果。

在摩阻和扭矩预测模型中，摩阻系数分为套管摩阻系数和裸眼摩阻系数，所以在摩阻系数反演时先利用钻柱上提至套管内的实测数据与计算数据对比分析确定套管摩阻系数，再结合钻柱在裸眼井段中的起下钻数据反演裸眼摩阻系数。

首先确定该地区的套管摩阻系数。套管摩阻系数的选取也有一定的经验值可以参考，通过塔中地区多口井(中古 102-H2，中古 111-H6，中古 511-H4 等)套管段的起钻实测数据与计算所得数据对比分析，确定该地区钻柱在套管中摩阻系数经验值为 0.1。确定了套管摩阻系数之后，再根据在裸眼中的起钻实测数据与计算数据对比，确定裸眼摩阻系数分别为 0.36、0.39 和 0.3，其平均值为 0.377。摩阻系数反演结果如图 4.6~图 4.8 所示。

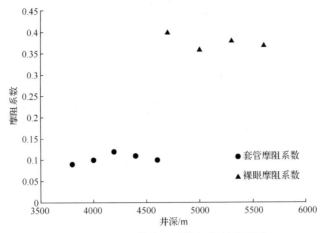

图 4.6　ZG511 井摩阻系数与井深关系图

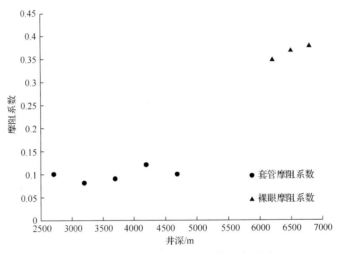

图 4.7　ZG102 井摩阻系数与井深关系图

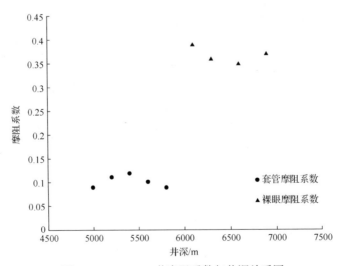

图 4.8　ZG111-H3 井摩阻系数与井深关系图

以塔中 862H 井为例，0～1502m 为表层套管段，0～6120m 为中间技术套管段，三开水平段 7870～8008m 为裸眼井段。

钻头向上至加重钻杆井段(7898～8008m)，考虑钻柱刚度较大，使用硬杆模型中的纵横弯曲梁法计算，底部钻具组合上端的轴向力和扭矩作为上部井段计算的基础。

靶点 A(6456m)至井深 7898m 处，该部分井段为水平井段，对应钻柱主要为钻杆和少量加重钻杆，可认为钻柱与井壁接触，考虑加重钻杆刚度的影响，使用修正软杆模型进行计算。

在造斜井段(5720～6456m)，由于井眼曲率大，部分井段处狗腿角严重，钻柱变形后可能与井壁与完全接触，因而采用纵横弯曲梁模型计算。

直井段(0～5720m)则使用单元软杆模型进行计算，计算速度快，其精度可以满足工程需要。

塔中 862H 井的三开水平段钻具组合为：Φ171.50mm 钻头×0.3m+Φ135mm 螺杆 1.25°×6.31m+Φ120mm 无磁钻铤×18.23m+Φ140mm 斜坡加重钻杆×84.1m+Φ101.6mm 斜坡钻杆×356.86m+Φ121.0mm 水力振荡器×3.37m+Φ121.0mm 震荡短节×3.62m+Φ101.6mm 斜坡钻杆×1580.39m+Φ101mm 斜坡加重钻杆×336.24m+Φ101.6mm 斜坡钻杆×5616m。

钻井参数：钻压为 50kN，扭矩为 2.5kN·m，转速为 50r/m，钻井液密度为 1.08g/cm³。

模拟计算条件：套管摩阻系数为 0.1，裸眼摩阻系数为 0.377。

计算结果与实测数据对比如图 4.9～图 4.11 所示。

由以上计算结果与实测数据对比分析可得，摩阻和扭矩的理论预测值与钻井作业实测值相对误差小于 10%，说明计算时采用的套管摩阻系数和裸眼摩阻系数比较合理，模型预测比较准确，满足工程实际需要。

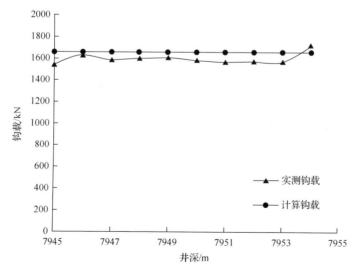

图 4.9　7945～7954m 滑动钻进时计算钩载与实测钩载对比

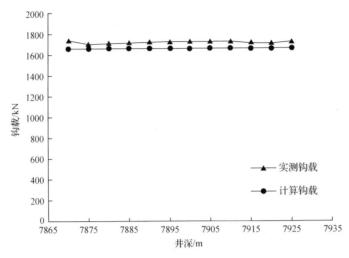

图 4.10　7870～7925m 旋转钻进计算钩载与实测钩载对比

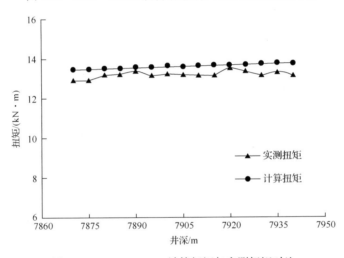

图 4.11　7870～8008m 计算扭矩与实测扭矩对比

3. 塔中碳酸盐岩超深水平井井眼轨道设计

根据井眼轨道优化设计方法，先采用不同剖面类型设计井眼轨道，然后采用加权评判法优选最优剖面类型。以我国陆上最深水平井塔中 862H 井为例，水平段入窗靶点(A靶点)垂深为 6210m，最终井深靶点(B 靶点)垂深为 6300m，AB 段为水平段，水平段井斜角为 85.77º，井口至 A 靶点的水平位移为 450.57m。采用不同井眼轨道剖面类型设计井口至 A 靶点之间的井段。

1) 圆弧剖面类型轨道设计

采用单增式剖面设计井眼轨道，造斜点垂深为 5777.57m，增斜段造斜率为 4º/30m。经过计算，稳斜段长度 $L = 53.95$。井眼轨道的节点参数见表 4.3。

表 4.3　单增式剖面的节点数据

节点	井深/m	井斜角/°	垂深/m	水平位移/m	井眼曲率/[(°)/30m]
a	5777.57	0	5777.57	0	0
b	6420.84	85.77	6206.11	398.02	4
A 靶	6473.54	85.77	6210	450.57	0

采用双增式剖面设计井眼轨道(图 4.2)，造斜点垂深为 5740m，第一段造斜率为 4°/30m，第二段造斜率为 4°/30m。经过计算，中间稳斜段长度 $L_1 = 67$m。井眼轨道的节点参数见表 4.4。

表 4.4　双增式剖面的节点数据

节点	井深/m	井斜角/(°)	垂深/m	水平位移/m	井眼曲率/[(°)/30m]
a	5740	0	5740	0	0
b	6128.13	51.75	6077.47	163.69	4
c	6195.10	51.75	6118.93	216.28	0
A 靶	6450.20	85.77	6210	450.57	4

2)悬链线和抛物线剖面类型轨道设计

悬链线和抛物线轨道由 4 个井段组成(图 4.3)："直井段—圆弧段—悬链线(抛物线)段—稳斜段"，其井眼轨道设计主要确定悬链线(抛物线)的形状和位置，即特征参数 a 和稳斜段长度 L_w。

已知圆弧段造斜率为 6°/30m，圆弧段末端的井斜角为 15°，采用悬链线剖面设计井眼轨道，造斜点垂深为 5565m，经过计算，悬链线特征参数 $a = 198.14$，稳斜段长度 $L_w = 53.95$。井眼轨道的节点参数见表 4.5。

表 4.5　悬链线剖面的节点数据

节点	井深/m	井斜角/(°)	垂深/m	水平位移/m	井眼曲率/[(°)/30m]
a	5565	0	5565	0	0
b	5640	15	5639.15	9.76	6
c	6364.82	85.77	6206.03	396.87	7.63
d	6418.67	85.77	6210	450.57	0

采用修正悬链线剖面设计井眼轨道(图 4.3)，造斜点垂深为 5700m，经过计算，修正悬链线特征参数 $a = 320.69$，稳斜段长度 $L_w = 44.25$。井眼轨道的节点参数见表 4.6。

表 4.6　修正悬链线剖面的节点数据

节点	井深/m	井斜角/(°)	垂深/m	水平位移/m	井眼曲率/[(°)/30m]
a	5700	0	5700	0	0
b	5775	15	5774.15	9.76	6
c	6401.54	85.77	6206.73	405.87	5.35
d	6445.79	85.77	6210	450	0

采用抛物线剖面设计井眼轨道,造斜点垂深为 5565m,经过计算,抛物线特征参数 $a = 80.45$,稳斜段长度为 146.93。井眼轨道的节点参数见表 4.7。

表 4.7　抛物线剖面的节点数据

节点	井深/m	井斜角/(°)	垂深/m	水平位移/m	井眼曲率/[(°)/30m]
a	5565	0	5565	0	0
b	5640	15	5639.15	9.76	6
c	6295.60	85.77	6199.16	304.04	21.19
d	6442.53	85.77	6210	450.57	0

4. 塔中碳酸盐岩田超深水平井井眼轨道类型优选

根据计算所得的塔中 862H 井各种剖面类型井眼轨道,假设套管摩阻系数为 0.1,地层摩阻系数为 0.377,对井眼轨道摩阻、扭矩进行计算,从中优选出最佳剖面类型。井眼轨道的特征参数与摩阻、扭矩情况见表 4.8。

表 4.8　各剖面类型的特征参数与摩阻和扭矩情况

剖面类型	井眼长度/m	增斜段长度/m	下钻摩阻/kN	起钻摩阻/kN	滑动摩阻/kN	转盘扭矩/(kN·m)	最大井眼曲率/[(°)/30m]
单增式	8032.64	643.27	148.7	281.3	132.4	88.6	4.000
双增式	8007.51	643.22	140.5	278.3	121.9	88.5	4.000
悬链线	7942.87	894.08	153.3	279.2	156	87.7	7.852
修正悬链线	7988.95	771.79	159.6	265.6	151.2	88.2	4.83
抛物线	7922.02	1024.45	205.1	258.8	191.7	43	14.105

将所得各剖面类型的参数值代入加权评判计算公式,其中,权重基于重要性进行赋值。井眼长度是衡量钻井成本的重要因素,特别是在超深水平井中越小越好,权重取 3;起下钻摩阻、滑动摩阻及旋转扭矩等直接影响钻井效率,权重取 2;最大造斜率和增斜段长度反映了施工难度,权重取 1。各项的加权系数情况及计算结果见表 4.9。

表 4.9　各项的加权系数情况及计算结果

项目		井眼长度	最大造斜率	增斜长度	下钻摩阻	起钻摩阻	滑动摩阻	转盘扭矩	计算结果
权值		3	1	1	2	2	2	2	
剖面类型	单增式	1.014	1	1	1.058	1.087	1.086	2.060	15.624
	双增式	1.011	1	1	1	1.075	1	2.058	15.299
	悬链线	1.003	1.963	1.390	1.091	1.079	1.280	2.040	17.342
	修正悬链线	1.008	1.208	1.200	1.136	1.026	1.240	2.051	16.338
	抛物线	1	3.526	1.593	1.460	1	1.573	1	18.185

剖面类型的计算结果越小，说明井眼轨道越优。由表 4.9 可知，双增式剖面的计算结果最小，其次是单增式剖面，而目前塔中碳酸盐岩超深水平井大多采用这两种剖面类型的井眼轨迹。

单增式剖面是最简单的一种井眼轨道类型，但由于造斜工具的不确定性，这种剖面在钻井过程中不便于调整轨迹；双增式剖面井眼施工难度相对简单，且中间稳斜段便于调整造斜工具产生的误差，有利于中靶；悬链线和抛物线采用变造斜率曲线轨道，在施工上有一定难度，虽然在井眼长度和转盘扭矩上有一定优势，但综合效果还是不及圆弧剖面轨道。故基于理论研究和现场工况条件的综合考虑，宜采用双增式井眼轨道剖面进行塔中 862H 井井眼轨道设计。

4.1.3 塔中碳酸盐岩超深水平井井眼轨道参数优化

1. 双增式井眼轨道优化模型

井眼轨道优化设计的目的是缩短井眼长度、降低摩阻和扭矩。目前建立的井眼轨道优化模型大多以井眼长度最小为目标，而对于超深水平井，井眼长度优化后减少的长度占总长的比例很小，可优化的空间不大且该地区严重制约钻井效率的主要因素是钻柱的摩阻过大，特别是定向时托压严重，导致钻进困难，平均机械钻速低。因此简化井眼轨道优化模型，应以摩阻最小为目标，以地质特征和施工条件为约束进行优化。待优化的双增式剖面如图 4.2 所示。

已知：井口中心坐标 O；目标靶点 T；目标点的水平位移 S；目标靶窗的靶心垂深 H；初始造斜点 a 的垂深范围为 (Z_{1min}, Z_{1max})；第二造斜点 c 的垂深范围为 (Z_{2min}, Z_{2max})；第一造斜段的造斜率 k_1 的范围为 (k_{1min}, k_{1max})；第二造斜段的造斜率 k_2 的范围为 (k_{2min}, k_{2max})；中间稳斜段稳斜角范围为 $(\alpha_{1min}, \alpha_{1max})$；第二稳斜段的井斜角 α_2；第二稳斜段的长度为 L_2。

从图 4.2 可以看出，双增型轨迹剖面有以下特点[11,12]。

(1) 6 个关键点：①井口位置 O；②初始造斜点的位置 a；③第一造斜段的结束点位置 b；④第二造斜段的起始位置 c；⑤第二造斜段结束点的位置 d；⑥目标靶点 T。

(2) 6 个关键参数：①初始造斜点的垂深 Z_1；②第一造斜段的造斜率 k_1；③第一稳斜段的稳斜角 α_1；④第二造斜段的造斜点的垂深 Z_2；⑤第二造斜段的造斜率 k_2；⑥第二稳斜段稳斜角 α_2。

(3) 7 个约束条件：①第一造斜点的位置必须位于适合造斜的地层；②第二造斜段造斜点的位置必须在适合造斜的地层；③第一造斜段的造斜率必须在现场施工推荐范围内；④第二造斜段的造斜率必须在现场施工推荐范围内；⑤中间稳斜段的井斜角应该小于地层所允许的最大井斜角；⑥各段的垂深之和等于靶点垂深 H；⑦各段的水平位移之和等于井口坐标原点到目标靶点的水平位移 S。

以摩阻最小为优化目标，根据摩阻和扭矩计算方法，得到目标函数和约束条件为

$$
\begin{cases}
\min F_{\text{f总}} = \dfrac{L_{cd}}{200}\sum_{m=1}^{200}F_m + \dfrac{L_{ab}}{200}\sum_{n=1}^{200}F_n + \mu q(L_2\sin\alpha_2 + L_1\sin\alpha_1) \\
\alpha_{1\min} \leqslant \alpha_1 \leqslant \alpha_{1\max} \\
k_{1\min} \leqslant k_1 \leqslant k_{1\max} \\
k_{2\min} \leqslant k_2 \leqslant k_{2\max} \\
Z_{1\min} \leqslant Z_1 \leqslant Z_{1\max} \\
Z_{2\min} \leqslant Z_2 \leqslant Z_{2\max} \\
Z_2 + \dfrac{1719}{k_2}(\sin\alpha_2 - \sin\alpha_1) + L_2\cos\alpha_2 = H \\
\dfrac{1719}{k_1}(1-\cos\alpha_1) + \left(Z_2 - Z_1 - \dfrac{1719}{k_1}\sin\alpha_1\right)\tan\alpha_1 + \dfrac{1719}{k_2}(\cos\alpha_1 - \cos\alpha_2) + L_2\sin\alpha_2 = S
\end{cases}
$$

$$(4.26)$$

根据上述模型可以看出，该函数是一个由线性不等式和非线性等式约束的三维非线性方程。模型求解采用 Matlab 工具箱提供的 fmincon 函数进行求解。

2. 塔中碳酸盐岩超深水平井井眼轨道参数优化

1）井眼轨道参数分析

由于塔中碳酸盐岩油气田各区块储层特征明显不同，轨迹设计也存在明显区别。塔中碳酸盐岩超深水平井井眼轨道参数优化以塔中 862H 井为例，其 A 靶点垂深为 6210m，靶前距为 450.57m，闭合方位 332.79。轨道参数优化前，需对轨道关键参数进行分析，以建立约束条件。

（1）水平段井斜角。

水平段井斜角与地层的倾斜方位和倾斜角有关，同时钻进的方位角对井斜角也会产生影响，这些参数之间的几何关系如图 4.12 所示。

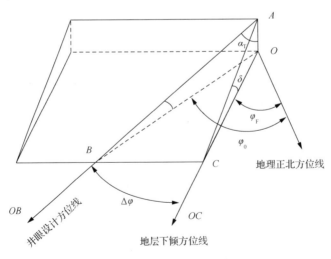

图 4.12　水平段参数几何关系

在图 4.12 中，δ 为地层倾角；$\Delta\varphi = \varphi_0 - \varphi_F$ 为目标段设计方位线 OB 与地层下倾方位线 OC 的夹角，φ_0 为设计方位角，φ_F 为地层下倾方位角。最优水平段井斜角计算公式如下：

$$\alpha_T = 90° - \arctan^{-1}(\tan\delta\cos\Delta\varphi) \tag{4.27}$$

对该井奥陶系地质资料进行分析，奥陶系储层的下倾方位角为 20°，地层倾角为 6.2°，水平段方位角为 332.79°。根据最优水平段井斜角计算公式，可得水平段的最优井斜角为 85.77°。

(2) 造斜点位置。

一般而言，造斜点应选在地层比较稳定的非产层段，以保证造斜处的井壁稳定及后续钻井的顺利进行。

根据塔中碳酸盐岩超深水平井所在井区地震解释和地质资料，该井区主要以良里塔格组为目标储层，其上部桑塔木组地层性质为：斜厚约 680m（垂厚约 636m）；上部为中厚层-巨厚层状泥岩、灰质泥岩、泥质灰岩夹中厚层-厚层状粉砂岩；中部为中厚层-巨厚层状泥岩、灰质泥岩夹泥质灰岩；下部为中厚层-巨厚层状泥岩、灰质泥岩夹中厚层状泥质灰岩。由此可知，桑塔木组岩性较稳定，可将造斜点选在该段地层，垂深范围为 5500 ~ 6000m。

(3) 稳斜角的大小。

从轨道设计来说，稳斜角越大，越有利于达到更大的水平位移和更大的水垂比。但稳斜角增大，摩阻和扭矩也相应增大，钻进和其他钻柱作业中遇到的困难亦相应增大。从下钻和滑动钻进作业的要求来说，稳斜角应小于临界稳斜角。临界稳斜角又称钻柱自重的自锁角。如果稳斜角超过临界稳斜角，则滑动钻进的轴向摩擦阻力将大于钻柱自重的轴向分量，稳斜段钻柱不能依靠自重下放，而需要上部钻柱重力传下来的轴向力推动。临界稳斜角的计算公式为

$$\alpha_{crt} = \arctan(1 / f) \tag{4.28}$$

式中，f 为钻柱与井壁之间的摩阻系数。

将塔中碳酸盐岩油气田多口井裸眼段的起下钻实测数据与计算数据对比，确定裸眼段摩阻系数为 0.38。代入临界稳斜角计算公式，可得稳斜角设计上限为 69°。

(4) 造斜率的选取。

造斜率的选择对于超深水平井轨道设计十分重要，造斜率太高，钻具与井壁的接触力增大，必然导致摩阻和扭矩的增加；但造斜率过低，又会使井眼长度增加，不利于现场施工。

塔中碳酸盐岩油气田东西部储层差异较大，东部区块碳酸盐岩油气藏埋深普遍在 5000m 左右，井深较西部浅，储层离灰岩顶部较近，储层井壁稳定性较好，定向段造斜率控制在 (5 ~ 6)°/30m；西部区块碳酸盐岩油气藏埋深普遍在 6200m 左右，定向时摩阻较大，储层稳定性相对较差，定向段造斜率控制在 (4 ~ 5)°/30m。

2) 井眼轨道参数优化

由上述分析,已知第一造斜点垂深 Z_1 范围为 5500～6000m,第二造斜点垂深 Z_2 范围为 6000～6200m,第一、第二造斜段造斜率范围为 4°～5°/30m,中间稳斜段井斜角 α_1 范围 0°～69°,水平段井斜角 $\alpha_2 = 85.77°$。根据井眼轨道参数优化模型,建立目标函数和约束条件:

$$
\begin{cases}
\min F_{\text{f总}} = \dfrac{L_{cd}}{200}\sum\limits_{m=1}^{200} F_m + \dfrac{L_{ab}}{200}\sum\limits_{n=1}^{200} F_n' + \mu q(L_2\sin\alpha_2 + L_1\sin\alpha_1) \\[2mm]
5500 \leqslant Z_1 \leqslant 6000; 6000 \leqslant Z_2 \leqslant 6200 \\[2mm]
4 \leqslant k_1 \leqslant 5; 4 \leqslant k_2 \leqslant 5; 0 \leqslant \alpha_1 69 \\[2mm]
Z_2 + \dfrac{1719}{k_2}(\sin\alpha_2 - \sin\alpha_1) + L_2\cos\alpha_2 = H \\[2mm]
\dfrac{1719}{k_1}(1-\cos\alpha_1) + \left(Z_2 - Z_1 - \dfrac{1719}{k_1}\sin\alpha_1\right)\tan\alpha_1 + \dfrac{1719}{k_2}(\cos\alpha_1 - \cos\alpha_2) + L_2\sin\alpha_2 = S \\[2mm]
q = 194.14; \mu = 0.38; x_0 = \alpha_2 = 85.77°; y_0 = \alpha_1 \\[2mm]
x_{i+1} = x_i - \dfrac{k_2}{30}\dfrac{L_{cd}}{200}; y_{i+1} = y_i - \dfrac{k_1}{30}\dfrac{L_{ab}}{200} \\[2mm]
T_0 = qL_2(\cos\alpha_2 - \mu\sin\alpha_2) \\[2mm]
T_{i+1} = (T_i + A\cos x_i - B\sin x_i)e^{-\mu(x_{i+1}-x_i)\pi/180} - A\cos x_{i+1} + B\sin x_{i+1} \\[2mm]
N_0 = T_{200} + qL_1(\cos\alpha_1 - \mu\sin\alpha_1) \\[2mm]
N_{i+1} = (N_i + C\cos y_i - D\sin y_i)e^{-\mu(y_{i+1}-y_i)\pi/180} - C\cos y_{i+1} + D\sin y_{i+1} \\[2mm]
A = \dfrac{2\mu}{1+\mu^2}qR_2; B = -\dfrac{1-\mu^2}{1+\mu_2}qR_2; C = \dfrac{2\mu}{1+\mu^2}qR_1; D = -\dfrac{1-\mu^2}{1+\mu_2}qR_1 \\[2mm]
F_{i+1} = T_{i+1} - T_i + qR_2(\sin x_{i+1} - \sin x_i) \\[2mm]
F_{i+1}' = N_{i+1} - N_i + qR_1(\sin y_{i+1} - \sin y_i)
\end{cases}
$$

$$(4.29)$$

根据上述优化模型,在 Matlab 中编写目标函数文件 fun.m 和约束条件文件 mycon.m 文件,然后调用 fmincon 函数进行求解。经过计算, $Z_1 = 5748$m, $Z_2 = 6122$m, $k_1 = 5°/30$m, $k_2 = 5°/30$m, $\alpha_1 = 48°$,井眼轨道设计如表 4.10 所示。

表 4.10　双增式剖面井眼轨道节点数据

节点	井深/m	井斜角/(°)	垂深/m	水平位移/m	井眼曲率/[(°)/30m]
a 点	5748	0	5748	0	0
b 点	6036	48	6003.5	113.8	5
c 点	6195.5	48	6122	254.4	0
A 靶点	6422	85.77	6210	450	5

3) 效果分析

为评价优化后井眼轨道的优劣性,将上述井眼采用现场经验设计法进行重新设计(见表 4.4),比较这两种轨道的井眼长度(不计 A 靶点以后的水平段长度)与起下钻摩阻,计算结果见表 4.11。从计算结果可以看出,优化后的井眼轨道比实钻井眼轨迹的摩阻和扭矩要小,有利于提高钻井效率。

表 4.11 两种轨道的起下钻摩阻计算结果对比

项目	井眼长度/m	起钻摩阻/kN	下钻摩阻/kN
优化设计方法	6422	211.73	130.18
经验设计方法	6450	216.08	132.69

优化后井眼轨道与经验设计轨道对比如图 4.13 所示。通过井眼轨道剖面类型优选与参数优化对塔中 862H 井轨道设计进行指导,最终钻成我国陆上井眼长达 8008m 的最深水平井。现场施工情况表明,经过优化后的井眼轨迹减少了钻柱摩阻,缓解了托压对平均机械钻速的影响,增加了复合钻进比例,有利于提高水平段延伸能力,有助于碳酸盐岩储层井眼轨迹的动态调整。

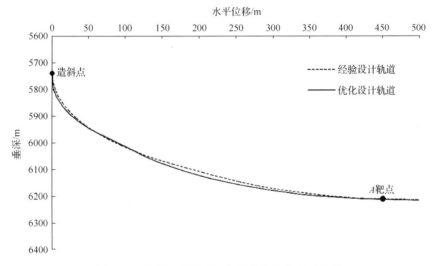

图 4.13 最优化井眼轨道与经验设计轨道对比图

4.2 塔中碳酸盐岩超深水平井井眼轨迹控制技术

塔中碳酸盐岩地区由于埋藏深、储层类型复杂,钻井时存在井眼轨迹控制困难、摩阻和扭矩大等问题。本节从底部钻具组合、导向工具与随钻仪器、井眼轨迹控制工艺及降摩阻减扭矩技术等方面对塔中碳酸盐岩超深水平井井眼轨迹控制技术进行分析和优化。

4.2.1　塔中碳酸盐岩超深水平井井眼轨迹控制难点分析

塔中碳酸盐岩由于其自身的地质特征，除了常规水平井井眼轨迹控制中遇到的问题外，还存在以下控制难点。

(1)塔中碳酸盐岩主要储集类型为裂缝-孔洞型，储集体多呈串珠状分布，构造边缘储集体横向发育不均匀，碳酸盐岩非均质性极强。目前的勘探水平，只能对储集体可能出现的区域(串珠)进行预测，对储集体特性却不能做出较高精度的预测，如裂缝类型、具体位置、底水状态等。塔中碳酸盐岩储层水平井钻井施工中经常需要以"蹭头皮"的方式沟通多个储集体，但由于对储集体认识不清，井眼轨迹很难准确入靶，而且控制井眼轨迹在缝洞顶部穿行难度非常大，需要频繁、实时调整轨迹，一旦与大型缝洞沟通，就会造成恶性漏失。

(2)储层埋藏深，地层温度为 130～150℃，在超深、高温高压环境下，测量仪器工作性能不稳定，工作寿命短，给轨迹控制造成很大的困难。

(3)塔中碳酸盐岩储层多采用长水平段水平井开发，随着水平段的延伸，井眼摩阻增加，导向工具钻压传递困难，造成井眼轨迹控制难度加大。

为解决上述难点，塔里木油田项目部展开技术攻关，主要采取了以下技术措施。

(1)优化底部钻具组合，增强钻具组合的井眼轨迹控制能力。

(2)应用随钻测量工具，利用 MWD(measurement while drilling)配合随钻伽马，随时监测井眼轨迹和地层岩性，判断井眼轨迹在储层中的穿行情况，实现井眼轨迹平滑过渡。

(3)选用能抗高温高压的定向工具和仪器，起钻后及时检查、维护，延长工具和仪器的使用寿命，减小发生井下故障的风险，增加单趟钻的钻进时间。

(4)优选井眼轨道类型，改善钻井液性能，保持环空清洁，降低摩阻和扭矩，利用相关软件实时计算钻进时的摩阻和扭矩，及时调整钻进参数，必要时加装降摩阻减扭矩工具。

4.2.2　塔中碳酸盐岩超深水平井底部钻具组合优化

为满足塔中地区超深水平井的井眼轨迹控制要求，本节应用底部钻具组合静力分析模型及井斜趋势角评价方法，对该地区常用的钻具组合进行力学特性分析，并根据分析结果进行钻具组合优化设计。

1. 底部钻具组合静力分析模型

分析底部钻具组合的力学特性，是实现科学控制井眼轨迹的关键。底部钻具力学分析的主要目的是探讨钻具结构、井眼形态、钻井参数对钻头受力变形的影响，进而判断出底部钻具的力学性能，为合理设计底部钻具组合和实施井眼轨道控制提供可靠的理论依据。

影响底部钻具组合力学特性的因素很多，主要包括底部钻具的结构参数(钻铤长度、螺杆弯角、稳定器个数和外径、安放位置及稳定器的偏心度等)、井眼几何参数(曲率半径、井斜角和方位角等)和工程参数(钻压、钻井液密度等)。长期以来，许多国内外专家和学者都致力于这一方面的研究工作[14-17]，形成了几种比较典型的分析方法，如微分方程法、能量法、纵横弯曲法、有限元法和加权余量法。其中加权余量法是求解微分方程定解问题的数值方法，由于其具有简便、准确、工作量小、残差可知等优点，已被广泛地应用于底部钻具组合力学分析中。

根据塔中碳酸盐岩水平井多为中、长半径水平井的特点，以塔中常用底部钻具组合为基础，建立静力分析模型[18]。为表达方便，采用如下坐标系(图 4.14)。

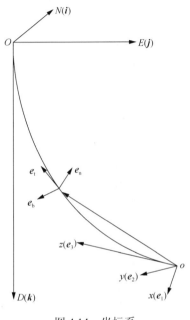

图 4.14　坐标系

(1)直角笛卡尔大地坐标系 $ONED$，原点 O 取在井口处，N 轴向北，单位矢量为 i；E 轴向东，单位矢量为 j；D 轴向下，单位矢量为 k。

(2)自然曲线坐标系为(e_t, e_n, e_b)，其中 e_t、e_n 和 e_b 分别为钻柱变形线的切线方向、主法线方向和副法线方向的单位向量。

(3)直角笛卡尔井眼底部坐标系 $oxyz$ 原点 o 取在钻头处，x 轴垂直于 z 轴，指向井眼低边，y 轴由右手法则确定，z 轴沿井眼轴线，指向钻柱上部，单位矢量分别为为 e_1、e_2、e_3。

底部钻具组合可视为纵横弯曲梁柱，左端为钻头，右端为切点，由稳定器、接触点分割成独立的结构单元，处于三维弯曲井眼里，受自重、钻压、扭矩、井壁支撑反力及钻井液静液压力等作用，产生空间弯曲变形。对于第 i 段钻柱，该段钻柱上端井眼轴线坐标用 $r_{oi} = x_i e_1 + y_i e_2 + z_i e_3$ 表示，钻柱轴线用 $r_i = U_i e_1 + V_i e_2 + W_i e_3$ 表示，钻柱的内力用 $F_i = F_{xi} e_1 + F_{yi} e_2 + F_{zi} e_3$ 表示，单位长度钻柱上的外力用 $h_i = q_i k$ 表示；钻柱的内力矩用 M_i 表示，钻柱的抗弯刚度用 $E_i I_i$ 表示，钻柱的扭矩用 M_{ti} 表示，通过平衡方程、本构方程和假设条件，推导出底部钻具组合静力分析微分方程组：

$$\begin{cases} E_iI_iU_i'''' = -M_{ti}V_i'' + (q_il\cos\alpha_i - B_i)U_i' + q_iU_i'\cos\alpha_i + q\sin\alpha_i \\ E_iI_iV_i'''' = M_{ti}U_i'' + (q_il\cos\alpha_i - B_i)V_i' + q_iV_i'\cos\alpha_i \end{cases} \tag{4.30}$$

$$\begin{cases} F_{xi} = -E_iI_iU_i''' - M_{ti}V_i'' + (q_il\cos\alpha_i - B_i)U_i' \\ F_{yi} = -E_iI_iV_i''' - M_{ti}U_i'' + (q_il\cos\alpha_i - B_i)V_i' \end{cases} \tag{4.31}$$

式中，l 为沿钻柱轴线的曲线坐标，以 i 段钻柱的底端为起点；E_i 为 i 段钻柱的弹性模量；I_i 为 i 段钻柱的截面惯矩；M_{ti} 为 i 段钻柱所受扭矩，$i=1$ 时为钻头扭矩；q_i 为 i 段钻柱在钻井液中的线重度；α_i 为 i 段钻柱所在井段的井斜角；U_i 为 i 段钻柱在 x 方向的位移或坐标；V_i 为 i 段钻柱在 y 方向的位移或坐标；B_i 为 i 段钻柱下部 z 方向的压力，压力为正，$i=1$ 时为钻压。

通过钻头、稳定器、切点等处的约束条件，可利用加权余量法求解出钻头侧向力 F_S 和钻头转角 θ：

$$F_S = F_{x1} = -E_1I_1U_1'''(0) - M_{t1}V_1''(0) - B_1U_1'(0) \tag{4.32}$$

$$\theta = U_1'(0) \tag{4.33}$$

2. 井斜趋势角评价方法

上述模型只考虑了钻具结构和工程参数对钻头导向的影响，而井眼钻进的趋势还与钻头特性和地层特征有关。特别是在造斜段和水平段导向钻进过程中，钻头的侧向切削能力及地层岩石的可钻性很大程度上影响井眼的钻进方向，因此可利用井斜趋势角评价方法对其进行综合分析。

对钻头在井斜平面中导向钻进的状态进行分析(图 4.15)，底部钻具组合对钻头施加侧向力 F_S 和钻压 W_{OB}。由于钻具组合受力变形，钻头轴线与井眼轴线存在夹角 θ，即钻头转角。塔中碳酸盐岩储层各向异性不明显，但使用的 PDC(polycrystalline diamond compact)钻头一般具有各向异性，导致单位时间内侧向和轴线切削位移不同，产生一个附加夹角 α。β 为井眼走向相对于井眼轴线的偏离角，综合考虑了 α 和 θ 对井眼走向的影响，也就是井眼轨迹下一步的变化趋势[19]。

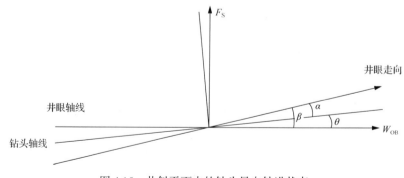

图 4.15　井斜平面内的钻头导向钻进状态

将钻压 W_{OB} 和钻头侧向力 F_S 投影到垂直和平行于钻头轴线的 2 个方向上，得到这两个方向上的作用力 F_A 和 F_B：

$$F_A = -W_{OB} \sin\theta + F_S \cos\theta$$
$$F_B = W_{OB} \cos\theta + F_S \sin\theta \tag{4.34}$$

钻头在这两个力的作用下分别在对应方向上产生切削位移，在井底排屑正常情况下，单位时间内的位移为[20]

$$S_A = A I_B (F_A)^n$$
$$S_B = A (F_B)^n \tag{4.35}$$

式中，S_A 为垂直于钻头轴线方向上单位时间产生的位移；S_B 为钻头轴线方向上单位时间产生的位移；A 为除钻压外其他因素的综合评价系数；I_B 为钻头各向异性指数；n 为钻压指数，与所钻地层的岩石可钻性有关，可利用测井资料进行计算。

钻头在钻压和钻头侧向力的联合作用下单位时间内的位移就是上述两个分位移的合成，合位移的方向可表示为

$$\alpha = \arcsin \frac{S_A}{\sqrt{S_A^2 + S_B^2}} \tag{4.36}$$

则井斜趋势角 β 可表示为

$$\beta = \alpha + \theta \tag{4.37}$$

将式(4.35)、(4.36)代入可得

$$\beta = \text{arc} \frac{I_B (F_S \cos\theta - W_{OB} \sin\theta)^n}{\sqrt{(W_{OB} \cos\theta + F_S \sin\theta)^{2n} + I_B^2 (F_S \cos\theta - W_{OB} \sin\theta)^{2n}}} + \theta \tag{4.38}$$

3. 塔中 862H 井底部钻具组合力学分析

以塔中常用的底部钻具组合为例，分别建立直井段、斜井段和水平段底部钻具组合模型，进行底部钻具组合力学分析。直井段直接采用钻头井斜力（井斜力为正，则为增斜力；井斜力为负，则为降斜力）进行评价，由于斜井段和水平段影响因素多，采用井斜趋势角方法进行评价。

1) 直井段 BHA 力学分析

钻具组合及计算条件：241.30mmPDC 钻头+螺杆钻具+241.30mm 稳定器+196.85mm 钻铤+241.30mm 稳定器+196.85mm 钻铤+177.80mm 钻铤+127.00mm 加重钻杆+127.00mm 钻杆。计算条件：井斜角为 3º，钻压为 80kN，钻井液密度为 1.35kg/m³。

改变钻压和井斜角的大小，模拟计算其对钻头井斜力的影响(图 4.16)。由图 4.16 可知，随着钻压的增加，降斜力减小，即当发生井斜时，采用"降压吊打"能减小井斜趋

势，但会降低机械钻速且降斜力变化幅度较小。随着井斜角的增加，降斜力显著增大，证实该套钻具组合表现出很好的纠斜能力。

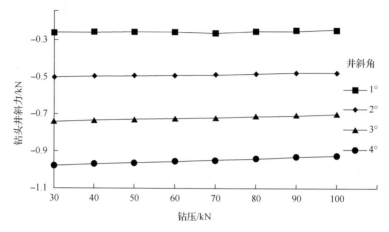

图 4.16　双稳钻具组合钻头井斜力与钻压、井斜角的关系

改变上、下稳定器的位置，模拟计算其对钻头井斜力的影响（图 4.17、图 4.18）。由图 4.17 可知，随着上稳定器与钻头距离的增大，降斜力先增大后减小，当稳定器距钻头 35m 时，降斜力达到最大，即该距离为这套钻具组合的最优值。由图 4.18 可知，随着下稳定器与钻头距离的增大，降斜力增大，建议下稳定器与上稳定器保持一根钻铤的长度，即下稳定器距钻头 25m。

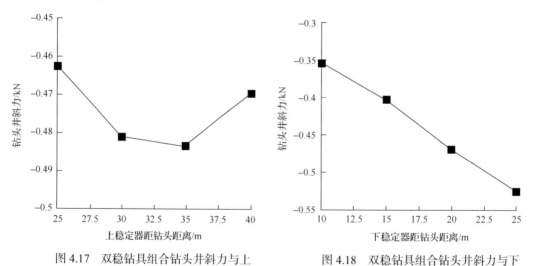

图 4.17　双稳钻具组合钻头井斜力与上
稳定器位置的关系

图 4.18　双稳钻具组合钻头井斜力与下
稳定器位置的关系

改变稳定器尺寸，模拟计算其对钻头井斜力的影响（图 4.19）。由图 4.19 可知，上稳定器外径越大，下稳定器外径越小，降斜力越大，建议增大上稳定器外径，减小下稳定器外径。

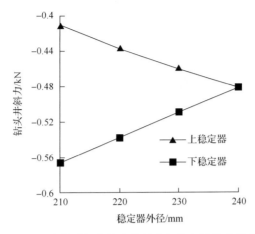

图 4.19　双稳钻具组合钻头井斜力与稳定器外径的关系

2)斜井段和水平段 BHA 力学分析

钻具组合及计算条件：171.45mm PDC 钻头+127.00mm 杆钻具(1.5°，171.45mm 稳定器)+120.65mm 无磁钻铤+101.60mm 斜坡加重钻杆+101.60mm 钻杆。计算条件：井斜角为 60°，钻压为 40kN，钻井液密度为 1.2kg/m³。

改变钻压和井斜角的大小，分析井斜趋势角的变化趋势(图 4.20)。由图 4.20 可知，随着钻压的增大，井斜趋势角迅速减小。虽然增大钻压可以增大钻头侧向力，但钻头侧向切削位移的增量却远不及钻头轴向切削位移的增量，所以增大钻压井斜趋势角反而会减小。从图 4.20 还可看出，随着井斜角的增加，井斜趋势角增大，这是因为随井斜角增大，钻头增斜力增大，证明该套钻具组合是一套增斜钻具。综合考虑设计井段的造斜要求及 PDC 钻头的适用钻压，建议选择的钻压范围为 40~80kN。

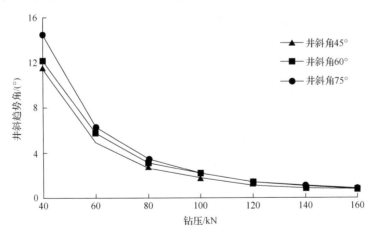

图 4.20　钻压对井斜趋势角的影响

改变螺杆稳定器的位置和外径，分析井斜趋势角的变化趋势(图 4.21、图 4.22)。由图 4.21 可知，当采用近钻头稳定器时，钻具组合具有很强的增斜力，井斜趋势角较大，随着稳定器距钻头距离的增大，井斜趋势角先迅速减小，然后趋于平缓。当稳定器距钻头距离为 0.5m～1.0m 时，钻具组合的"杠杆作用"较强，增斜力较大，形成的井斜趋势角也较大。由图 4.22 可知，随着稳定器外径的增大，井斜趋势角增大。对比图 4.21、图 4.22 可以看出，相同条件下稳定器的位置对井斜趋势角的影响大于稳定器外径对井斜趋势角的影响，即应优先采用调节稳定器的位置来调整井斜趋势角的大小，从而放宽稳定器外径的选择范围，减小长裸眼段中稳定器处的卡钻风险。

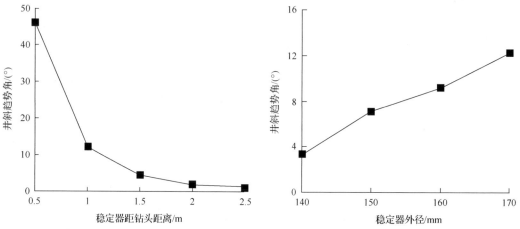

图 4.21　螺杆稳定器位置对井斜趋势角的影响　　　图 4.22　螺杆稳定器外径对井斜趋势角的影响

改变螺杆弯角的大小，分析井斜趋势角的变化趋势（图 4.23）。由图 4.23 可知，定向钻进时，随着螺杆弯角的增大，钻头侧向力增大，在相同条件下井斜趋势角也就增大，且增幅明显；复合钻进时，随着螺杆弯角的增大，井斜趋势角基本无变化，即复合钻进时螺杆弯角对钻具组合的造斜能力影响很小。由于塔中碳酸盐岩储层缝洞发育，井眼轨迹进入水平段后，若钻遇泥质充填的缝洞，易出现井眼扩大和造斜率降低，若钻遇未充填溶洞时，井眼走向发生突变，造斜率急剧降低。为保证在水平段满足井眼轨迹控制要

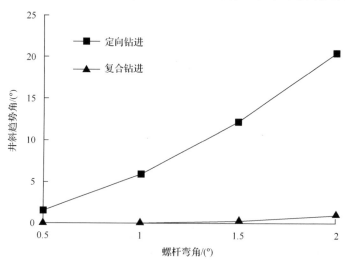

图 4.23　螺杆弯角对井斜趋势角的影响

求，应选用小度数弯角的螺杆，保证钻具组合具有一定的微增斜能力，定向钻进时可以增斜，复合钻进时可以稳斜，从而克服因岩性变化导致的井眼轨迹控制难题，不必起钻更换钻具组合，减少非正常钻进时间。

改变地层可钻性级值和钻头各向异性的大小，分析井斜趋势角的变化趋势(图 4.24、图 4.25)。由图 4.24 可知，随岩石可钻性级值的增大，井斜趋势角减小。这是因为对于软地层和硬地层，在相同的钻头侧向力作用下，软地层单位时间内钻头的侧向切削位移大于硬地层的侧向切削位移。由图 4.25 可知，随钻头各向异性指数增大，井斜趋势角增大。钻头各向异性指数是钻头侧向和轴向切削能力的比值[21]，钻头各向异性指数越高，钻头的侧向切削能力就越强，造斜能力也就越强。塔中地区储层多为碳酸盐岩，埋藏深，岩石可钻性差，为满足设计造斜要求及缩短定向钻进时间，应采用侧向切削能力强的钻头，提高钻具组合的造斜效率。

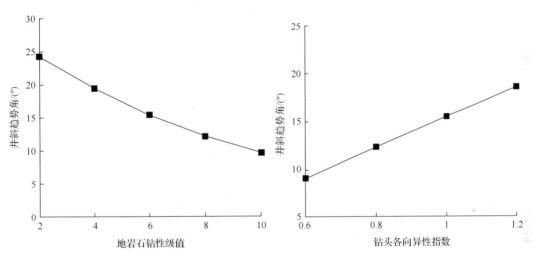

图 4.24　岩石可钻性对井斜趋势角的影响　　　图 4.25　钻头各向异性对井斜趋势角的影响

通过以上直井段、斜井段和水平段底部钻具组合的评价分析，对钻具组合进行优化设计，形成了一套适合于塔中碳酸盐岩水平井的钻具组合(表 4.12)。

表 4.12　塔中碳酸盐岩水平井推荐使用钻具组合

适合井段		钻具组合
二开	直井段	241.30mmPDC 钻头+196.85mm 螺杆钻具+215.90mm 稳定器+196.85mm 钻铤 1 根+241.30mm 稳定器+196.85mm 钻铤+127.00mm 加重钻杆+127.00mm 钻杆
	斜井段	241.30mm PDC 钻头+196.85mm 螺杆钻具(带 241.30mm 稳定器)+177.80mm 无磁钻铤 1 根+MWD+127.00mm 斜坡加重钻杆+127.00mm 钻杆
三开	水平段	171.45mm PDC 钻头+127.00mm 螺杆钻具(带 171.45mm 稳定器)+MWD+120.65mm 无磁钻铤+101.60mm 斜坡加重钻杆+101.60mm 钻杆

塔中 862H 井采用优化后的钻具组合进行钻进，实钻井眼轨迹数据显示，直井段最大井斜角不超过 2.61°，符合复合工程设计中直井段最大井斜角不大于 3°的要求。水平

段三处设计靶点 A、B、C 垂深误差均未超过 3m，斜深误差均未超过 6m，靶半径分别为 1.98m、1.15m、3.06m，符合工程设计中靶半宽小于 10m、靶半高小于 5m 的要求，完全达到工程要求的各项井眼轨迹控制指标，钻成了截至目前中国陆上最深的水平井。

4.2.3 塔中碳酸盐岩超深水平井导向工具与随钻仪器

随着钻井技术的发展，旋转导向及地质导向技术开始在钻井现场应用，并且在塔中地区取得了较好的应用效果。旋转导向技术可以根据设计的井眼轨道自动控制轨迹，并可以大幅降低摩阻和扭矩，地质导向技术可以真实地反映钻头导向状态和地层参数，为井眼轨迹控制提供依据。

1. 导向工具

滑动导向技术发展至今已非常成熟，具有成本低、造斜率高、提速效果好等优点，塔中地区常用的导向工具主要是以螺杆为主的滑动导向工具。但随着塔中油田的深入，水平井井深不断增大，水平段不断增长，井眼摩阻大、托压严重等问题越发突出，因此为解决上述问题，塔中碳酸盐岩地层钻井开始引入旋转导向钻井技术。

1) 滑动导向工具

滑动导向工具主要指螺杆钻具，螺杆钻具是一种把液压能转换为机械能的容积式井下动力钻具。当泥浆泵产生的高压泥浆流经螺杆钻具时，转子在泥浆压力的驱动下绕定子的轴线旋转，产生的扭矩通过万向轴和传动轴传递给钻头，从而实现钻井作业。

螺杆钻具由四大部分组成：旁通阀总成、马达总成、万向轴总成和传动轴总成。旁通阀总成的作用是通过其开启和关闭控制泥浆流向，从而控制马达的启动和停止，同时在起下钻时不使泥浆溢于钻台。马达总成是一对由钢制左旋的转子和在钢管内附着的橡胶衬套定子共轭形成的，泥浆压力推动转子转动，从而把液压能转换为机械能。万向轴总成的作用是将转子的偏心运动转换成传动轴的定轴运动。传动轴总成的作用是把万向轴传递来的马达动力传递给钻头，实现破碎岩石作业。与传统的转盘钻进相比，利用螺杆钻具具有以下优点。

(1) 可增加钻头转速和钻头扭矩，从而增加机械钻速，缩短钻井周期。

(2) 滑动钻进时井底直接提供动力，减少了上部钻具的磨损和损坏。

(3) 可准确的侧钻、造斜、定向、纠偏。

(4) 可钻定向井、水平井、丛式井，显著提高钻井的经济效益。

现场在选择螺杆钻具时，应该主要参照以下四点。

(1) 首先根据井眼尺寸确定螺杆钻具的尺寸。

(2) 根据施工井眼类型和设计造斜率的大小选用螺杆钻具类型：直螺杆、单弯、双弯(同向双弯和异向双弯)，确定其长度、度数、稳定器外径及稳定器数量。

(3) 用于复合钻进的螺杆弯角度数应根据井眼尺寸选择，只要所选螺杆的弯曲点绕井眼轴线的公转半径小于钻头直径的二分之一，就不会导致井眼扩大。

(4) 对于井底温度比较高的特殊井，应选用耐高温的螺杆钻具。

根据塔中碳酸盐岩储层的地质特点，在上部地层钻进时，推荐采用普通直螺杆配合转盘复合钻进，提高机械钻速。在下部地层钻进时，因造斜点多位于 6000m 以下，地层温度高，应采用耐高温的螺杆，根据上节内容，宜选择螺杆弯角为 1.25°～1.75° 的单弯螺杆，以满足造斜和稳斜要求，推荐螺杆钻具参数见表 4.13。

表 4.13　塔中碳酸盐岩水平井推荐螺杆钻具参数表

使用井段		尺寸 /mm	类型	型号	马达流量/(L/s)	马达压降 /MPa
二开	直井段	203	常温	直螺杆	30～40	2.5～3.5
		178	常温		25～35	2.5～3.5
	斜井段	197	高温	根据实际造斜情况，选择 1°～2° 的单弯螺杆	25～35	2.5～3.5
		178	高温		25～35	2.5～3.5
三开	水平段	130	高温		10～15	2.3～2.8
		120	高温		10～15	2.5～3.0

2) 旋转导向工具

旋转导向钻井技术可根据预先设计的井眼轨道或地面发送的指令实现井眼轨迹的自动控制，旋转导向钻井具有摩阻和扭矩小、钻速高、井眼轨迹平滑易调控并可延长水平段长度等优点。旋转导向钻井主要包括地面监控系统、地面与井下传输通信系统和井下旋转导向系统三个部分。井下旋转导向系统是旋转导向钻井的核心，主要由测量机构、导向机构和控制机构组成。测量机构主要用于监测井斜、方位及地层情况等基本参数。导向机构代表了目前旋转导向技术的先进水平，按导向原理的不同，可划分为推靠式和指向式。推靠式又可划分为静止推靠式和旋转推靠式，其典型代表分别是贝克休斯的 AutoTrak 系列和斯伦贝谢公司的 PowerDriver 系列。指向式典型代表是斯伦贝谢的 PowerDrive Xceed 系列和哈里伯顿公司的 GeoPilot 系列。目前，旋转导向技术多为国外服务公司垄断，钻井服务市场常用的旋转导向工具见表 4.14。

表 4.14　目前旋转导向钻井系统参数表

产品系列	服务公司	导向方式	最大造斜能力[(°)/30m]	最大工作温度/℃
PowerDrive vorteX	斯伦贝谢公司	推靠式	8	150
PowerDrive Xceed		指向式	8	150
AutoTrak	贝克休斯公司	推靠式	10	175
GeoPilot	哈里伯顿公司	指向式	9	175
Revolution	威德福油田服务公司	指向式	10	175

2013 年塔中地区开始推广应用旋转导向技术，已钻井的数据分析表明，使用旋转导向技术后，定向段与水平段的机械钻速大幅提高，与使用普通定向工具的邻井相比，定向段机械钻速提高了 17.17%～78.44%，水平段机械钻速提高了 38.72%～137.10%。同时，使用旋转导向技术还改善了井眼质量、降低了水平段摩阻，平均通井周期由使

用常规定向工具的 21.6d 下降为 8.5d，降幅达 60.6%，完井管柱全部顺利到位，成功解决了水平段进尺慢、通井困难等难题。使用常规定向工具和旋转导向工具的完井效果对比见表 4.15。

表 4.15　常规定向工具和旋转导向工具完井效果对比分析表

	井号	完钻井深/垂深(m)	通井周期/d	通井钻具组合	完井管柱下入情况
常规定向工具	ZG106-1H	7115/6058	34	单扶+双扶+三扶+四扶+原钻具+裸眼封隔器+原钻具	顺利到底
	ZG17-H2	7474/6406	25	单扶+双扶+双扶	遇阻未下到位
	ZG151-H1	7447/6219	28	单扶+双扶+三扶+光钻杆+三扶	下打孔管完井
	ZG162-H2	7495/6227	23	单扶+双扶+裸眼封隔器+四扶	顺利到底
	ZG16-H1	7075/6301	8	单扶+双扶	顺利到底
	TZ201-1H	6550/5431	8	单扶+双扶	遇阻未下到位
	ZG17-H2	7428/6388	25	单扶+双扶+四扶	通井困难，取消2段
	ZG111-H1	7372/6059	22	单扶+双扶+四扶	7000m 以后下入困难
	平均通井周期/d		21.6		
旋转导向工具	ZG8-5H	7295/6131	12	单扶+双扶+四扶	顺利到底
	ZG431-H3	6647/5556	7	单扶+双扶+四扶	顺利到底
	ZG22-H1	7016/5999	7	单扶+双扶+四扶	顺利到底
	ZG17-1H	6887/6206	8	单扶+双扶	顺利到底
	平均通井周期/d		8.5		

注：通井钻具组合为单井通井过程中使用的钻具组合，如"单扶+双扶"表明该井通井过程中有单扶正器和双扶正器两次通井。

塔中碳酸盐岩水平井三开小井眼水平段长，钻进困难，并且由于储层地质原因，要求井眼轨迹控制精确。根据以上特点，适合使用旋转导向钻井系统，既可以提高机械钻速，减小钻井难度，同时能为后续作业提供良好保障。

2. 随钻仪器

塔中碳酸盐岩储层埋藏深，横向发育不均匀，非均质性强，储层预测困难，层位标定误差不稳定。要保证井眼轨迹达到油田开发的地质要求，必须采用各类先进的随钻仪器，尽量真实地反映钻头导向状态和地层参数，为井眼轨迹控制提供依据。

1）MWD+GR

MWD(随钻测量)指能提供实时工程参数测量的仪器，主要测量井斜、方位、工具面等钻井工程参数。MWD 是井眼轨迹控制的关键，作为井下导向的"眼睛"，MWD 在储层着陆段和水平段作用重大。在着陆段，MWD 配合随钻伽马测量，依据区域储层伽马特征,结合油藏认识,可以有效判断井眼轨迹是否进入储层。在水平段,MWD 配合随钻伽马测量,可以识别岩性、探测地层分界、判断钻头上行或下行,从而指导井眼轨迹在储层中延伸,增加储层钻遇率,避免频繁调整轨迹,提高了井眼质量。

MWD 主要由井下部分(探管、电池、脉冲发生器等)、地面部分(压力传感器、地面数据处理系统等)和辅助工具组成。井下部分的探管内部装有高灵敏的三轴加速度计和三轴磁通计,用来测量地球的重力和磁场的三轴矢量,然后对数据进行处理并转换成相应的脉冲编码,通过改变相应的脉冲宽度反映井斜、方位等物理量的数据大小,编码脉冲被送到脉冲发生器,产生压力脉冲。地面部分通过压力传感器将压力脉冲信号转换成电信号,处理电路接收到电信号后,自动地进行转换、降噪和滤波等处理,然后将处理结果传输给计算机系统,计算机根据译码规则将信号转换成井斜、方位和工具面等数据。

目前钻井服务市场提供 MWD 服务的公司主要有美国通用电气公司、斯伦贝谢公司、哈里伯顿公司、贝克休斯公司等,其产品型号齐全,环境适应性强,其主要产品系列的性能参数见表 4.16。塔中地区应用比较广泛的随钻仪器是美国通用电气公司的 APS SureShotTM,它是由 SureShotTM 随钻测量系统拓展了伽马短节而来,可提供 MWD + GR (随钻伽马)服务,实时提供的测量参数包括井斜、方位、工具面、总磁场、总重力场、磁倾角、温度和自然伽马等,既可为定向作业提供必要的数据,同时在地质导向过程中也可为前期卡层和后期导向工作提供帮助。APS SureShotTM 在前期卡层时会根据实时自然伽马曲线结合邻井测井资料确定标志层,估算标志层以下、目的层以上的地层厚度,以此来预测目的层垂深,最后及时调整井眼轨迹使之按照更新后的设计准确入靶。

表 4.16　常用随钻仪器性能参数表

仪器名称	服务公司	测量参数	最大工作温度/℃	最大工作压力/MPa	供电方式
APS SureShotTM	美国通用电气公司	井斜、方位、工具面、总磁场、总重力场、磁倾角、温度、自然伽马等	175	140	锂电池
SlimPulse	斯伦贝谢	井斜角、方位角、工具面、伽马等	175	155	
GyroPulse		井斜角、方位角、工具面等	150	155	
NaviTrak	贝克休斯	井斜、方位、工具面、自然伽马参数等	175	155	
DWD	哈里伯顿	井斜角、方位角、工具面等	150	100	涡轮发电
SOLAR175		井斜角、方位角、工具面等	175	155	

在卡层工作中,对伽马数据进行分析并和邻井对比,是相对高效、便捷的有效卡层手段。在水平段的导向过程中,由于此时底部钻具组合基本处于水平状态,随钻伽马测点与钻头在垂深上相差深度很小,零长影响也被降至最低,所以可根据监测伽马曲线的形态判断钻头是否钻到储层边界,并及时调整轨迹防止钻头出层。

2)PWD

在井眼轨迹进入储层后,由于储层保护和安全压力窗口窄等原因,塔中地区多采用控压钻井方式钻进。控压钻井过程中，在环空多相流状态下，尤其是在地层流体进入环空后，井底压力变化非常复杂，而目前大多数的井底压力计算模型假设钻井液密度、流变性能不变，导致计算出的井底压力与实际偏差较大，不能精确指导控压钻井。随钻压力测量（pressure while drilling，PWD）可实现钻井过程中对井底压力和温度的实时监测，能消除压力计算模型的不确定性，对控压钻井具有重要意义，并能及时反映井下情况，有助于减少井下复杂情况发生，实现安全钻进。

PWD 主要由通信端口、电子元件、传感器和压力检测端口组成。施工过程中，压力传感器和温度传感器通过压力检测端口检测钻具内部、井眼环空的工作压力和传感器工作环境温度，电子元件控制所有数据的采集、处理和存储，测量数据通过通信端口由 MWD 向地面实时传输，从而实现实时井底压力、温度测量。

目前在塔中地区应用比较广泛的 PWD 主要有美国通用电气公司和国内新疆格瑞迪斯石油技术股份有限公司的两套工具，都可串接 MWD 和伽马探管，在监测井底环空压力的同时，进行随钻导向和伽马测量，为水平段控压钻井提供帮助。

4.2.4　塔中碳酸盐岩超深水平井井眼轨迹控制工艺

水平井井眼轨道控制是水平井钻进中的关键环节，其目的是使水平井的实钻轨迹尽量靠近预先设计的理论轨道，准确地钻入靶窗后并在靶体界定的范围内钻进水平段，保证钻井的成功率，同时要尽量提高机械钻速，降低钻井成本。

常规的水平井一般由直井段、斜井段和水平段三部分组成。

1. 着陆段控制

着陆段控制指从直井段末端的造斜点开始钻至储层内的靶窗这一过程[2]。增斜钻进是着陆段控制的主要特征，进靶控制是着陆段控制的关键，而动态监控则是着陆段控制的技术手段。

着陆段控制的技术要点可以概括为"略高勿低、先高后低、寸高必争、早扭方位、稳斜探顶、动态监控、矢量进靶"。

（1）"略高勿低"。

"略高勿低"体现了选择工具造斜率的指导思想，即为了保证使实钻造斜率不低于井身设计造斜率，防止因各种因素造成工具实钻造斜率低于其理论，要按比理论值高10%～20%来选择工具。

（2）"先高后低"。

在着陆段控制中，若实钻造斜率高于井身设计造斜率，控制人员较容易通过复合钻进方式或更换低造斜率的钻具组合将造斜率降下来。但若实钻造斜率低于井身设计造斜率，则不能保证一定可以把下一段的造斜率增上去，尤其是在着陆段控制的后一阶段（大井斜段），这是因为所需要调整的造斜率值可能会很高，而当前的工具是无法实现的，或即使技术上可以实现，但现场并无这种工具储备。即实钻造斜率的"先高后低"或"先低后高"对控制人员的难易程度截然不同。因此，除了极少数实钻造斜率等于井身设计造斜率这种理想情况外，采用"先高后低"这一控制策略有着重要的实际意义。

（3）"寸高必争"。

"寸高必争"体现了着陆段控制过程的特点。从某种意义上说，着陆段控制就是对"高度"（垂深）和"角度"（井斜）匹配关系的控制，而"高度"往往对"角度"有着某种误差放大作用，尤其是着陆段控制的后期和前期。

（4）"早扭方位"。

在着陆段控制中，方位控制也很重要，否则很难使钻头进入靶窗。特别是大、中曲率水平井的井斜角增加较快，晚扭方位将会增加扭方位的难度。由于采取"先高后低"的控制策略，在着陆段控制的初始阶段一般采用动力钻具且其造斜率略高于井身造斜率的设计值，这就为早扭方位提供了条件和机会。因此，"早扭方位"应作为着陆段控制的一项原则，即在钻井过程中，通过调整动力钻具的工具面角加强对方位的动态监控。

（5）"稳斜探顶"。

在中、长半径水平井中，采用"稳斜探顶"的总控方案设计，是克服地质不确定性的有效方法，它可以探知油顶位置，并保证进靶钻进按预定的技术方案进行，提高了控制的成功率。"稳斜探顶"的条件是在预定的提前高度上达到预定的进入角度，这实际上是给前期的着陆段控制设置了一个阶段控制指标。

（6）"矢量进靶"。

"矢量进靶"指在进靶钻进中不仅要控制钻头与靶窗平面的交点（着陆点）位置，还要控制钻头进靶时的姿态。"矢量进靶"直观地给出了对着陆点位置、井斜角、方位角等状态参数的综合控制要求。进靶不仅是着陆段控制的结束，也是水平段控制的开始。为了在水平段内能高效地钻出优质的井眼轨迹，要按"矢量进靶"的要求控制好着陆点位置和进靶方向，以免在钻入水平段不久就被迫过早地调整井斜和方位，影响井身质量和钻进效率。

（7）"动态监控"。

再精确地控制都会产生偏差，井眼轨进控制也是这样。因此"动态监控"是贯通着陆段控制过程始终的最重要的技术手段，包括对已钻轨迹的计算描述、设计轨道参数的对比与偏差认定；对当前在用工具的已钻井眼造斜率的过后分析和误差计算；对钻头处状态参数的预测；对待钻井眼所需造斜率的计算；对当前在用工具和技术方案的评价和决策，如是否需要调整操作参数、起钻时机的选择等。

2. 水平段控制

水平段控制是着陆进靶之后在给定的靶体内钻出整个水平段的过程。除了在经济性方面降低钻井成本的要求外，水平段控制在技术方面的要求是实钻轨道不得穿出靶体之外。实钻水平段实际上是一条弯曲的空间三维曲线，在铅垂平面内水平段投影为一条相对于设计线上、下起伏的波浪线。在水平段控制中，动态监控仍然是主要的技术手段。

水平段控制的技术要点可以概括为"钻具稳平、上下调整、多开转盘、注意短起、动态监控、留有余地、少扭方位"。

（1）"钻具稳平"。

"钻具稳平"指从钻具组合设计和选型方面提高和加强其稳平能力。这是水平段控制的基础。具有较高稳平能力的钻具组合可以在很大程度上减少轨道调整的工作量。

（2）"上下调整"。

"上下调整"体现了水平段控制的主要技术特征。在水平段中，方位调整相对较少，控制主要表现为对钻头的铅垂位置和井斜角的调整。尽管在选择或设计钻具组合时已注意提高其稳平能力，但绝对的稳平是不可能的，上下调整仍然是必不可少的。在水平段控制中，要求钻具组合有一定的纠斜能力，最常用的是带有小弯角的单弯动力钻具或异向双弯动力钻具等钻具组合。采用这种组合，可在定向状态进行有效的增斜、降斜和扭方位操作，也可在复合状态钻出稳斜段。

（3）"加强复合钻进"。

复合钻进与定向钻进相比有如下显著优点：减少摩阻、缓解托压、破坏岩屑床、清洁井眼、提高机械钻速和井眼质量、增加水平段的钻进长度等。因此，在水平段钻进中应尽量多采用复合钻进。

（4）"注意短起"。

为保证井壁质量，减少摩阻和避免发生井下复杂情况，在水平段中每钻进一段距离，应进行一次短程起下钻。

（5）"动态监控"。

水平段控制的动态监控和着陆段控制一样重要，内容也基本相同。主要是对已钻井段进行计算，并和设计轨道进行对比和偏差认定；对钻具组合稳平能力和增（降）斜能力进行分析和评价；随时分析钻头位置距上、下、左、右四个边界的距离，并对长距离待钻井段做出是否需要进行调整、何时进行调整的判断和决策等。

（6）"留有余地"。

实钻水平段井眼轨迹在垂直平面中是一条上下起伏的波浪线，钻头位置距靶体上下边界的距离是水平段控制的关键。在增斜或降斜过程中均存在井眼轨迹上翘或下沉的转折点，应充分意识到此转折点的存在，否则会造成钻头在进行井眼轨迹调整过程中出靶。因此，在水平段控制中应强调垂向控制留有余地，即保证转折点处不要出靶，以留出足够的进尺来确定调整时机，实施调控。

（7）"少扭方位"。

由于水平段一般较长，进靶后轨道的少量方位偏差都会造成井眼轨道从靶体的左、右边界出靶。控制好着陆进靶的轨道方位是减少水平段少扭方位的关键，但水平段中也往往在适当位置对方位加以调控。控制的方法是采用一定的工具面角定向钻进扭方位。应尽量减少扭方位的次数，而且宜尽早把方位调整好，这样可利用靶底宽度造成的方位允差直接钻完水平段，否则后期的方位调整会显著加大扭方位的度数。

4.2.5　塔中碳酸盐岩超深水平井降摩阻减扭矩技术

在保证安全和节约成本的原则下，选择合适的钻具结构及钻进方式，优化井眼轨迹，改善钻井液润滑性能，保持井眼清洁，以及安装降摩减扭工具，能够有效地控制摩阻和扭矩。

1. 降摩阻减扭矩工艺

1) 选择合适的钻具结构及钻进方式

首先，合理设计钻具结构主要是确定钻杆、加重钻杆、钻铤在钻柱中的位置及相应的长度，是否合理主要看钻柱在不同工况下摩阻和扭矩的大小。为了减少钻铤较高的摩阻和扭矩，以及高密度钻井液造成压差卡钻的可能性，在水平井段及大斜度井段采用加重钻杆和普通钻杆代替钻铤施加钻压，并将加重钻杆安装在造斜井段以上位置，有利于减小摩阻和施加钻压。其次，在水平井钻进中应尽量增加复合钻进时间减少滑动钻进时间，既有利于控制轨迹圆滑提高机械钻速，也有利于携带岩屑避免岩屑床的形成。再次，为减少刮壁阻力，应尽量少使用外突钻杆接头，为减少上部钻具与套管的摩擦，可在上部钻具结构中加入减磨接头。

2) 优化井眼轨道

选择合适的轨道曲线，确定合适的稳斜角大小和造斜点深度，可以将钻进和起下钻摩阻与扭矩降至最低，其基本要求是最大的全角变化率要小、井眼曲率要小并且有利于清洁井眼。

在实钻过程中，如果井眼轨迹不光滑，可能在局部井段造成井眼曲率的急剧变化，特别是伴有井斜和方位的较大变化，即所谓的"蛇型井眼"，往往会产生较大的摩阻和扭矩。所以在钻进过程中，应尽量避免频繁的降斜和扭方位，必须降斜和扭方位时，应尽量延长调整轨迹井段的长度，避免井眼曲率突变，提高井眼的光滑程度。

井眼轨迹控制时，选择好的送钻方式。大井斜与小井斜不同，当井斜小时，以均匀平稳送钻为主；当井斜大时，用点送以提高钻井速度；同时保持实钻井眼轨迹光滑，从而减小钻具摩阻。

3) 改善钻井液润滑性能

主要通过添加润滑剂降低钻井液摩阻系数提高钻井液润滑性能，其次提高钻井液失水造壁性能改善泥饼质量，从而减少钻具和滤饼接触面积，也可以改善钻井液润滑性能。根据井眼轨迹，针对不同的井斜，可以在混油的基础上适时适量地复配石墨、润滑剂，能很好地解决因水平位移大、井斜角大引起的拖压、摩阻和扭矩过大及防卡难度大等问题。

4) 保持井眼清洁

井眼干净，形成的岩屑床风险就小，从而有利于降低钻具扭矩和摩阻。若钻井液中的有害固相尤其是微小粒径有害固相含量较高，则会降低泥饼质量，增加钻具与滤饼的黏附力，容易诱发压差卡钻。因此水平井对井眼清洁程度要求较高，要保持井眼清洁应从以下几个方面入手。

(1) 在水平井钻进中，钻井液流型宜为层流或紊流，避免使用过渡流。

(2) 排量是净化井眼的主要参数，应用井眼净化模型来确定井眼净化所需的最小排量和最优钻井液流变性。

(3) 井眼中的岩屑主要以滚动的机理被携带，钻柱的旋转能改善井眼清洁，因此大井眼中要尽量保证钻柱的旋转和活动。

（4）钻速在井眼清洁问题上起负效应，因此应保持恒定钻速，特别对于复杂井眼，应避免瞬时高钻速。遇到钻速过快时应采用控时钻进的方法，或划眼增加循环时间。

（5）对已形成得岩屑床，先用低黏度的钻井液高速紊流清扫，再用高黏度钻井液在层流状态下将钻屑携带出地面。

（6）在裸眼井中，可用高速倒划眼的方式清除岩屑床。

（7）钻井液固相控制，加入适量包被剂，抑制钻屑分散。使用震动筛、除砂器、除泥器和离心机，及时清除有害固相，避免有害固相在体系中恶性循环。适当保留纳米级优质土相，利用低粘切、优质低固相钻井液实现紊流状态携砂，最大限度地提高钻井液的携砂能力，清洁井眼。

2. 降摩阻减扭矩工具

目前，除了上述工艺能降摩阻减扭矩外，使用降摩阻减扭矩工具的效果最为直观、明显。降摩阻减扭矩工具主要有水力振荡器、防磨减扭接头、岩屑床清除工具等。防磨减扭接头可改变钻柱与套管的摩擦方式，有效降低钻柱与套管间的起下摩阻。岩屑床清除工具主要通过改变工具附近的钻井液流态和搅动、挖掘岩屑床来达到井眼清洁的目的，从而降低钻柱与井壁间的摩阻。水力振荡器是目前塔中碳酸盐岩水平井常用的降摩阻减扭矩工具，水力振荡器可以在各种钻进模式中，特别是在使用动力钻具的定向钻进中减少托压，降低钻具黏卡的可能性，减小扭转振动，提高对钻头工具面的调整能力，从而提高机械钻速，对水平井井眼轨迹控制具有重要作用。

1）水力振荡器的结构及工作原理

水力振荡器主要由振荡短节、动力部分、阀门和轴承系统 3 部分组成，其结构如图4.26 所示。动力部分主要为一个 1:2 头的马达，马达转子的下端固定一个动阀片，钻井液通过动力部分时，驱动转子转动，使动阀片在一个平面上做往复运动。动阀片的下端装有一个定阀片，动阀片和定阀片紧密配合，由于转子的转动，两个阀片过流面积周期性交替变换，从而引起上部钻井液压力发生变化。上部钻井液压力变化作用在振荡短节内的活塞上，由于压力时大时小，短节的活塞就在压力和弹簧的双重作用下，做轴向往复运动，从而使水力振荡器上部和下部的钻具在井眼中产生轴向的往复运动，钻具在井底的静摩擦变成动摩擦，摩阻大大降低。因此，水力振荡器可以有效地减少钻具拖拉现象，保证钻压的有效传递。

振荡短节　　　　　　　　　　　　　　动力部分、阀门和轴系系统

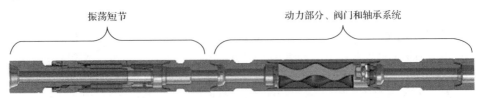

图 4.26　水力振荡器结构图

2）水力振荡器的安放位置及兼容性

水力振荡器在钻具中进行轴向振动，其振动波沿两侧传播扩散。要使该振动波产生

的减摩阻作用影响到钻头，应使工具距钻头的距离尽量不大于工具产生的轴向激励振动在管柱中的传播距离的二分之一，否则工具起到的降摩阻作用会降低。水力振荡器轴向振动的有效传播距离主要受钻柱与井壁间的摩擦系数、水力振荡器特性参数(挤压刚度、活塞面积、激励压力幅值)、钻柱单位长度的浮重等因素的影响。通过对钻柱瞬态动力学分析，建立水力振荡器轴向振动有效传播距离的数学模型，可确定水力振荡器相对于钻头的最佳安放位置。经过计算确定：120.65mm 水力振荡器宜安放在距钻头 450～550m 处，171.45mm 水力振荡器宜安放在距钻头 600～750m 处。

水力振荡器可以与水平井钻井中的大部分工具兼容。首先，在钻进过程中，水力振荡器的振动频率和 MWD 不同，所以不会影响 MWD 的信号，可以和 MWD 配套使用；其次，水力振荡器的蠕动距离一般为 3～10mm，蠕动频率一般小于 25Hz，且工作原理与动力钻具有类似之处，可以和动力钻具协同使用，不会对动力钻具造成破坏；再次，由于水力振荡器减小了钻具与井壁间的摩阻和扭矩，使得钻压更加均匀、稳定，减少了顿钻发生的频率，改善了钻头的工作环境，无论牙轮钻头还是 PDC 钻头均可与其配合使用，延长了钻头使用寿命。

3) 水力振荡器在塔中碳酸盐岩水平井中使用情况

截至 2014 年末，塔中地区共使用水力振荡器 14 井次，使用情况见表 4.17。根据现场数据统计，使用水力振荡器总进尺 7644.7m，平均机械钻速为 3.69m/h，未使用水利振荡器的邻井平均机械钻速为 2.22m/h。通过对比，在使用水力振荡器后机械钻速得到明显提升，平均提速高达 66%。

表 4.17　塔中碳酸盐岩水平井水力振荡器使用统计

井号	入井深度/m	出井深度/m	进尺/m	机械钻速/(m/h)
ZG5-H2	7082	7810	728	5.22
ZG157-H1	7053	7427	374	2.63
TZ82-H5	5234	5877	643	3.49
TZ82-H6	5464	6060	596	4.93
ZG10-H1	6885	7300	415	4.05
ZG166H	6956	7085	129	3.18
ZG162-H4	5805	6113	308	2.17
ZG262-H1	6853.8	7182.5	328.7	3.6
ZG15-H6	6885	6911	26	2.17
ZG162-H4	6446	7630	1184	3.23
TZ862H	6991	8008	1017	5.05
TZ82-H11	5860	6588	728	3.67
ZG441-H5	6332	6913	581	3.36
ZG441-H6	6123	6710	587	4.87

以塔中 862H 井为例，在水平段水力振荡器共完成进尺 1017m(6991～8008m)，平均机械钻速为 4.77m/h，其中复合钻进 876.5m，平均机械钻速为 5.26m/h，滑动进尺为 140.5m，平均机械钻速为 3.0m/h。与未使用水力振荡器的邻井对比，塔中 45-H1 井水平

段长 684m，平均机械钻速为 2.14m/h；中古 17-H2 井水平段长 886m，平均机械钻速为 2.10m/h，使用水力振荡器后，水平段机械钻速明显提高，在易发生托压的水平段后期，通过使用水力振荡器，控制复合钻进钻压 40kN，定向钻进钻压 60kN，有效地解决了托压严重的问题机械钻速。

参 考 文 献

[1] 刘修善. 井眼轨道几何学. 北京: 石油工业出版社, 2006.

[2] 刘修善. 悬链线轨道设计方法研究. 天然气工业, 2007, 27(7): 73-75.

[3] 刘修善. 抛物线型井眼轨道的数学模型及其设计方法. 石油钻采工艺, 2006, 28(4): 7-13.

[4] 韩志勇. 定向井设计与计算(第二版). 青岛: 中国石油大学出版社, 2011.

[5] 宋执武, 高德利, 李瑞营. 大位移井轨道设计方法综述及曲线优选. 石油钻探技术, 2006, 34(5): 24-27.

[6] 闫铁, 李庆明, 王岩, 等. 水平井钻柱摩阻和扭矩分段计算模型. 大庆石油学院学报, 2011, 35(5): 69-72.

[7] 范光第, 黄根炉, 李绪锋, 等. 水平井管柱摩阻和扭矩的计算模型. 钻采工艺, 2013, 36(5): 22-25.

[8] 白家祉. 纵横法对钻具组合的三维分析. 石油学报, 1989, 10(2): 60-66.

[9] Chen Y C, Lin Y H. Tubing and casing buckling in horizontal wells. Journal of Petroleum Technology, 1990, 42(2): 140-191.

[10] Mitchell R F, Samuel R. How good is the Totgue-Drag Model. Presented at the SPE/IADC Drilling Conference. 2007, Amsterdam.

[11] 张焱, 李骥, 刘坤芳, 等. 定向井井眼轨迹最优化设计方法研究. 天然气工业, 2000, 20(1): 27-60.

[12] 王定贤, 邓利蓉, 范成洲. 定向钻探井眼轨迹优化设计及 Matlab 实现. 西部探矿工程, 2012, 4: 47-53.

[13] Lubinskia. A study of buckling of rotary drilling strings//Drilling and Production Practice. New York: American Petroleum Institute, 1950.

[14] Paslay P R, Bogy D B. The stability of a cireular rod laterally constrained to be in contaet with an inelined cireular cylinder. Journal of Applied Mechanics. 1964: 605-610.

[15] 白家祉, 黄惠泽. 纵横弯曲法对钻具组合的三维分析. 石油学报, 1989, 10(2): 57-63.

[16] 高德利, 刘希圣. 下部钻具组合大挠度问题权余法分析. 石油学报, 1992, 13(3): 118-125.

[17] 李子丰, 赵新瑞, 赵德云. 通用下部钻具三维小挠度静力分析的数学模型及应用. 工程力学, 2000, 17(6): 121-129.

[18] 郑德帅, 高德利, 冯江鹏, 等. 推靠式和指向式旋转导向工具的造斜性能研究. 石油钻采工艺, 2011, 33(6): 10-13.

[19] 白家祉, 苏义脑. 井斜控制理论与实践. 北京: 石油工业出版社. 1990.

[20] 高德利. 关于 UPC 模型的理论问题. 石油钻采工艺, 1993, 15(2): 30-36.

[21] 苏义脑. 水平井井眼轨道控制. 北京: 石油工业出版社, 2000.

[22] 张康, 冯强, 王建龙等. 水力振荡器最优安放位置研究与应用. 石油机械, 2016, 44(2): 38-41.

第5章　塔中碳酸盐岩超深水平井钻井液优化技术

塔中碳酸盐岩油气田在钻井过程中易发生井壁失稳和井漏等复杂情况，井壁失稳体现为三叠系地层的钻头泥包和二叠系地层坍塌，导致机械钻速降低，影响钻井效益；奥陶系地层裂缝发育，钻井过程中井内流体和固相颗粒在正压差的作用下会侵入储层，造成储层伤害；现有弱凝胶钻井液体系抗温能力不足，在深井和超深井中的应用受到限制。因此，针对上述问题，对钻井液性能进行优化很有必要。分析井壁失稳、井漏和储层伤害机理及提高钻井液抗温性的技术途径，研究可以解决上述问题的钻井液技术，对实现塔中碳酸盐岩油气田安全快速钻井、提高产量具有重要意义。

5.1　塔中碳酸盐岩超深水平井钻井液体系评价

对塔中碳酸盐岩各层位复杂情况和常用钻井液体系进行分析，了解该区块地质特征、钻井难点和钻井液性能的优缺点，提出针对性地制定解决措施，为塔中地区碳酸盐岩地层快速、优质钻井提供技术支持。

5.1.1　塔中碳酸盐岩超深水平井各层位复杂情况

塔中碳酸盐岩油气田位于塔里木盆地中央，塔克拉玛干沙漠腹地，地层结构复杂。钻遇地层自上而下依次为新近系、古近系、白垩系、三叠系、二叠系、石炭系、志留系和奥陶系，各层位的井下复杂情况如下。

(1) 古近系—新近系主要为黄灰、棕褐、绿灰色泥岩，浅灰色泥质粉砂岩，粉砂质泥岩，以膏质泥岩为主。上部有流砂层，钻进过程中要注意表层流砂层的井壁稳定问题，预防坍塌卡钻，防止钻井液窜漏。

(2) 白垩系以棕褐泥岩、泥质粉砂岩为主，夹薄层褐色粉砂质泥岩，钻进过程中要保持井壁清洁，防止缩径。

(3) 三叠系含有大量的安山岩、玄武岩、砾岩、凝灰质粉砂岩，地层中的黏土矿物易吸水膨胀，吸附黏土引起假泥饼和假缩径，易发生起钻挂卡、卡钻事故。在三叠系与二叠系交界处，地层破碎，胶结不稳，钻进时易产生井漏、井塌等复杂事故，需加强下部硬脆性泥页岩井段的井壁稳定性。

(4) 二叠系以灰褐色砂泥岩夹火山喷发岩为主，其中玄武岩易塌易漏，下钻过程中易发生复杂情况。三叠系和二叠系的棕红色泥岩造浆极为严重，若钻井液抑制性与包被能力不足，会导致钻井液黏切上升快，性能难以得到控制，造成 PDC 钻头泥包。

(5) 石炭系的泥岩段易发生剥蚀掉块，下部的东河砂岩渗透性较强、易阻卡。

(6) 志留系为一套潮坪相砂泥岩沉积，其中有一段较厚的红色泥岩段，钻穿后进入柯坪塔格组，该地层砂岩可钻性很差，极费钻头，易发生掉牙轮事故。钻过沥青砂岩后，岩石的灰质含量逐渐增加，井壁趋于稳定。

(7)奥陶系是主要目的层，岩性以泥岩、粉砂岩、灰岩、云质灰岩、灰质云岩为主。地层比较稳定，非均质性较强，压力系统复杂，钻进过程中易发生井漏、溢流等复杂情况，且较高的 H_2S 含量也使钻井工程存在一定的风险。

根据各层位复杂情况可知，塔中碳酸盐岩油气田在钻井过程中面临的技术挑战主要是三叠系和二叠系井壁失稳问题及奥陶系由于井漏、溢流等复杂情况对储层造成的损害问题。

5.1.2 塔中碳酸盐岩超深水平井常用钻井液体系及优缺点分析

根据各层位复杂情况，结合安全、快速、优质钻井的原则，塔中碳酸盐岩油气田常用钻井液体系如下。

(1)膨润土-聚合物体系。

膨润土-聚合物体系主要针对塔中碳酸盐岩油气田流砂层、成岩性较差的黏土层及胶结疏松且井眼较大的易垮塌地层，该体系采用大分子聚合物 KPAM(聚丙烯酰胺钾盐)、80A51 和膨润土控制其流变性，大分子聚合物可以包被钻屑，抑制黏土水化膨胀，解决大井眼的携砂和井壁稳定问题。适当添加乳化沥青等封堵剂，可起到防塌封堵作用，但是该钻井液体系的抗高温能力不足，应对深井和超深井有一定困难。

(2)KCl-聚合物钻井液体系。

塔中碳酸盐岩油气田上部地层为新近系、古近系、白垩系、三叠系等粉砂质泥岩，棕红、暗红及灰色软泥岩，蒙脱石含量相对较高。因此，这些井段岩屑造浆严重，地层吸水膨胀导致井眼缩径，易发生钻头泥包。针对上述问题，需要加强上部井段钻井液的包被性和抑制性，下部井段要防止硬脆性泥岩的剥蚀掉块和二叠系火成岩的垮塌，可向钻井液中加入 1%～2%的润滑剂和 0.1%～0.2%的清洁剂，增强钻井液的润滑性和清洁能力，减少钻头泥包发生率。该钻井液体系处理剂以大分子包被剂、正电胶为主。大分子包被剂加量不足时，黏土颗粒易相互黏结形成假泥饼，造成下钻遇阻。保持大分子含量在 3～5kg/m³，浓度控制在 0.5%～0.8%，增强钻井液的抑制性和包被能力。

(3)KCl-聚磺钻井液体系。

二叠系、石炭系不稳定，易发生井壁垮塌事故。钻进易坍塌地层前加入防塌沥青以增强钻井液造壁护壁能力，将钻井液密度提高到设计上限 1.35g/cm³，Cl⁻浓度控制在 30000mg/L 左右，保持大分子包被剂的浓度为 0.2%～0.3%。严格控制固相含量和失水量，形成高温高压低失水、低固相含量的强封堵钻井液体系。

(4)弱凝胶钻井液体系。

弱凝胶钻井液体系是一种环保型钻井液体系，其处理剂大多可生物降解且无毒。无固相-低土相弱凝胶钻井液无荧光性，有利于及时发现和保护油气层，避免因固相颗粒堵塞而造成的油气层损害。奥陶系相对比较稳定，采用该钻井液体系可以很好地保护储层。弱凝胶钻井液体系中，分子间相互作用，形成空间网架结构，快速形成低渗透性泥饼，阻止外来流体的侵入。加之该钻井液体系形成的弱凝胶具有较高的低剪切速率黏度，能进一步阻止固、液相侵入地层，有效控制污染带深度，同时避免钻井液对井壁的冲蚀，起稳定井壁、保护储层的作用。但该钻井液抗高温能力低于 120℃,因此在钻进过程中需要不断地补充胶液来维持钻井液的性能,增加成本。

由以上分析可知,聚合物、聚磺钻井液体系要加强抑制性、防塌性,防止上部地层钻头泥包、井壁坍塌等复杂情况的发生。弱凝胶钻井液有利于储层保护,但抗高温能力不足,在深井、超深井中的应用受到限制。井漏事故频发也是制约该地区钻井效益的重要因素。因此,为提高塔中碳酸盐岩超深水平井钻井质量和油气产量,需要增强钻井液体系的抑制性和防塌性,研究出针对塔中碳酸盐岩超深水平井的储层保护钻井液技术,提高弱凝胶钻井液抗高温能力,加强钻井液的堵漏能力。

表 5.1 给出了塔中碳酸盐岩超深水平井钻井液使用技术思路与技术要点。

表 5.1 塔中碳酸盐岩油气田钻井液体系使用技术思路和技术要点

层位	技术思路	技术要点
新近系—古近系	以聚促低、以低促快、以快制胜	大分子包被剂使钻屑不分散 不加任何分散剂 少加降失水剂 加入抑制剂
白垩系 三叠系 二叠系	护壁防塌、三低防黏、及时清洗	加入降失水剂 加入封堵剂 加入抑制剂、防黏结剂
石炭系底 泥盆系 志留系 奥陶系桑塔木组	三低保快、封堵防塌、消泡除泡	大分子包被剂使钻屑不分散 少加分散剂 加适量降失水剂 加足抗高温封堵剂
良里塔格组 鹰山组	保护储层、防漏堵漏	加入抗高温降失水剂 加入储层保护剂

5.2 塔中碳酸盐岩超深水平井钻井液性能优化

塔中碳酸盐岩超深水平井钻井液抑制性和防塌性不足,抗高温能力有待提高,同时在钻进过程中常发生钻井液漏失事故,严重影响该地区钻井成功率和油气产量。为此,有必要研究和提高井壁稳定性钻井液技术、储层保护钻井液技术及堵漏钻井技术、研制抗高温钻井液添加剂,提高塔中地区钻井成功率和油气产量。

5.2.1 塔中碳酸盐岩超深水平井三叠系和二叠系井壁稳定钻井液技术

1. 三叠系钻头泥包和二叠系井壁失稳情况

1)三叠系钻头泥包情况

PDC 钻头具有较高的机械钻速和较长的使用寿命,在快速钻进中扮演重要角色。近年来,随着 PDC 钻头对复杂地层适应性的不断提高,其应用也越来越广泛。在塔中碳酸盐岩油气田，广泛使用 PDC+螺杆钻具显著提高了机械钻速。尽管在提速方面有很大的优势，但钻进过程中部分井段出现了不同程度的 PDC 钻头泥包问题，其中以三叠系的泥包问题最为突出(图 5.1)。

在塔中北斜坡抽取了近年来已钻的 34 口井的资料，其中北斜坡西部和东部各 17 口。东部 17 口井中，发生泥包的井有 3 口，共泥包 6 次。西部 17 口井中，发生泥包的井有 7 口，共泥包 13 次，基本情况如表 5.2 和表 5.3 所示。

表 5.2　塔中北斜坡东部泥包井统计情况

井号	井深/地层	泥包钻头/mm	钻井液体系	PDC 泥包时现象	工况
TZ26-H9	2412m/T	215.90 CKS605X	CP 全阳离子	钻头入井后效果差，起钻发现泥包	钻进
	2647m/T	215.90 CKS605Z		钻进时憋钻频繁	钻进
	2800m/P	215.90 FX56S		钻时慢，起钻发现泥包	钻进
	2810m/P	215.90 FX56S		探伤起钻，发现钻头泥包	钻进
	3133m/P	215.90 FX56S		起钻发现第一扶正器泥包，更换钻头后下钻，循环，反出大量掉块，钻时慢，起钻钻头再次泥包	下钻
TZ26-H10	2800m/T	215.90 SP1935L	KCl-聚合物	下钻遇阻，起出时发现钻头泥包	钻进
TZ721-H6	3103～3403m/P	241.30 CKS605X	KCl-聚磺	下钻，钻进反复泥包	钻进

表 5.3　塔中北斜坡西部泥包井统计情况

井号	井深/地层	泥包钻头/mm	钻井液	PDC 泥包时现象	工况
ZG14-3H	3490m/P	241.30 SF56H3	KCl-聚合物	钻时慢，起钻，两水眼堵塞及对应流道泥包	钻进
ZG151	2800m/T	215.90 FS2563BGZ		两个水眼被堵死	钻进
	3480m/P	215.90 FS2563BGZ		3 刀翼泥包	钻进
	3655m/P	215.90 FS2563BGZ		4 刀翼泥包	钻进
	5464m/O₃s	215.90 CKS605P		4 刀翼泥包	钻进
ZG151-H1	3100m/T	241.30 CKS605Z	KCl-聚合物	泥包卡钻严重，下入牙轮钻头修正井壁	钻进
	5870m/O₃s	241.30 M1965D	KCl-聚磺	憋钻严重，起钻发现钻头泥包	钻进
ZG157H	3100m/T	241.30 FX56SX3	KCl-聚合物	泥包，钻时慢频繁起钻	钻进
ZG17	2683m/T	311.15 M1952ss	正电胶聚合物	水眼被堵一个	钻进
	3866m/P	311.15 ST915TU	KCl-聚磺	憋钻严重	下钻
ZG162-H3	3300m/T	311.15 HS755GS	KCl-聚磺	钻速慢，泥包起钻	钻进
ZG262	2932m/T	215.90 CKS605Z	KCl-聚合物	钻时慢，钻头 3 只水眼被堵死	钻进

由表 5.2 和表 5.3 可知，塔中北斜坡东部的 17 口井中，在三叠系发生泥包的井有 2 口，发生泥包概率为 11.76%。塔中北斜坡西部的 17 口井中，在三叠系发生泥包的井有 6 口，发生泥包的概率为 35.29%。可见，塔中北斜坡西部区块三叠系钻头泥包情况更为严重。

图 5.1　塔中 26-H9 井钻头泥包情况(文后附彩图)

2) 二叠系井壁失稳情况

塔中碳酸盐岩储层二叠系岩性以灰褐色砂泥岩夹火山喷发岩为主，钻进过程中易发生井壁坍塌。据测井资料显示，二叠系地层扩径严重。图 5.2～图 5.5 分别为塔中北斜坡中古 151-1H 井、中古 15-7H 井、中古 25 井和中古 262 井的井眼扩径情况。

从图中 5.2～图 5.5 可以看出，这四口井在二叠系中扩径率较大，说明塔中北斜坡地区在二叠系易出现井壁失稳情况。

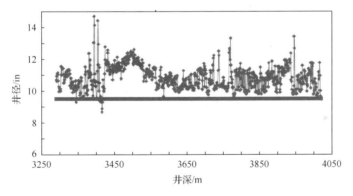

图 5.2　中古 151-1H 井井径扩大情况

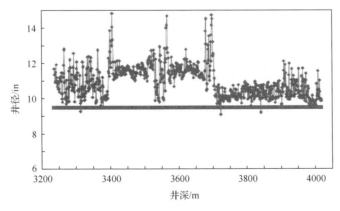

图 5.3　中古 157H 井井径扩大情况

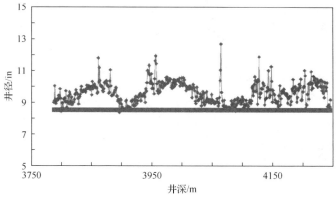

图 5.4　中古 25 井井径扩大情况

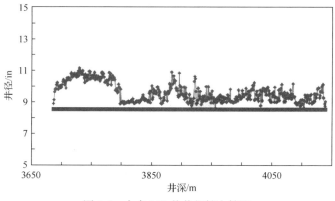

图 5.5　中古 262 井井径扩大情况

　　从中古 29 井在二叠系的取心结果可以看出(图 5.6、图 5.7)，褐色泥岩、泥质粉砂岩胶结性较差，岩石较为松散。地层被钻开后，在水平地应力、钻具碰撞、泥岩吸水膨胀等共同作用下，易出现井壁掉块和大面积的垮塌。

图 5.6　中古 29 井二叠系泥岩取心情况(文后附彩图)

2. 提高三叠系抑制性的钻井液技术

1)常用防塌抑制剂性能评价

采用钻屑滚动回收率法评价常用抑制剂抑制钻屑分散的能力。室内配制好处理剂溶液，评价钻屑在处理剂溶液中 120℃下滚动 2h 后的回收率，实验结果见表 5.4 和表 5.5。

表 5.4　不同浓度聚合物抑制剂对钻屑滚动回收率的影响

聚合物抑制剂	不同加量时的回收率/%				
	0.1	0.2	0.3	0.4	0.5
IND-30	32.33	35.63	41.21	47.65	56.35
IND-30（二次取样）	51.23	66.56	68.12	69.35	71.23
80A51	52.46	67.19	67.07	68.03	73.98
KPAM	55.21	71.28	78.63	77.80	83.77
NMI-4	53.12	68.91	68.56	70.12	74.33
CPA	45.61	45.78	46.12	58.21	63.36
CPI	47.12	41.23	44.21	54.36	61.12
CPH-2	42.51	43.12	44.31	55.35	62.76
HV-CMC	36.85	44.93	48.42	55.53	59.87
自来水	19.29				

表 5.5　不同浓度无机盐抑制剂对钻屑滚动回收率的影响

无机抑制剂	不同加量时的回收率/%						
	1%	2%	3%	4%	5%	6%	8%
KCl	33.82	38.14	45.91	48.94	52.27	53.14	52.78
NaCl	25.62	31.23	32.32	35.13	36.74	37.63	37.78
正电胶（MMH）	21.62	22.91	28.98	45.12	48.12	47.25	47.12

由表 5.4 和表 5.5 可知，随聚合物抑制剂(或无机抑制剂)加量的增加，钻屑滚动回收率增加，表明保持钻井液中聚合物抑制剂(或无机抑制剂)有效浓度可以保证钻井液具有较好的抑制性。相比于聚合物抑制剂，无机抑制剂的钻屑滚动回收率小很多，说明无机抑制剂抑制钻屑分散的能力较差。

将聚合物抑制剂和无机抑制剂复合后，在相同条件下评价其对钻屑滚动回收率的影响，实验结果见表 5.6。

表 5.6　复合抑制剂对钻屑滚动回收率的影响　　　　　　　　　　（单位：%）

复合抑制剂	钻屑回收率
0.4%KPAM	76.28
0.4%KPAM+3%KCl	93.37
0.4%KPAM+3%KCl+2% MMH	94.97
0.4%IND-30	46.35
0.4%IND-30（二次取样）	68.34
0.4%IND-30+3%KCl	71.21
0.4%IND-30（二次取样）+3%KCl	85.36
0.4%IND-30+3%KCl+2% MMH	74.67

续表

复合抑制剂	钻屑回收率
0.4%IND-30(二次取样)+3%KCl+2% MMH	87.51
0.4%NMI-4	69.33
0.4%NMI-4+3%KCl	90.69
0.4%NMI-4+3%KCl+2% MMH	92.97
0.4%80A51	69.03
0.4%80A51+3%KCl	89.21
0.4%80A51+3%KCl+2% MMH	92.12
0.4%CPA	57.87
0.4%CPA+3%KCl	81.25
0.4%CPA+3%KCl+2% MMH	84.24

由表 5.6 可知，聚合物抑制剂和无机盐抑制剂复合后，其抑制性大幅度提高，表现出很好的协调效果，若在此基础上复合 MMH 正电胶，其抑制性又有所提高。如选用 0.4% KPAM+3%KCl+2%MMH 的抑制剂组合，其钻屑滚动回收率高达 94.97%，高于单独使用 KPAM 时 83.77%的回收率和单独使用 KCl 时 52.78%的回收率。因此，为提高钻井液的抑制性，将聚合物抑制剂和无机盐抑制剂复合使用，从而最大限度地增强钻井液的抑制性。

采用岩心线性膨胀率法分别评价单剂抑制剂及复合抑制剂对岩心线性膨胀率的影响，实验结果见表 5.7。

表 5.7　抑制剂对钻屑线性膨胀率的影响　　　　　　　　　　（单位：%）

复合抑制剂	膨胀率	防膨率
0.4%KPAM	3.54	68.9
0.4%KPAM+3%KCl	2.38	79.1
0.4%KPAM+3%KCl+2%MMH	2.14	81.2
0.4%IND-30	4.56	59.9
0.4%IND-30(二次)	3.65	67.9
0.4%IND-30+3%KCl	2.48	78.2
0.4%IND-30+3%KCl+2%MMH	3.87	66.1
0.4%IND-30(二次)+3%KCl+2%MMH	2.26	80.1
0.4%NMI-4	3.86	66.1
0.4%NMI-4+3%KCl	2.74	75.9
0.4%NMI-4+3%KCl+2%MMH	2.51	77.9
0.4%80A51	3.75	67.2
0.4%80A51+3%KCl	2.58	77.3
0.4%80A51+3%KCl+2%MMH	2.34	79.4
0.4%CPA	3.96	65.2
0.4%CPA+3%KCl	2.88	74.7
0.4%CPA+3%KCl+2%MMH	2.55	77.6

由表 5.7 可知，单抑制剂溶液对现场钻屑有很好的防膨性，复合抑制剂的防膨效果优于单抑制剂。因此，现场钻井液体系中防塌抑制剂应复合使用，以达到良好的防塌抑制效果，最佳防塌抑制剂的组合为 0.4%KPAM+3%KCl+2%MMH。

2）常用润滑剂和清洁剂使用效果评价

通过室内实验评价常用润滑剂和清洁剂对四种钻井液（1#、2#、3#、4#）流变性、滤失性、润滑性及防膨性的影响，实验结果见表 5.8～表 5.11。

表 5.8　润滑剂、清洁剂对 1#钻井液性能的影响（130℃，12h）

处理剂	$P_V/$ (mPa·s)	Y_p/Pa	Y_p/P_V /($10^{-3}s^{-1}$)	Gels/ (Pa/Pa)	FL/mL	H/mm	HTHP/ mL	ρ/ (g/cm^3)	K_f	M_f
PEG	23	12	0.52	4/10	5.1	1.0	12.5	1.27	0.095	0.150
PGSS-1	24	11	0.46	4/10	5.3	1.0	12.4	1.27	0.105	0.150
TVRF-1	24	11	0.46	4/10	5.3	1.0	12.6	1.26	0.095	0.145
NFA-25	23	12	0.52	4/11	5.2	1.0	12.8	1.27	0.115	0.165
SY-A01	24	9	0.38	4/9	5.3	1.0	12.9	1.27	0.105	0.165
JH-3	22	9	0.41	4/9	5.5	1.0	13.1	1.25	0.115	0.160
WFA-1	20	8	0.40	3/8	5.6	1.0	13.6	1.25	0.095	0.145
DET-6	25	11	0.46	4/9	6.1	1.5	13.5	1.26	0.115	0.156

注：处理剂加量均为 2%。P_V 为塑性黏度；Y_p 为动切力；Gels 为静切力；FL 为滤失量；H 为高温高压下滤饼厚度；HTHP 为高温高压钻井液滤失量；ρ 为密度；K_f 为摩阻系数；M_f 为钻井液滤液碱度。

表 5.9　润滑剂、清洁剂对 2#钻井液性能的影响（130℃，12h）

处理剂	$P_V/$ (mPa·s)	Y_p/Pa	Y_p/P_V/ ($10^{-3}s^{-1}$)	Gels/ (Pa/Pa)	FL/mL	H/mm	HTHP/ mL	ρ/ (g/cm^3)	K_f	M_f
PEG	25	9	0.36	2/5	2.5	0.5	8.5	1.27	0.075	0.110
PGSS-1	25	9	0.36	2/5	2.6	0.5	8.6	1.27	0.080	0.110
TVRF-1	24	10	0.42	2/5	2.5	0.5	8.6	1.27	0.075	0.110
NFA-25	23	12	0.52	4/11	5.2	1.0	8.6	1.27	0.085	0.135
SY-A01	24	9	0.38	2/4	2.7	0.5	8.8	1.27	0.085	0.130
JH-3	23	10	0.43	2/4	52.6	0.5	8.7	1.26	0.085	0.130
WFA-1	22	8	0.36	3/5	2.7	0.5	8.9	1.26	0.075	0.110
DET-6	26	9	0.35	2/4	2.5	0.5	8.8	1.26	0.075	0.110

表 5.10　润滑剂、清洁剂对 3#钻井液性能的影响（130℃，12h）

处理剂	$P_V/$ (mPa·s)	Y_p/Pa	Y_p/P_V/ ($10^{-3}s^{-1}$)	Gels/ (Pa/Pa)	FL/mL	H/mm	HTHP/ mL	ρ/ (g/cm^3)	K_f	M_f
PEG	23	9	0.39	2/5	2.3	0.5	8.6	1.27	0.080	0.120
PGSS-1	23	9	0.39	2/5	2.4	0.5	8.7	1.27	0.080	0.125
TVRF-1	23	9	0.39	2/5	2.3	0.5	8.6	1.26	0.085	0.140
NFA-25	23	9	0.39	2/5	2.5	0.5	8.6	1.27	0.085	0.140
SY-A01	25	8	0.32	2/4	2.6	0.5	8.5	1.26	0.085	0.135
JH-3	23	8	0.35	2/4	2.6	0.5	8.7	1.25	0.085	0.140
WFA-1	21	8	0.38	2/4	2.7	0.5	8.8	1.25	0.085	0.125
DET-6	25	10	0.40	3/5	2.6	0.5	8.9	1.25	0.085	0.135

表 5.11 润滑剂、清洁剂对 4# 钻井液性能影响(130℃，12h)

处理剂	P_V/ (mPa·s)	Y_P/Pa	Y_P/P_V /(10^{-3}s^{-1})	Gels/ (Pa/Pa)	FL/mL	H/mm	HTHP/ mL	ρ/ (g/cm^3)	K_f	M_f
PEG	19	7	0.37	2/4	2.2	0.5	7.8	1.27	0.095	0.115
PGSS-1	18	7	0.39	2/4	2.1	0.5	7.6	1.27	0.100	0.115
TVRF-1	19	6	0.32	2/4	2.1	0.5	7.9	1.26	0.095	0.105
NFA-25	19	6	0.32	2/4	2.3	0.5	8.1	1.27	0.105	0.115
SY-A01	18	6	0.33	2/4	2.3	0.5	8.1	1.27	0.115	0.125
JH-3	18	7	0.39	2/4	2.5	0.5	7.9	1.25	0.115	0.125
WFA-1	18	6	0.33	2/4	2.4	0.5	8.0	1.25	0.105	0.115
DET-6	20	7	0.35	2/4	2.1	0.5	7.5	1.26	0.065	0.095

由表 5.8~表 5.11 可知，常用润滑剂对钻井液流变性影响较小，润滑性好的主要有 PEG、TVRF-1、PGSS-1。清洗剂 DET-6 和解卡剂 WFA-1 在 KCl-聚合物钻井液体系和膨润土-聚合物钻井液体系中体现出较好的润滑性，在全阳离子和 KCl-聚磺钻井液体系中效果较差。因此，在选择清洁剂时要针对所使用的钻井液体系而定。

3) 抑制性钻井液体系及其性能评价

通过对抑制剂、润滑剂及清洁剂等的评价分析，结合现场钻井液处理剂使用情况，给出四种抑制性钻井液配方，评价其基本性能，从中优选出性能最优的钻井液配方。

(1) 待优选抑制性钻井液配方。

配方 A：3%膨润土+0.2%NaOH+0.3%KPAM+0.5%LV-CMC+1.2%降滤失剂+3%SMP-1+1.5%JNJS-220+3%KCl+2%PGSS-1+2%TVRF-1+2%SY-A01+加重剂。

配方 B：3%膨润土+0.2%NaOH+0.3%IND30+0.5%LV-CMC+1.2%降滤失剂+3%SMP-1+1.5%JNJS-220+3%KCl+2%PGSS-1+2%TVRF-1+2%SY-A01+加重剂。

配方 C：3%膨润土+0.2%NaOH+0.3%80A51+0.5%LV-CMC+1.2%降滤失剂+3%SMP-1+1.5%JNJS-220+3%KCl+2%PGSS-1+2%TVRF-1+2%SY-A01+加重剂。

配方 D：3%膨润土+0.2%NaOH+0.3%NMI-4+0.5%LV-CMC+1.2%降滤失剂+3%SMP-1+1.5%JNJS-220+3%KCl+3%PGSS-1+1.5%NFA25+1%SY-A01+加重剂。

(2) 抑制性钻井液基本性能评价。

将上述四种钻井液在 130℃下滚动 8h 后，测定其基本性能，实验结果见表 5.12。

表 5.12 钻井液体系基本性能(130℃，12h)

钻井液体系	P_V/ (mPa·s)	Y_P/ Pa	Y_P/P_V /(10^{-3}s^{-1})	Gels/ (Pa/Pa)	FL/ mL	H/ mm	HTHP/ mL	ρ/ (g/cm^3)	K_f	M_f
A	23	9	0.39	3/5	2.2	0.5	7.6	1.27	0.070	0.095
B	21	7	0.33	3/5	2.4	0.5	8.5	1.27	0.070	0.095
C	23	8	0.35	3/5	2.4	0.5	8.4	1.27	0.070	0.100
D	24	8	0.33	3/5	2.5	0.5	8.7	1.27	0.070	0.100

由表 5.12 可知，四种钻井液体系基本性能相差不大，其中 A 体系的携砂性、悬砂性、润滑性最好，滤失量最小。

（3）抑制性钻井液体系防塌抑制性评价。

室内开展了钻井液体系对三叠系钻屑的滚动回收率、岩心线性膨胀率及钻井液对膨润土片分散性的实验，实验结果见表 5.13 和图 5.7。

表 5.13　钻井液体系抑制性评价结果　　　　　（单位：%）

钻井液体系	钻屑滚动回收率	滤液线性膨胀率	滤液线性防膨率
A	80.2	4.16	63.4
B	74.8	4.33	61.9
C	74.3	4.29	61.4
D	75.9	4.39	61.6
清水	15.6	11.37	—

注：钻屑为中古 29 井 2672.5m 处和中古 14-3H 井 2550.5m 处三叠系混合钻屑样。

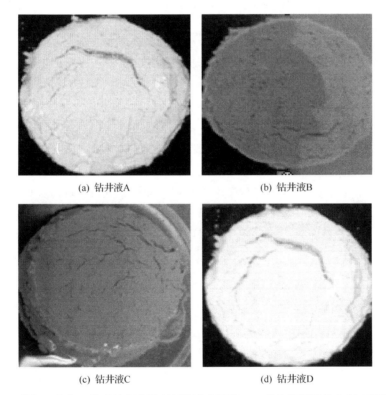

(a) 钻井液A　　　　　　　　　(b) 钻井液B

(c) 钻井液C　　　　　　　　　(d) 钻井液D

图 5.7　膨润土片在三叠系钻井液处理剂溶液中浸泡 20h 后分散膨胀状态（文后附彩图）

由表 5.13 可知，四种钻井液体系对三叠系钻屑的滚动回收率均在 70%以上，且回收的钻屑较硬，棱角较为明显。混合钻屑线性防膨率提高 4%以上，钻井液体系抑制性明显提高。由图 5.7 可知，膨润土片在钻井液处理剂溶液中浸泡 20h 后出现一定的分散，四种情况分散膨胀状态基本相同。

通过以上分析评价，A 体系综合性能最好，因此优化三叠系钻井液体系基本配方为：3%～4%膨润土+0.2%NaOH+0.2%～0.5%KPAM+0.3%～0.4%LV-CMC+1.2%～1.5%降滤

失 剂 +2% ～ 3%SMP-1+1% ～ 2%JNJS-220+3% ～ 4%KCl+1% ～ 2%PGSS-1+2% ～ 3%TVRF-1+1%～2%SY-A01+3%～4%DEF-6+加重剂。

3. 提高二叠系防塌性的钻井液技术

1)钻井液滤液活度对井壁稳定的影响

由于钻井液与泥页岩间可以形成半透膜,通过调节钻井液滤液中水的活度来调整半透膜的膜效率,使化学渗透压部分抵消水力压力差引起的压力传递和钻井液滤液向地层的渗透[1-3]。因此,在钻井液中加入一定量的无机盐,降低钻井液滤液中水的活度,达到稳定井壁的目的。然而无机盐的加量并不是越高越好,当钻井液滤液中的金属离子浓度高于地层水中的金属离子浓度时,在浓度差的作用下,钻井液滤液中的金属离子就会进入地层内部进行离子交换,必然引起钻井液滤液中水的活度上升,滤液中的水就会向地层渗透,导致井壁不稳定。故钻井液中无机抑制剂存在一个最佳浓度值,一般通过分析该段地层水矿化度来确定。

2)钻井液密度对井壁稳定的影响

合理控制钻井液密度,提供对井壁有效支撑是井壁稳定的必要条件[4-6]。针对塔中碳酸盐岩油气田二叠系泥页岩地层,确定钻井液的密度必须充分考虑井壁岩石与钻井液之间的压力传递和泥页岩水化对井壁应力的影响。

由于受孔隙压力传递、水化膨胀及岩石力学参数变化等因素的影响,泥页岩地层的坍塌压力和破裂压力不断变化。对裂缝发育或破碎性地层来说,其封固、造壁能力较差,孔隙压力传递作用明显。仅通过提高钻井液密度并不一定能增强井壁的稳定性,提高钻井液密度会使井眼压力升高,加剧水力压差驱使钻井液滤液侵入地层,产生水化应力,造成井壁不稳定。与此同时,岩石强度大幅下降也会引起井壁坍塌。因此,提高井壁的稳定性必须加强钻井液的防塌性与密度的协调优化。

3)防塌钻井液体系

(1)基本性能评价。

结合现场与理论分析,在三叠系钻井液基础上,增加聚合物抑制剂、无机抑制剂、抗高温聚合物降滤失剂 JNJS-220 和沥青类封堵剂的加量,进一步降低钻井液滤失量,提高钻井液的封堵能力,从而达到稳定井壁的目的。

室内按上述要点配制了一系列钻井液体系,并测定其基本性能,结果见表 5.14。

配方 E:4%膨润土+0.2%NaOH+0.7%KPAM+0.5%HV-CMC+1.5%降滤失剂+3%SMP-1+3%JNJS-220+4%KCl+2%PGSS-1+3%TVRF-1+3%SY-A01+2%FT-342+加重剂。

配方 F:4%膨润土+0.2%NaOH+0.7%80A51+0.5%HV-CMC+1.5%降滤失剂+3%SMP-1+3%JNJS-220 +4%KCl+2%PGSS-1+3%TVRF-1+3%SY-A01+2%GFT-1+加重剂。

配方 G:4%膨润土+0.2%NaOH+0.7%MNI-4+0.5%HV-CMC+1.5%降滤失剂+3%SMP-1+3%JNJS-220+4%KCl+2%PGSS-1+3%TVRF-1+3%SY-A01+2%KH-n+加重剂。

配方 H:4%膨润土+0.2%NaOH+0.7%IND-30+0.5%HV-CMC+1.5%降滤失剂+3%SMP-1+3%JNJS-220+4%KCl+2%PGSS-1+3%TVRF-1+3%SY-A01+1%KH-n+1%GFT-1+1%FT-342+加重剂。

表 **5.14**　**钻井液体系基本性能**(140℃，12h)

钻井液体系	P_V/ (mPa·s)	Y_P/Pa	Y_P/P_V/ ($10^{-3}s^{-1}$)	Gels/ (Pa/Pa)	FL/mL	H/mm	HTHP/ mL	ρ/ (g/cm³)	K_f	M_f
E	25	10	0.40	4/8	2.1	0.5	7.2	1.27	0.080	0.110
F	24	10	0.42	4/8	2.2	0.5	7.5	1.27	0.080	0.105
G	23	9	0.39	3/8	2.1	0.5	7.5	1.27	0.075	0.110
H	25	10	0.40	48	2.3	0.5	7.8	1.27	0.080	0.110

由表 5.14 可知，四种钻井液体系性能差别不大，其中 E 体系的携砂性最好，失水量最小。

(2)防塌性评价。

室内开展了钻井液体系对二叠系钻屑的滚动回收率、岩心线性膨胀率及钻井液对膨润土片分散性的实验，实验结果见表 5.15 和图 5.9。

表 **5.15**　**钻井液体系抑制性评价结果**　　　　　　　(单位：%)

钻井液体系	钻屑滚动回收率	滤液线性膨胀率	滤液线性防膨率
E	84.2	3.37	70.8
F	85.1	3.49	69.7
G	83.9	3.46	70.0
H	88.3	3.45	70.1
清水	16.3	11.53	—

由表 5.14 和表 5.15 可知，二叠系钻屑的滚动回收率高于三叠系钻屑的滚动回收率，二叠系钻井液滤液线性防膨率也明显高于三叠系钻井液，表明二叠系防塌钻井液防塌抑制性较好。因此，若三叠系需要提高防塌抑制性，可借鉴二叠系通过添加防塌抑制剂、无机抑制剂、可变性封堵粒子，降低钻井液滤失量，降低钻井液滤液中水的活度，提高钻井液对裂缝的封堵能力，达到稳定井壁的目的。

从图 5.8 可知，膨润土片在钻井液处理剂溶液中浸泡 20h 后基本保持原状，与图 5.7 进行对比可知，二叠系钻井液防塌抑制性高于三叠系钻井液的防塌性，表明增加聚合物抑制剂、无机盐抑制剂、降滤失剂及沥青类封堵剂的含量，确实增强了钻井液对裂缝性地层的封堵能力，有利于井壁稳定。

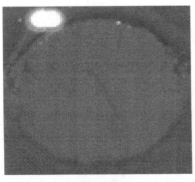
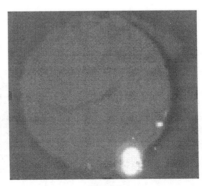

(a) 钻井液E　　　　　　　　　　(b) 钻井液F

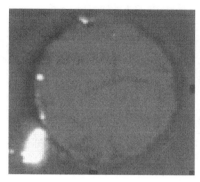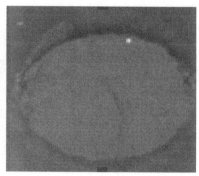

　　　　　　(c) 钻井液G　　　　　　　　　　　　　(d) 钻井液H

图 5.8　膨润土片在二叠系钻井液处理剂溶液中浸泡 20h 后状态(文后附彩图)

（3）封堵性评价。

　　室内分别采用砂床滤失量实验和岩心滤失量实验评价三叠系钻井液体系和二叠系钻井液体系的滤失量，实验结果见表 5.16。

　　砂床滤失量测定方法：取 60～80 目石英砂倒入高温高压滤失仪中，摇均，使砂床表面平整，用专用工具将其压实，沿杯壁缓慢倒入泥浆，盖好泥浆杯盖，装好压力系统，按仪器操作规程测定 30min 内 1.5MPa 压力下钻井液滤失量。

　　岩心滤失量测定方法：取渗透率为 700mD 左右的人造岩心，装入岩心夹持器中，按操作规程装好仪器，测定 2h 内钻井液的滤失量。

表 5.16　钻井液体系滤失量评价实验结果

钻井液体系	砂床滤失量/(mL/min)				岩心渗透率/mD	岩心滤失量/(mL/min)				
	5min	10min	20min	30min		10min	20min	30min	60min	120min
A	10.3	11.9	14.8	15.8	675.33	2.1	25	2.9	3.1	3.2
B	10.2	11.6	14.1	16.8	691.32	1.9	2.3	2.6	2.9	3.0
E	5.9	7.1	7.5	8.7	675.21	1.4	1.9	2.3	2.5	2.6
G	6.3	7.2	7.8	8.8	672.85	1.3	1.8	2.0	2.3	2.4
H	5.4	6.1	6.4	6.5	678.78	1.1	1.4	1.5	1.8	2.1
4%坂土基浆	80.6	滤完			673.45	21.3	36.7	45.2	61.2	78.9

　　由表 5.16 可知，二叠系钻井液体系砂床滤失量和岩心滤失量均小于三叠系钻井液体系，说明在裂缝性、孔隙性和水化性强的硬脆性泥页岩地层，加强钻井液封堵性、控制钻井液的滤失量是重要的井壁稳定措施。

　　通过以上分析研究，E 体系综合性能最好，因此优化二叠系钻井液体系基本配方为：3%～4%膨润土+0.2%NaOH+0.4%～0.6%KPAM+0.3%～0.5%LV-CMC+1.5%～2.0%降滤失剂+3%～4%SMP-1+2%～3%JNJS-220+3%～5%KCl+2%～3%PGSS-1+2%～3%TVRF-1+3%SY-A01+3%～4%FT-342+加重剂。

　　4）钾钙基聚合物钻井液

　　钾钙基聚合物钻井液体系也广泛应用于塔中碳酸盐岩油气田，其主要作用是提高钻井液的抗盐性和防塌抑制性。

为消除 $NaHCO_3$、Na_2CO_3 等碳酸盐岩层对钻井液性能的影响，在钻井液中加入 CaO 或 $CaCl_2$，除去钻井液中的 CO_3^{2-}，使钻井液从细分散体系向粗分散体系转化，进而增强钻井液的抑制性和抗盐侵能力。

钾钙基聚合物钻井液体系的抑制性是通过将聚合物抑制剂与无机抑制剂复合后，通过 K^+、Ca^{2+} 协同 KPAM、IND30、80A51 等聚合物共同抑制钻屑水化分散来实现的。室内评价了 CaO 对三叠系及二叠系钻井液体系各项性能的影响。

（1）基本性能评价。

在三叠系及二叠系钻井液中加入 CaO，评价其基本性能，实验结果见表 5.17 和表 5.18。

表 5.17　CaO 对三叠系钻井液性能影响

CaO/%	P_V/ (mPa·s)	Y_P/Pa	Y_P/P_V /($10^{-3}s^{-1}$)	Gels/ (Pa/Pa)	FL/mL	H/mm	HTHP/ mL	ρ/(g/cm³)	K_f	M_f
0	23	9	0.39	3/6	2.3	0.5	8.2	1.27	0.070	0.095
0.1	28	11	0.39	5/9	2.5	0.5	8.3	1.27	0.080	0.105
0.2	32	14	0.44	5/10	2.6	0.5	8.3	1.27	0.080	0.100
0.3	35	15	0.43	6/13	2.6	0.5	8.4	1.27	0.090	0.110
0.4	36	16	0.44	6/13	2.5	0.5	8.4	1.27	0.090	0.110
0.5	36	16	0.44	6/13	2.5	0.5	8.5	1.27	0.090	0.110

表 5.18　CaO 对二叠系钻井液性能影响

CaO/%	P_V/ (mPa·s)	Y_P/Pa	Y_P/P_V /($10^{-3}s^{-1}$)	Gels/ (Pa/Pa)	FL/mL	H/mm	HTHP/ mL	ρ/(g/cm³)	K_f	M_f
0	25	10	0.40	4/8	2.1	0.5	7.6	1.27	0.080	0.105
0.1	30	13	0.43	5/10	2.2	0.5	7.8	1.27	0.085	0.115
0.2	35	15	0.43	6/11	2.1	0.5	7.6	1.27	0.090	0.105
0.3	38	17	0.45	6/12	2.2	0.5	7.7	1.27	0.095	0.110
0.4	39	17	0.44	6/12	2.2	0.5	7.9	1.27	0.095	0.110
0.5	39	17	0.44	6/12	2.3	0.5	8.0	1.27	0.095	0.110

由表 5.17 和表 5.18 可知，三叠系和二叠系钻井液中加入 0.1% CaO 后，钻井液的表观黏度、塑性黏度、静切力及动塑比都明显增大，滤失量略微增加，表明钻井液从细分散向粗分散转化时，钻井液性能发生了突变。当 CaO 加量继续增加时，钻井液的表观黏度、动切力、塑性黏度及动塑比增加减缓。当 CaO 加量为 0.3%～0.5% 时，钻井液性能基本不再变化，说明钾钙基聚合物钻井液抗盐侵的能力较强。

（2）防塌性评价。

室内开展了三叠系和二叠系钾钙基聚合物钻井液体系对钻屑滚动回收率的影响实验以及钻井液滤液对钻屑线性膨胀率的影响实验，实验结果见表 5.19。

表 5.19　钻井液抑制性　　　　　　　　　　　　(单位：%)

钻井液体系	钻屑滚动回收率	线性膨胀率	线性防膨率
三叠系钾钙基	85.5	3.05	73.3
二叠系钾钙基	86.9	2.88	74.8
清水	15.8	11.44	

由表 5.15 和表 5.19 可知,钾钙基聚合物钻井液对三叠系和二叠系钻屑滚动回收率和线性防膨率均高于 KCl-聚合物钻井液体系,表明钾钙基聚合物钻井液具有较好的防塌抑制性。

通过对钾钙基钻井液体系性能评价分析,实验结果表明钾钙基钻井液体系的防塌抑制性优于常规防塌抑制性钻井液,且钾钙基钻井液体系具有较强抗盐侵能力,其应用前景十分广泛,以下是钾钙基钻井液体系的基本配方。

三叠系钾钙基钻井液体系：3%～4%膨润土+0.2%NaOH+0.2%～0.5%KPAM+0.3%～0.4%LV-CMC+1.2%～1.5%降滤失剂+2%～3%SMP-1+1%～2%JNJS-220+3%～4%KCl+1%～2%PGSS-1+2%～3%TVRF-1+1%～2%SY-A01+3%～4%DEF-6+0.3%～0.5%CaO+加重剂。

二叠系钾钙基钻井液体系：3%～4%膨润土+0.2%NaOH+0.4%～0.6%KPAM+0.3%～0.5%HV-CMC+1.5%～2.0%降滤失剂+3%～4%SMP-1+2%～3%JNJS-220+3%～5%KCl+2%～3%PGSS-1+2%～3%TVRF-1+3%SY-A01+3%～4%FT-342+0.3%～0.5%CaO+加重剂。

5)有机盐聚合物钻井液

有机盐聚合物是以小分子有机盐化合物为结构重复单元,通过一定条件下的化学反应,聚合出的具有较大分子回旋半径的高分子盐类物质。因此有机盐聚合物溶液同时具有高分子聚合物和盐类物质的性质。有机盐聚合物可以解离出大量的金属钠(或钾)离子和长分子链的羧酸根离子,增大了分子回旋半径,提高了钻井液的黏度,使钻井液的抑制性和流变性有机结合在一起,增强了井壁稳定性。

有机盐聚合物在溶液中解离出的羧酸根(—COO⁻)可与黏土晶格端面的水合羟基铝或溶液中游离的 Al^{3+} 结合,生成聚合铝盐沉淀物,并吸附到黏土颗粒的表面形成吸附层。吸附层形成后,聚合盐的亲水基团羧酸根(—COO⁻)朝吸附层向内,疏水的—C—C—链朝吸附层向外,在黏土颗粒表面形成一层疏水保护层,阻止水分子靠近,从而抑制了黏土的水化分散,达到稳定井壁的目的[7-9]。

4. 现场应用效果分析

塔中 862H 井与邻井塔中 861 井钻遇地层情况基本一致,在三叠系和二叠系均易出现井壁失稳现象。根据塔中 862H 井和塔中 861 井钻井资料,分析其在钻遇三叠系和二叠系时井径的变化情况,发现没有使用优化的钻井液体系的塔中 861 井在三叠系和二叠系井径扩大情况十分严重,平均井径扩大率达到 14.84%,存在严重的钻头泥包和井壁失稳情况。而使用优化钻井液体系的塔中 862H 井在三叠系和二叠系井径扩大率仅为 6.32%。由此可知,优化钻井液体系有利于三叠系和二叠系井壁稳定,提高了钻井效率。

5.2.2　塔中碳酸盐岩超深水平井储层保护钻井液技术

保护储层，一是尽量防止钻井液进入油气层，二是进入油气层的组分尽量不引起油气层堵塞[10]。然而钻开储层时，钻井液的高固相含量、固相粒子的高度分散性、油层的高压差、长时间浸泡等因素均会对储层产生损害。因此，在钻开储层时，需要采用屏蔽暂堵技术。

1. 塔中碳酸盐岩油气田裂缝性储层损害机理分析

1) 储层基本性质与潜在储层损害的关系

(1) 储层孔隙结构特征与潜在储层损害的关系。

对储层地质特征的研究可知，塔中奥陶系碳酸盐岩储层类型主要为裂缝-孔洞型。储层基体以各种微孔隙、晶间孔、粒间孔、溶蚀孔隙为主，裂缝以构造微裂缝、压溶缝和构造溶蚀缝为主，储层岩石矿物的强亲水性和微孔隙使储层原始含水饱和度偏高，油气在孔隙中难以流动，发生水锁效应，导致油气相渗透率大幅降低。

(2) 低孔低渗与潜在储层损害的关系。

塔中碳酸盐岩储层广泛发育块状层理，填隙物主要为泥晶、粉晶碳酸盐和铁泥质。岩石胶结致密导致储层低孔隙度、低渗透率，使油气相渗透率大大降低。

(3) 地层压力不足与潜在储层损害的关系。

由于塔中碳酸盐岩油气田储层岩石中均为微细孔隙，这些孔隙可以作为流体的储集空间，储集在微细孔隙中的流体需要极高的排驱压力才能流动，因此极难从微孔隙中排出。构造缝、压溶缝被充填，开度减小，井筒中的流体沿微裂缝侵入，若没有足够的地层压力，侵入流体难以反排，对储层造成损害。

(4) 成岩作用与潜在储层损害的关系。

碳酸盐岩裂缝性储层缺乏刚性碎屑颗粒的支撑，在成岩作用期，由于上覆压力作用，储层孔隙体积大大减小，不能形成原生粒间孔，保留了渗透性极差的微孔隙，不能形成扩大的溶蚀孔隙。强烈的压实作用和胶结充填作用使储层面孔率极低，有效孔隙度小，油气难以流动。

2) 储层敏感性伤害

(1) 速敏伤害。

塔中奥陶系储层中黏土矿物含量较高，类型复杂。由于流体动力作用，黏土矿物暴露，失去结晶碳酸盐矿物的黏结保护，随流体一起运移。由于裂缝在储层中并不平直，其形态弯曲多变、各处宽度不一，易使流体发生流速和流态变化，导致在裂缝的某一处产生冲刷剥蚀，在另一处沉降。当微裂缝细小、沉淀物堵塞有效流动通道时，储层渗透率将大大降低其至丧失渗透率，产生储层伤害。

(2) 储层水敏和盐敏伤害。

水敏矿物含量与种类是储层水敏、盐敏的物质基础。塔中碳酸盐岩储层微裂缝中存在泥质、灰质等胶态矿物，此外还有胶态泥质、方解石、白云石等。井筒中的流体与微裂缝周围的泥质矿物接触，由于这类矿物的强吸水性，会使胶态黏土和灰泥吸水膨胀，堵塞孔隙空间，束缚水饱和度增大，导致渗透率降低。同时，泥质矿物吸水膨胀解体，微粒发生运移，堵塞微裂缝，造成储层伤害。

储层的水敏伤害实际上包含水锁伤害。当储层孔隙结构良好，入井流体与地层流体不配伍或入井流体与储层孔隙喉道发生明显作用而导致渗透率降低时，将发生水敏或盐敏伤害。当储层孔隙结构极差时，水锁伤害将大大超过水敏伤害。

(3)储层酸敏伤害。

塔中碳酸盐岩储层岩石裂缝中存在大量酸敏矿物，大部分酸液都可与其发生反应，形成可溶物或难溶胶体物质，使岩石结构解体，导致原始裂缝和孔隙发生极大改变，造成储层伤害。

(4)储层碱敏伤害。

塔中碳酸盐岩储层岩石裂缝和基体中存在大量泥质、云泥、灰泥等碱敏矿物，这些物质在强碱性环境中极不稳定。强碱性环境会破坏泥质硅酸盐矿物和碳酸盐矿物结构，使之发生解体，形成各种不溶胶态物质，堵塞孔隙喉道，使储层渗透率大大降低，造成储层损害。

2. 塔中碳酸盐岩油气田裂缝型储层保护技术

1)钻完井液的优选

(1)暂堵剂的确定。

塔中碳酸盐岩储层基质渗透率为 $1×10^{-3}～1000×10^{-3}\mu m^2$，裂缝宽度为 $70～180\mu m$，孔喉直径范围为 $1～200\mu m$。根据以上特征，优选暂堵剂必须能有效封堵基质和裂缝。为此，塔中碳酸盐岩储层选用新型纤维状暂堵剂 LF-1 和弱荧光油溶可变形填充剂 EP-1。

LF-1 是由超细碳酸钙和改性石棉纤维按一定比例配制而成的一种复合材料，其粒度分布范围为 $0.55～190\mu m$。

EP-1 是由油溶性树脂、石蜡等复配而成，其粒度分布很小，中值直径 $1.13\mu m$。该充填剂不仅能封堵微裂缝，而且有利于增强泥页岩地层的抑制性。

(2)暂堵材料及加量的筛选。

碳酸钙颗粒单独堵塞效果如下。

根据固相颗粒堵塞规律，加入 2%的 200～300 目的碳酸钙颗粒进行暂堵实验，实验结果见表 5.20。

由表 5.20 可知，使用碳酸钙颗粒之后，屏蔽环能够承受 7.0MPa 压差，但不易反排，原因是没有加入可变性粒子，故在原浆中加入 3%XCBS-1。

表 5.20　加入 2%的 200～300 目碳酸钙+原浆暂堵实验结果

岩心编号	裂缝宽度/μm	动态暂堵实验			暂堵强度		不同反排压差下的流量/(mL/min)				
		压差/MPa	时间/min	滤液/mL	压差/MPa	流量/(mL/min)	0.5/MPa	1.5/MPa	2.5/MPa	3.0/MPa	4.0/MPa
35	10.6			0.5			0.06	0.06	0.1	0.1	0.1
32	22.1	3.5	10	0.6	7.0	0	0.06	0.06	0.08	0.08	0.08
36	31.8			0.8			0.05	0.05	0.07	0.07	0.07

加入 3%XCBS-1 后的暂堵效果如表 5.21 所示。XCBS-1 是一种油层保护剂，由一定量的超细碳酸钙粒子和可变形粒子磺化沥青混合而成。利用 3%XCBS-1+原浆进行暂堵实验，实验结果见表 5.21。

表 5.21　3%XCBS-1+原浆暂堵实验结果

岩心编号	裂缝宽度/μm	动态暂堵实验			暂堵强度		不同反排压差下的流量/(mL/min)				
		压差/MPa	时间/min	滤液/mL	压差/MPa	流量/(mL/min)	0.5/MPa	1.5/MPa	2.5/MPa	3.0/MPa	4.0/MPa
5	9.03			0.3			0	0	0	0.02	0.03
31	20.3			0.4			0	0	0.01	0.02	0.02
33	29.7	3.5	10	0.4	7.0	0	0	9.0	反排成功		
25	33.2			0.4			0	0.03	0.08	0.02	0.0

由表 5.21 可知，原井浆加入 3%XCBS-1 后滤失量有所减小，其中有一块岩心反排成功，暂堵效果有一定改善。但反排效果还不理想，其原因在于在设计暂堵钻井液配方时，沿用的是孔隙性储层的暂堵规律，由于裂缝在几何形态上与孔隙有较大差异，因此暂堵规律也有较大区别。根据国内外研究结果，若在钻井液中加入一些纤维状颗粒，会使固相颗粒更容易在裂缝中产生堵塞。

加入 3%XCBS-1 和 0.04%纤维状堃堵剂(LF-1)后的暂堵效果如表 5.22 所示。使用 3%XCBS-1+0.04%LF-1+原浆进行暂堵实验，实验结果见表 5.22。由表 5.22 可知，加入 0.04%的 LF-1 后，有两块岩心反排成功，暂堵效果进一步提高。

表 5.22　3%XCBS-1+0.04%LF-1+原浆暂堵实验结果

岩心编号	裂缝宽度/μm	动态暂堵实验			暂堵强度		不同反排压差下的流量/(mL/min)				
		压差/MPa	时间/min	滤液/mL	压差/MPa	流量/(mL/min)	0.5/MPa	1.5/MPa	2.5/MPa	3.0/MPa	4.0/MPa
28	9.11						0.01	0.01	0.01	0.02	0.03
38	20.3						0.02	0.02	0.02	0.02	0.03
3	29.87	3.5	10	0.3	8.0	0	0.02	10.0	反排成功		
17	39.5						0.02	0.02	10.5	反排成功	

加入 3%的 XCBS-1、0.15%的 LF-1 和 2%油溶性暂堵剂(EP-1)后的暂堵效果如表 5.23 所示。

为进一步提高暂堵和反排效果，将纤维状暂堵剂的加量增大至 0.15%，同时加入 2% 油溶性暂堵剂 EP-1 继续展开暂堵实验，实验结果见表 5.23。

由表 5.23 可知，原钻井液加入 3%的 XCBS-1、0.15%的 LF-1 和 2%的 EP-1 后，屏蔽环可以承受 8.0MPa 的压差，且屏蔽环易反排。因此，原钻井液中加入 XCBS-1、LF-1 和 EP-1 后，形成的屏蔽环能够满足"堵得稳"和"易反排"两个技术关键。

表 5.23　3%XCBS-1+0.15%LF-1+2%EP-1+原浆暂堵实验结果

岩心编号	裂缝宽度/μm	动态暂堵实验			暂堵强度		不同反排压差下的流量/(mL/min)				
		压差/MPa	时间/min	滤液/mL	压差/MPa	流量/(mL/min)	0.5/MPa	1.5/MPa	2.5/MPa	3.0/MPa	4.0/MPa
36	8.35						0.1	0.25	0.25		
6	17.5						0.1	0.3	0.3		
33	21.2	3.5	10	0.2	8.0	0	0.1	0.25	0.25	10	反排成功
32	29.4						0.01	0.2	0.2		
6-2	31.4						0.02	0.1	0.1		
30	41.5						0.1	0.1	0.1		

(3) 暂堵材料对钻井液性能的影响。

由于储层保护技术是在原钻井工艺的基础上增加的一项技术要求,并非另行增加的一个工艺环节,因此在采用储层保护技术时一定要考虑它与原工艺之间的相容性。可以通过加入暂堵剂后对钻井液性能的影响程度来判断屏蔽暂堵技术与钻井工艺之间的相容性。表 5.24 为加入暂堵剂 3%XCBS-1、0.15%LF-1 和 2%EP-1 前后钻井液性能的变化情况。

表 5.24　加入暂堵剂前后钻井液性能变化对比

取样顺序	密度/(g/cm³)	塑性黏度/(mPa·s)	动切力/Pa	表观黏度/(mPa·s)	n	K/(Pa·s^n)	失水量/mL	泥饼厚度/mm	pH
加前	1.31	43	15.8	58.5	0.66	0.613	5.0	1.0	8.5
加后	1.32	45	15.8	60.5	0.67	0.519	4.5	1.0	8.5

由表 5.24 可知,加入暂堵剂后只有塑性黏度和密度有轻微的上升,滤失量略有下降。这是由于 XCBS-1 和 LF-1 均为惰性材料,仅对塑性黏度有一定影响,而对其他流变参数影响很小。由于暂堵剂的加入可以改变固相颗粒粒径分布,增加可变形软粒子所占比例,因此有利于降低滤失量。综上,暂堵剂的加入对钻井液性能影响不大,可以在加入暂堵剂之前通过适当地调节钻井液性能来消除某些不利影响。

(4) 钻完井液配方。

根据上述优选评价结果,优化的储层钻完井液配方为原浆+3%XCBS-1+0.15%LF-1+2%EP-1。

2) 钻完井液暂堵效果评价

(1) 暂堵强度评价。

根据前面堵塞规律和研究结果,选择优化原用钻井液以满足"堵得住,易反排"的要求,实验条件为暂堵压差 3.5MPa、时间 15min。在暂堵实验中,同样分为球形颗粒暂堵和纤维状粒子暂堵,实验结果分别列于表 5.25 和表 5.26。

表 5.25　球形颗粒暂堵效果和强度评价实验

岩心编号	裂缝宽度/μm	裂缝渗透率/$10^{-3}μm^2$	屏蔽环强度/MPa	流量/(mL/min)	不同反排压差下的流量/(mL/min)				
					0.5	1.5	2.5	3.0	4.0
11-2	3.94	204.6	11.0	0.07		0.4	0.6	1.0	1.2
51-4	1.76	41.0	11.0	0.02		0.7	1.0	1.2	1.5
53-2	0.71	6.7	11.0	0.02		0.8	1.5	成功	
11-3	3.28	142.0	11.0	0.03		0.5	0.9	1.2	1.4
46-1	2.63	91.2	11.0	0.04	0	0.7	1.0	1.5	成功
11-4	1.87	46.3	11.0	0.01		0.8	1.3	1.5	成功
76-3	3.26	140.6	9.0	0.02		0.3	0.6	1.0	1.2
95-1	2.00	52.8	11.0	0.03		0.7	1.0	1.2	1.5
76-2	0.51	3.44				0.5	0.9	1.0	成功
95-2	3.19	134.2				0.4	0.7	1.0	1.5

注：钻井完井液配方为聚磺钻井液+2%QS-2+2%QS-4+3%磺化沥青。

表 5.26　纤维状粒子暂堵效果和强度评价实验

岩心编号	裂缝宽度/μm	裂缝渗透率/$10^{-3}μm^2$	屏蔽环强度/MPa	流量/(mL/min)	不同反排压差下的流量/(mL/min)				
					0.5	1.5	2.5	3.0	4.0
51-3	70.94	72.94	11.0	0.001		0.5	1.0	1.3	1.5
46-4	112.0	100.7	11.0	0.03	0	1.1	1.5	成功	
12-1	109.4	112.8	11.0	0.02		1.3	成功		
14-3	131.3	130.6	11.0	0.001		1.5	成功		

注：钻井完井液配方为聚磺钻井液+0.15%LF-1+3%碳酸钙+2%软化粒子。

由表 5.25 和表 5.26 可知，不使用纤维状粒子时，虽然也有反排成功的情况，但效果并不理想且主要是小裂缝反排较好，裂缝稍大时就会造成钻井液的侵入，反排效果差。然而在钻井液中加入 1%的 LF-1 时，反排效果明显好转，这是由于纤维状粒子起了很大作用，其柔性和长径比较大，在钻井液中以网架结构存在，这些网架结构变形大，容易在裂缝入口处形成稳定的桥架，但又不会侵入裂缝太深，反排比较容易。

屏蔽环强度必须满足钻井过程中其他作业要求，以防止屏蔽环被压破而造成损害，因此需要进行屏蔽环强度实验。首先在 3.5MPa 的压力下形成屏蔽环，然后逐步加压，观察是否有大量滤液渗出；若没有，则继续加压，直到设计的压差；若在某个压差下，有大量滤液渗出，则可认为屏蔽环被压破。由表 5.26 可知，使用该配方钻井液形成的屏蔽环均可承受 11MPa 的压差，有 3 块岩样在 2MPa 压差下反排成功。

(2)暂堵深度评价。

暂堵深度是衡量屏蔽暂堵技术的一个重要指标。屏蔽暂堵技术的要求之一就是堵得浅，即架桥粒子、填充粒子和软粒子之间相互配合，在油层近井壁带形成致密的泥饼。

实验选用 10 块塔中碳酸盐岩油气田的岩心，先进行暂堵实验，然后沿暂堵端切去一定长度的岩心，按与上述同样的实验方法测定余下部分岩心的渗透率。如果余下岩心的渗透率与原始渗透率相当，则切去部分的长度可近似地作为屏蔽环厚度或暂堵深度，实验结果见表 5.27。

表 5.27　暂堵深度评价实验结果

岩心编号	裂缝渗透率/$10^{-3}\mu m^2$	裂缝宽度/μm	切断岩心长度/cm		渗透率/$10^{-3}\mu m^2$		堵深/cm
			Li	Ki	Li	Ki	
51-2	78.6	2.28	0	10.33	1.02	78.12	<1.02
33-3	30.9	1.41	0	4.33	1.12	31.32	<1.12

注：钻井完井液配方为原浆+0.15%LF-I+3%碳酸钙+2%软化粒子；暂堵条件为压差 3.5MPa、围压 6MPa 和时间 10min。

由表 5.27 可知，在进行一次切割后，两块岩心的渗透率已基本完全恢复，表明两块岩心堵塞深度均小于 1.12cm。由此表明，使用这种暂堵型钻井液所形成的屏蔽环厚度较小。

通过确定适合塔中碳酸盐岩储层特征的暂堵剂，对相关暂堵材料及其加量进行室内实验优选，最后得到最优储层保护钻井液配方。按优选的配方配制钻井液，通过室内实验对其暂堵强度和深度进行评价，实验结果表明，优选钻井液体系满足"堵得住，易反排"的技术要求。

5.2.3　塔中碳酸盐岩超深水平井低土相弱凝胶抗高温水基钻井液体系

低土相弱凝胶钻井液是针对塔中碳酸盐岩超深水平井提出的一种新型储层保护钻井液体系。该钻井液内部结构与普通聚合物钻井液不同，其分子键相互缠绕，形成空间网架结构。通过在弱凝胶钻井液体系中加入 1%～2%的坂土浆，使其结构更加稳定，以满足大井眼环空和水平井的携岩要求。弱凝胶钻井液体系具有独特的流变性，且表观黏度低，动塑比高，低剪切速率黏度较高，具有良好的悬浮性、润滑性和抑制性。同时该钻井液体系能在井壁上快速形成低渗透性滤饼，阻止井筒流体侵入储层，有利于油气层的保护。

现场应用表明，弱凝胶钻井液体系抗温能力不足，在温度高于 120℃的情况下，不能很好地处理因聚合物降解而引起的钻井液黏度降低和携岩能力不足等问题。此外，弱凝胶钻井液体系抗盐抗污染能力较弱，在高温、高压和高盐度地区的使用有一定的局限性，不能满足高温深井(120℃)钻井工程需求。

研究表明，弱凝胶钻井液的抗温抗盐性能很大程度上取决于成胶剂的抗温抗盐能力[10-12]。因此，提高弱凝胶钻井液抗温抗盐性能的关键在于提高弱凝胶成胶剂在高温高矿化度环境下的稳定性，研制性能良好的弱凝胶成胶剂对提高弱凝胶钻井液体系的抗高温高盐性能具有重要意义。

1. 抗高温成胶剂的研制

1)抗高温抗盐弱凝胶钻井液的研究思路

(1)处理剂的抗高温、抗盐性能是钻井液具有良好的热稳定性和抗温性能的前提和基础。依托室内合成抗温抗盐弱凝胶成胶剂，并优选抗高温、抗盐能力强的其他添加剂，协同改善弱凝胶水基钻井液体系抗高温、抗盐能力。

(2) 在不影响钻井液性能的前提下，适当增大处理剂用量。因为处理剂在高温下可能部分分解或降解，有必要通过增加处理剂用量保证体系在高温环境下的稳定性。

(3) 在处理剂的优选过程中，需要考虑处理剂对钻井液弱凝胶特性的影响。

(4) 深井、超深井及水平井等复杂井对钻井液的润滑性要求较高，选用能增强钻井液泥饼质量和润滑性能的处理剂，改善钻井液与滤饼的润滑性能。

(5) 为提高机械钻速和改善储层保护的效果，应尽量减少钻井液中膨润土等亚微级细小颗粒的含量。

(6) 为提高钻井液携岩、悬浮钻屑的能力，应使钻井液流具有低的高转速下的黏度和高的低转速下的黏度。

(7) 为改善钻井液的失水造壁性能，可加入适量的暂堵剂或成膜降滤失剂，提高钻井液的封堵能力和降失水能力。

2) 抗高温抗盐弱凝胶钻井液性能指标

以合成的成胶剂作为抗高温、抗盐弱凝胶钻井液体系的核心处理剂，与其他抗温、抗盐处理剂进行组配，协同提高弱凝胶钻井液体系抗高温抗盐能力，形成一种性能优良的抗高温、抗盐弱凝胶钻井液体系。其性能指标为：膨润土含量不大于 1.5%，温度不小于 150℃，密度为 $1.02\sim1.25g/cm^3$，钻井液的 API 滤失量小于 5mL，HTHP 滤失量小于 15mL，流变特性指标为低转速下 (0.3r/min) 黏度值在 40000mPa·s 以上，动塑比在 0.36 ~ 0.5[Pa/(mPa·s)]。

3) 抗高温弱凝胶钻井液成胶剂研制思路

(1) 活化处理，提高反应性和基团量。

(2) 酶化处理，改变链结构。

(3) 氧化处理，改变赋存环境，降低降解速度。

(4) 分子修饰，改变基团和侧链。

(5) 互配处理，提高结构稳定性及增强相互间的作用力。

目前，通过黄原胶 (XCD)、水解聚丙烯酰胺、亚硫酸钠、羟乙基纤维素 (HEC) 和 PAC 的复合制备的抗高温弱凝胶成胶剂效果最佳。其配方为 0.3%XCD+0.1%水解聚丙烯酰胺+0.8%亚硫酸钠+0.2%HEC+0.2%PAC+0.3%十二烷基苯磺酸钠。

2. 处理剂优选

处理剂的抗高温、抗盐性能是钻井液具有良好的热稳定性和抗盐性能的前提和基础。依托室内合成的抗温抗盐弱凝胶成胶剂，并优选抗高温、抗盐能力强的其他外加剂，协同改善弱凝胶水基钻井液体系的抗高温、抗盐能力。

1) 成胶剂加量的优选

实验采用 M3600 常压流变仪，测定在一定剪切速率和温度下不同浓度溶液的表观黏度值，并对比评价几类聚合物的增黏提切效果，以此优选成胶剂的加量。几种聚合物增黏剂浓度和表观黏度的关系如图 5.10 所示。

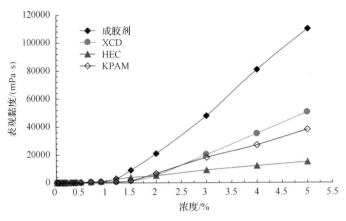

图 5.9　几种聚合物浓度-表观黏度关系曲线($T=24.9$℃，剪切速率 $\gamma = 0.017s^{-1}$)

由图 5.9 可知，成胶剂、黄原胶和 HPAM 水溶液的黏土随浓度增大出现明显的拐点，其对应的浓度称为临界浓度。HEC 的黏度随浓度增大呈递增趋势，没有明显的拐点。成胶剂具有更高的临界黏度，在较高的浓度下比普通聚合物的增黏效果更好。在高浓度和低浓度下，成胶剂均表现出一定的剪切稀释性，且浓度大于临界浓度时剪切稀释性更好。综合考虑钻井液流变特性要求和成本问题，最终确定成胶剂的加量为 2%。

2）降失水剂优选

为提高弱凝胶钻井液抗温、抗盐性能，优选出 JMP-1、CX-1、CX-2、DJA-1 和 TYJH-180 五类抗高温抗盐降滤失剂。

实验浆中加入各类型降滤失剂 1.5%，对其热滚前后降滤失性能进行综合对比评价，实验结果见表 5.28。不同类型降滤失剂加入后对钻井液低剪切速率下表观黏度的影响对比实验结果见表 5.29。用于实验的钻井液配方如下。

表 5.28　不同配方钻井液热滚前后性能变化情况（150℃，16h）

配方号	实验条件	ρ/(g/cm³)	A_V/(mPa·s)	P_V/(mPa·s)	Y_P/Pa	$G_{10''}/G_{10'}$ /(Pa/Pa)	API/ (mL/mm)	HTHP/ (mL/mm)
1#	热滚前	1.15	31	17.5	13.5	3.5/7.5	9.6/0.2	
	热滚后	1.15	29.5	16.5	13.0	3.0/6.5	10.8/0.2	19.8/0.4
2#	热滚前	1.15	29.5	16.5	13.0	2.5/4.0	11.4/0.2	
	热滚后	1.15	26.5	15.0	11.5	2.0/3.5	15.6/0.3	22.0/0.4
3#	热滚前	1.15	27	14.5	12.5	3.0/4.5	10.0/0.2	
	热滚后	1.15	22.5	12	10.5	1.5/3.0	14.8/0.3	21.0/0.4
4#	热滚前	1.15	30.0	17.0	13.0	3.0/5.5	10.5/0.2	
	热滚后	1.15	22	14.0	8.0	1.5/2.5	16.0/0.4	24.2/0.4
5#	热滚前	1.15	35.5	20.0	15.5	4.0/7.5	9.8/0.2	
	热滚后	1.15	32	18.5	13.5	3.5/7.0	10.4/0.2	19.6/0.3

注：A_V 为表观黏度；P_V 为塑性黏度；API 为室温中压钻井液滤失量（20°，0.69MPa）；HTHP 为高温高压钻井液滤失量（120°，3.5MPa）；$G_{10''}/G_{10'}$ 表示钻井液的触变性系数，将钻井液在高速下搅拌 10s，使钻井液样品静止 10s，测定以 3r/min 的转速旋转时的最大读值，以 Pa 为单位记录初切力（分子的 $G_{10''}$），将钻井液在高速下重新搅拌 10s，而后使其静止 10min，测定以 3r/min 的转速旋转时的最大读值，以 Pa 为单位记录 10min 的静切力（分母的 $G_{10'}$）。

表 5.29 不同降滤失剂对低剪切速率下表观黏度的影响 （单位：mPa·s）

配方	不同低剪切速下钻井液表观黏度值						
	0.3r/min	0.6r/min	1.0r/min	1.5r/min	3r/min	6r/min	10r/min
1#	40036	10901	4061	2100	1001	980	450
2#	20760	7901	2600	1670	801	700	378
3#	23634	8101	2902	1991	910	760	390
4#	21900	8001	2972	2001	854	771	412
5#	39592	8410	2876	1701	709	654	321

1#：400mL 水+0.2%Na_2CO_3+7%KCl+20NaCl+5%$CaCl_2$+2%成胶剂+1.5%JMP-1。

2#：400mL 水+0.2%Na_2CO_3+7%KCl+20NaCl+5%$CaCl_2$+2%成胶剂+1.5%CX-1。

3#：400mL 水+0.2%Na_2CO_3+7%KCl+20NaCl+5%$CaCl_2$+2%成胶剂+1.5%CX-2。

4#：400mL 水+0.2%Na_2CO_3+7%KCl+20NaCl+5%$CaCl_2$+2%成胶剂+1.5%DJA-1。

5#：400mL 水+0.2%Na_2CO_3+7%KCl+20NaCl+5%$CaCl_2$+2%成胶剂+1.5%TYJH-180。

由表 5.28 和表 5.29 可知，加入 JMP-1 和 TYJH-180 降失水剂的钻井液体系，API 失水量和高温高压失水量均低于其他钻井液体系，表明 JMP-1 和 TYJH-180 的降失水性能最好。加入 JMP-1 的钻井液在低剪切速率下表观黏度最大，表明 JMP-1 在高温高矿化度条件下不仅有良好的降滤失效果，还具有增强钻井液弱凝胶特性的效果，故选用 JMP-1 作为抗高温钻井液的降滤失剂。

为进一步确定 JMP-1 的加量，在 1#配方中加入不同量的 JMP-1，然后热滚 16h 后评价钻井液的滤失性，实验结果见表 5.30。

表 5.30 JMP-1 加量对钻井液滤失性的影响

加量/%	API 滤失量/mL	HTHP（滤失量）/mL
0	39.6	79.8
1	19.8	36.6
1.5	9.6	19.8
2	7.0	16.8
2.5	6.8	16.8
3	7.0	16.6
4	6.8	16.8

由表 5.30 可知，当 JMP-1 的加量在 2%以下时，钻井液的 API 失水量和高温高压失水量均随 JMP-1 加量的增加而减小。当 JMP-1 的加量为 2%时，其 API 滤失量从 39.6mL 下降到 7.0mL，下降约 82.3%，高温高压滤失量下降 78.9%。当 JMP-1 加量超过 2%时，其滤失性能基本保持不变。因此，将 JMP-1 的加量确定为 2%。

尽管 JMP-1 具有良好的降失水效果，但由于弱凝胶水基钻井液缺少有效的造壁材料，导致形成的滤饼质量不好。为改善钻井液的造壁性能，形成薄而致密的滤饼，采用成膜技术和暂堵技术协同改善钻井液的滤失控制能力。

实验选用中国石油勘探开发研究院研发的 CMJ-2 作为成膜降滤失剂。在 1#配方的基础上，分别评价 CMJ-2、暂堵剂及两者复合使用时控制失水的能力。

由表 5.31 可知，随着 CMJ-2 加量增加，钻井液 API 失水和高温高压失水不断减小，当 CMJ-2 的加量达到 2%时，API 失水由原来的 9.6mL 降低到 5.0mL，降低约 51.1%。高温高压失水从原来的 19.8mL 降低到 14.8mL，降低约 25.3%。当 CMJ-2 的加量超过 2%时，钻井液失水变化不大。因此，确定 CMJ-2 的加量为 2%。

表 5.31　不同 CMJ-2 加量对钻井液滤失性的影响

配方号	实验条件	A_V/(mPa·s)	P_P/(mPa·s)	Y_P/Pa	$G_{10''}/G_{10'}$ /(Pa/Pa)	API/ (mL/mm)	HTHP/ (mL/mm)
$1^\#$	热滚前	31	17.5	13.5	3.5/7.5	9.6/0.2	—
	150℃，16h	29.5	16.5	13.0	3.0/6.5	10.8/0.2	19.8/0.4
$1^\#$+1%CMJ-2	热滚前	33.5	18.5	15.0	4.5/7.0	7.4/0.2	—
	150℃，16h	30.5	16.5	14.0	3.5/6.5	9.0/0.2	17.0/0.4
$1^\#$+2%CMJ-2	热滚前	37	21.5	15.5	4.0/8.5	5.0/0.2	—
	150℃，16h	34.5	19	15.5	3.5/7.0	8.0/0.3	14.8/0.3
$1^\#$+3%CMJ-2	热滚前	39.0	24.0	15.0	4.5/10	5.1/0.2	—
	150℃，16h	35	21.0	14.0	3.5/7.5	7.9/0.2	14.6/0.3

注：高温高压失水条件为 150℃，压差 3.5MPa。

由表 5.32 可知，随着暂堵剂加量的增加，钻井液 API 失水和高温高压失水不断减小，当暂堵剂的加量达到 4%时，API 失水由原来的 9.6mL 降低到 3.2mL，降低约 66.7%；高温高压失水从原来的 19.8mL 降低到 10.6mL，降低约 46.5%。当暂堵剂加量超过 4%时，钻井液失水变化不大。因此，加入 4%的暂堵剂，能有效地降低滤失量，改善钻井液的造壁能力。

表 5.32　不同暂堵剂加量对钻井液滤失性的影响

配方号	实验条件	A_V/(mPa·s)	P_P/(mPa·s)	Y_P/Pa	$G_{10''}/G_{10'}$ /(Pa/Pa)	API/ (mL/mm)	HTHP/ (mL/mm)
$1^\#$	热滚前	31	17.5	13.5	3.5/7.5	9.6/0.2	—
	150℃，16h	29.5	16.5	13.0	3.0/6.5	10.8/0.2	19.8/0.4
$1^\#$+2%暂堵剂	热滚前	36.5	20.5	16.0	4.5/9.0	8.4/0.2	—
	150℃，16h	31.5	17.5	14.0	3.5/7.5	9.4/0.2	17.4/0.4
$1^\#$+3%暂堵剂	热滚前	39	24.0	15.5	4.0/9.5	4.8/0.2	—
	150℃，16h	34.5	20	14.5	3.5/6.5	7.0/0.2	13.9/0.4
$1^\#$+4%暂堵剂	热滚前	42.0	26.0	16.0	4.5/10	3.2/0.2	—
	150℃，16h	36	21.0	15.0	3.5/9	6.8/0.2	10.6/0.3

注：高温高压失水条件为 160℃，压差 3.5MPa。

由表 5.33 可知，CMJ-2 与暂堵剂复合使用后，钻井液的 API 滤失量和高温高压失水进一步降低，API 滤失量控制在 5mL 以下，高温高压滤失量控制在 9mL 以下。因此，选择加入 2%的 CMJ-2 和 4%的暂堵剂能有效地降低钻井液滤失量，改善钻井液的造壁能力。

表 5.33　CMJ-2 和暂堵剂复合使用时对钻井液滤失性的影响

配方号	实验条件	A_V/(mPa·s)	P_V/(mPa·s)	Y_P/Pa	$G_{10''}/G_{10'}$/(Pa/Pa)	API/(mL/mm)	HTHP/(mL/mm)
$1^\#$	热滚前	31	17.5	13.5	3.5/7.5	9.6/0.2	—
	150℃，16h	29.5	16.5	13.0	3.0/6.5	10.8/0.2	19.8/0.4
$1^\#$+2%CMJ-2	热滚前	37.5	21.5	15.0	4.0/8.5	5.0/0.2	—
	150℃，16h	34.5	19.0	15.5	3.5/7.5	8.0/0.3	14.8/0.4
$1^\#$+4%复合暂堵剂	热滚前	42	26	16	4.0/10	3.2/0.2	—
	150℃，16h	36.0	21	15.0	3.5/7.0	6.8/0.2	10.6/0.4
$1^\#$+2%CMJ-2+4%复合暂堵剂	热滚前	45.5	28.0	16.5	5/11	2.8/0.2	—
	150℃，16h	40	25.0	15.0	4.5/9.5	4.8/0.2	8.6/0.4

注：高温高压失水条件为 160℃，压差 3.5MPa。

3）抑制剂优选

实验用 CX-215、SIOP、QBY-1、QBY-2、80A51 和 AP-1 等抑制剂进行优选，按照实验配方配制成钻井液（各类型抑制剂的加量均为实验预先确定的最优加量）。对各钻井液体系开展岩屑滚动回收率评价实验，实验结果见表 5.34。

表 5.34　不同类型抑制剂岩屑滚动回收率实验结果

测试配方	岩屑回收率/%	
	一次回收率	二次回收率
$1^\#$(1.5%CX-215)		
$2^\#$(2%AP-1)	90.2	89.3
$3^\#$(2%QBY-1)	88.1	72.3
$4^\#$(2%QBY-2)	76.6	64.9
$5^\#$(2%80A51)	70.2	60.1
$6^\#$(2%SIOP)	68.9	59.9

由表 5.34 可知，加入 1.5%CX-215 后，钻井液的一次滚动回收率和二次滚动回收率均明显高于其他几种抑制剂，说明 CX-215 具有一定的包被作用，可以较好地抑制钻屑分散。因此，选用 CX-215 作为弱凝胶钻井液的抑制剂。

4）防塌封堵剂优选

传统封堵材料有沥青类、石蜡类和多元醇类。沥青类封堵剂具有较高的荧光性，会影响地质荧光录井，在探井使用中受到限制。石蜡类封堵剂起泡严重，对钻井液流变性影响较大。多元醇类封堵剂因浊点温度的不确定性因素较多，相变出来的固体封堵粒子太少，难以满足防塌封堵的需要。实验从弱凝胶钻井液封堵剂特征出发，选用室内自制的新型热塑性聚酯类封堵剂 JA 与乳化石蜡、乳化沥青、聚乙二醇等几类常见封堵材料作为弱凝胶钻井液封堵剂,按照配方配制成钻井液(各类封堵材料的加量均为实验预先确定的最优加量),用高温高压封堵仪评价新型封堵剂 JA 及其他三种封堵剂对微裂缝的封堵效果(实验使用的金属缝板微裂缝缝宽为 20μm,裂缝深度为 5mm),并采用荧光分光光度计检测各封堵剂的荧光性。不同温度下各封堵剂的封堵效果如图 5.10 所示。不同压力下各封堵剂的封堵效果如图 5.11 所示。各封堵剂荧光光谱如图 5.12 所示。

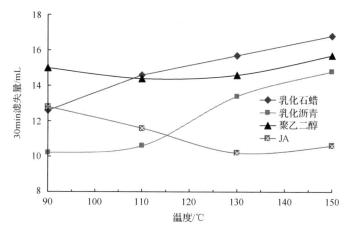

图 5.10　不同温度下各封堵剂的封堵效果(压差为 3.5MPa)

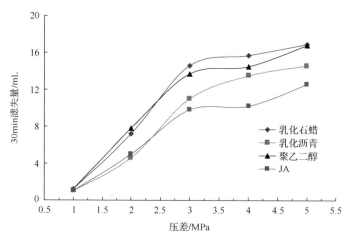

图 5.11　不同压差下各封堵剂的封堵效果(温度为 130℃)

由图 5.10 和图 5.11 可知,随着温度升高,新型封堵剂 JA 体现出很好的封堵效果,由其配制的钻井液滤失量随温度升高而降低,而由其余封堵剂配制的钻井液滤失量随温度升高而增大。乳化石蜡和聚乙二醇在 90℃时封堵效果最好,JA 和乳化沥青在温度高于 120℃时封堵效果最好。随压差增大,四种钻井液体系的滤失量均增大,封堵性变差。当压差小于 3MPa 时,JA 的封堵效果和乳化沥青相当,当压差大于 3MPa 时,JA 的封堵性最好。

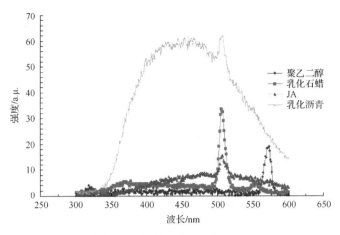

图 5.12　各封堵剂荧光光谱图

从图 5.13 和图 5.14 可知，加入 3%的 JA 后，粒径分布曲线呈现出双峰状，累计分布曲线趋势比较缓和，粒径分布比较分散，有利于形成良好的泥饼，提高钻井液的抑制能力和封堵能力。从图 5.12 可知，封堵剂 JA 无荧光显示，作为添加剂运用到钻井中，不会对地质录井造成干扰。

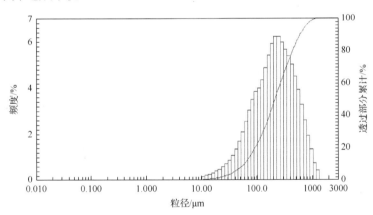

图 5.13　未加 3%JA 时弱凝胶钻井液粒度分布情况

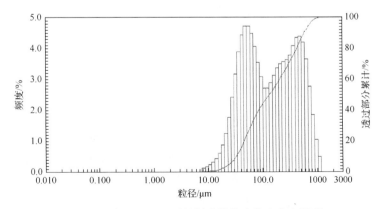

图 5.14　加入 3%JA 后弱凝胶钻井液粒度分布情况

综合以上分析，选用新型封堵剂 JA 作为防塌封堵材料，最佳加量为 3%。

5）润滑剂优选

在水平井、超深井和大斜度井的钻井过程中，钻柱的旋转阻力和提拉阻力会大幅度增大，选用优质的润滑剂能有效减少钻柱摩阻，有利于提高钻井速度。

选用 TYRF-1 作为研究用润滑剂，对加入不同量润滑剂的同一种钻井液进行润滑性评价，实验结果如图 5.15 所示。实验结果表明，随着 TYRF-1 加量的增加，钻井液的极压润滑系数不断降低，钻井液润滑性逐渐增强。说明 TYRF-1 加量越大，润滑性越好。综合考虑成本和润滑效果，确定 TYRF-1 的加量为 2%。

依托新型抗温抗盐弱凝胶成胶剂的研制，通过室内实验，对弱凝胶钻井液组成配方中各类添加剂进行一系列的优选与评价，最终优选出抗温抗盐弱凝胶钻井液的配方为：水+0.2%Na_2CO_3+7%KCl+3%JA+2% 成 胶 剂 +2%JMP-1+1.5%CX-215+2%TYRF-1+2%CMJ-2+4%复合暂堵颗粒。

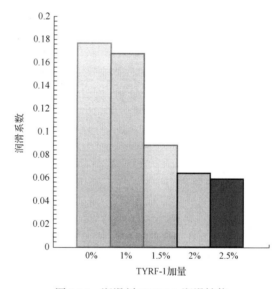

图 5.15　润滑剂 TYRF-1 润滑性能

5.2.4　塔中碳酸盐岩超深水平井堵漏钻井液技术

受构造运动、海平面变化、气候等因素控制，塔中碳酸盐岩油气田在晚奥陶世发育陆棚-斜坡-盆地沉积体系，沿塔中Ⅰ号断裂带发育典型的镶边陆棚边缘高能礁滩相沉积。塔中Ⅰ号断裂带紧邻生烃拗陷，礁滩相储集层发育，储盖匹配良好，具有优越的油气成藏条件。储集层岩石类型主要为礁滩相骨架礁灰岩、颗粒灰岩和藻黏结岩，储集空间为孔、洞、缝三大类，储集层类型主要为裂缝-孔隙型、孔隙型和裂缝型，并发育大型洞穴型储集层，钻井过程中井漏事故频发，制约了钻井质量和速度，增加了钻井成本[13-15]。

采用雷特随钻堵漏剂可以提前预防井漏、抑制油气上窜，在合理的控压条件下，具有很好的堵漏及封缝堵油气的效果，适合于油气活跃、井控风险大的井。

1. 漏失情况统计

塔中碳酸盐岩油气田地质条件复杂,钻井作业中井漏具有普遍性、多变性和复杂性等特点。根据实钻统计,目前遇到的井漏类型较多,漏速小到轻微,大到严重;常见的漏失通道有孔隙性、裂缝性、孔隙-裂缝性和溶洞性。引起井漏的原因有压差性漏失、诱导性漏失和压裂性漏失,如一般砾岩、粗中砂岩地层表现为压差渗透性漏失;山前构造带采用中低密度钻井液钻进时,深井段砂岩、泥砂岩、泥岩地层表现为地质构造天然裂缝性漏失;山前构造带深井段砂岩、泥砂岩、复合盐膏层及高压气水层由于存在多压力系统,在钻井过程中采用高密度钻井液钻进,多表现为诱导性和压裂性漏失。

对已钻数口井发生漏失复杂情况进行统计,结果见表 5.35。

表 5.35 漏失统计情况

井号	漏失位置/m	漏失层位	钻井液密度/(g/cm^3)	泵压/MPa	排量/(L/s)	漏失速率/(m^3/h)	漏失量/m^3
ZG54	4743.96	O_{31}	1.25	4.3	10	16.5	8
ZG17-1H	6101.42	O_{31}	1.23	12	9	6	
ZG163C	7180.00	O_{31}	1.14				38
ZG15-H6	6344.10	O_{31}	1.08	3	7.5	10.8	33
ZG162-H3	6043.00	O_{31}	1.16	5	8	11	

2. 雷特堵漏技术

1) 雷特堵漏剂成分

雷特随钻堵漏剂是由一些不同种类的微粒化有机纤维及矿物质混合而成的。适用于水基、油基钻井液,对预防中、小漏(漏速小于 $15m^3/h$、裂缝 1mm 以下)、封缝堵气等有很好的效果。

其配方为 2%核桃壳(粗)+5%核桃壳(中粗)+4%核桃壳(细)+10%雷特堵漏剂(中粗 NTS-M)+10%雷特堵漏剂(粗 NTS-C)+0.2%雷特纤维(NT-2)+6%500 目超细碳酸钙+2%随堵剂+1%锯末。

2) 堵漏机理

(1) 封堵渗透性漏失。

雷特超强堵漏材料坚硬、光滑,可以在管柱和井壁之间建立一个抗压屏障,从而降低压差,防止漏失。同时,由于雷特超强堵漏剂具有光滑的表面,可以减少钻柱与泥饼之间的黏附作用。因此,雷特超强堵漏剂不会降低泥饼的质量,并且由于其所固有的强度、多边切割及优化的水力形状,在随钻井液的循环过程中像刀片一样,能有效、经济地解决钻头和稳定器的泥包问题。

(2) 封堵裂缝性漏失。

雷特超强堵漏材料具有坚固的片状结构,与钻井液混合后具有一定的液流旋转性,很容易楔入裂缝,压差使颗粒楔紧在一起,从而不断增强封堵后的抗压强度。雷特超强堵漏剂对于裂缝型漏失的作用机理分为颗粒桥架、楔入承压、封门加固三个阶段[16,17]（图5.16）。

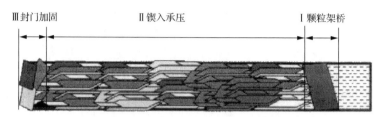

图5.16　雷特超强堵漏剂对裂缝性漏失堵漏机理

颗粒桥架：雷特堵漏剂的颗粒宽度尺寸最大在3～5mm，片状颗粒在裂缝中翻滚时容易被卡住而桥架，一旦桥架，为紧随其后的颗粒提供屏障。

楔入承压：大量不同级别的颗粒遇到桥架颗粒的阻力，迅速堆积，由于其片状的结构，后面紧跟的颗粒楔入到前面堆积的颗粒中，在压差作用下，片状颗粒楔紧在一起，形成一段稳定高承压层（7MPa）。

封门加固：在漏失层段井筒内壁周围，片状颗粒覆盖在漏失层段表面，或覆盖在漏失层段的泥饼上，起到封门加固的作用，进一步降低漏失，提高承压能力。

(3)封堵恶性漏失。

一般而言，对于漏速大于40m³/h或泥浆失返，可定义为恶性漏失。对于恶性漏失地层，由于裂缝宽度往往大于雷特颗粒的宽度尺寸（3～5mm），颗粒在裂缝中翻滚不能桥架，需要较大颗粒辅助桥架。可通过在雷特堵漏浆前面打入较大颗粒的桥架堵漏浆，黏稠的桥架堵漏浆流动阻力大于雷特堵漏浆，在裂缝中形成屏障，雷特颗粒遇到阻力迅速堆积，形成部分封堵，紧随其后的颗粒不断楔入前面堆积的颗粒中，形成稳定高承压层，达到封堵的目的。其堵漏机理也分为颗粒桥架、楔入承压、封门加固三个阶段[16,17]（图5.17）。

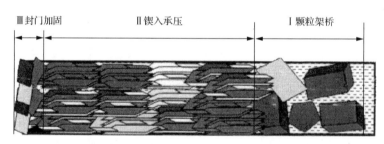

图5.17　雷特超强堵漏剂对恶性漏失堵漏机理

3)材料特点

雷特堵漏剂是经高温高压制造的片状堵漏材料，材料本身呈惰性，相对常规堵漏材料，具有耐高温不易变形的特点，特别适合于裂缝发育的高温深井堵漏。与其他常规堵漏材料相比，雷特堵漏剂具有如下特点[18]（图5.18）。

(1)密度为1.30g/cm³，可与所有类型钻井液混合使用，包括固井水泥浆体系，有良好的流动性和兼容性。

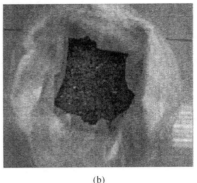

(a)　　　　　　　　　　　　　　(b)

图 5.18　雷特堵漏剂

(2) 在钻井液中具有高温稳定性,抗温可达 278℃。一般常规性材料(核桃壳、纤维、云母等)用量大,特别在高温高压下,封堵性能会大大降低,而雷特超强堵漏剂明显体现出抗温抗压的特性,其独特性主要表现为:①片状,在封堵裂缝的时候非常有效,易楔入;②热固性,在高温高压的情况下不会变软或膨胀;③硬度高,高压下不易变形。

(3) 具有很高的抗压强度(可达 14MPa),在使用中不会被压碎或降解,高温高压下也不会变软或膨胀。

(4) 颗粒呈薄片状,能有效嵌入泥饼和部分地层界面封堵裂缝,提高界面强度,胜过果壳、纤维、云母及混合型材料。

(5) 化学惰性,无毒、无味、无副作用。

4) 适用范围

雷特随钻堵漏剂与水基、油基钻井液配伍性好,对产层油气活跃、地层通透性好易漏失的情况有很好的暂时抑制作用。直接加入循环的钻井液中,对钻井液性能影响很小。

雷特随钻堵剂的加量为 2%~5%。它能通过井下 PWD、MWD、螺杆、综合录井等仪器,不会影响信号传输。

3. 雷特堵漏技术现场应用效果分析

雷特堵漏现场应用效果见表 5.36。

表 5.36　雷特堵漏现场应用效果

井号	漏失层位	井下钻具组合	雷特堵漏配方	漏失速率/(m³/h) 堵漏前	漏失速率/(m³/h) 堵漏后
ZG17-1H	O_3^1	6-1/2″PDC+旋转导向头+模块马达+双向通信发射装置+ MWD+扶正器+无磁浮阀 +4″DP579.83m+31/2HWDP423.88m+ 4″DP	井浆 30m³+1%雷特随钻堵漏剂(G 型 0.3t)+4%雷特随钻堵漏剂(S 型 1.2t),总浓度 5%	6	1
ZG1C	O_3^1	6″H517G+330×NC350+NC351×310+ 3-1/2″DP×76 根+3-1/2″加重 DP×45 根+3-1/2″×132 根+311×410+5″DP	30m³ 基浆(密度 1.28g/cm³,黏度 50S)+ 12%中粗 SQD-98+8%细 SQD-98+3%粗雷特堵漏剂+4%细雷特堵漏剂+2%锯末+3%ZDY(油溶性树脂暂堵剂),总浓度 32%	7	1.2

续表

井号	漏失层位	井下钻具组合	雷特堵漏配方	漏失速率/(m³/h)	
				堵漏前	堵漏后
ZG15-H6	O₃¹	168.3mmPDC+1.5 度螺杆+浮阀+定向接头+4″无磁钻铤+4″钻杆 2×根+浮阀+4″钻杆+4″加重钻杆+4″钻杆+浮阀+4″钻杆	基浆 40m³+2%雷特酸溶性堵漏剂(NTS-MS)+4%雷特酸溶性堵漏剂(NTS-FS)+2%雷特封缝堵漏剂(NT-DS-G)+5%SQD-98 中粗+3%SQD-98 细, 总浓度 16%	10.8	6
ZG54	O₃¹	—	基浆 30m³+3%粗雷特堵漏剂+4%细雷特堵漏剂+6%中粗核桃壳+1.6%细核桃壳+2.3%锯末+6%中粗 SQD-98+4%细 SQD-98+2%土粉, 总浓度 28.9%	16.5	0

由表 5.38 可知，使用雷特堵漏技术对上述四口井进行堵漏，效果明显，漏失速率平均下降 77.65%。应用结果表明，雷特堵漏技术能有效封堵漏失层，对提高机械钻速和钻井效益，实现安全、快速钻井具有重大意义。

参 考 文 献

[1] 王中华. 钻井液性能及井壁稳定问题的几点认识. 断块油气田, 2009, 16(1): 88-91.
[2] 杨小华, 徐忠新, 王华军, 等. 钻井液固相化学清洁剂 ZSC-201 的合成及性能. 精细石油化工进展, 2003, 4(1): 1-4.
[3] 姚新珠, 时天钟, 于兴东, 等. 泥页岩井壁失稳原因及对策分析. 钻井液与完井液, 2001(3): 38-41.
[4] 张乐文, 邱道宏, 程远方. 井壁稳定的力化耦合模型研究. 山东大学学报: 工学版, 2009, 39(3): 111-114.
[5] 刘厚彬. 泥页岩井壁稳定性研究. 成都: 西南石油大学硕士学位论文, 2006.
[6] 陈秀荣. 泥页岩井壁稳定性研究. 武汉: 中国地质大学(武汉)硕士学位论文, 2009.
[7] 姚少全, 汪世国, 谢远灿, 等. 有机盐钻井液的研究与应用. 石油钻探技术, 2001, 29(5): 43-45.
[8] 鄢捷年. 钻井液工艺学. 北京: 石油大学出版社, 2000.
[9] 姚少全, 汪世国, 张毅, 等. 有机盐钻井液技术. 西部探矿工程, 2003, 4(7): 73-74.
[10] 罗向东, 罗平亚. 屏蔽式暂堵技术及储层保护中的应用研究. 钻井液与完井液, 1992, 9(2): 19-27.
[11] 向前纲. 新型弱凝胶水基钻井液研制及作用机理分析. 钻井液与完井液, 2015, 32(2): 11-14.
[12] 谢水祥, 蒋官澄, 陈勉. 弱凝胶钻井液提切剂性能评价与作用机理. 石油钻采工艺, 2011, 33(4): 48-52.
[13] 吕修祥, 胡轩. 塔里木盆地塔中低凸起油气聚集与分布. 石油与天然气地质, 1997, 18(4): 288-293.
[14] 翟光明, 王建君. 对塔中地区石油地质条件的认识. 石油学报, 1999, 20(4): 1-6.
[15] 刘洛夫, 李燕, 王萍, 等. 塔里木盆地塔中地区 I 号断裂带上奥陶统良里塔格组储集层类型及有利区带预测. 古地理学报, 2008, 10(3): 221-230.
[16] 钱维丽. 塔河油田托普区块二叠系堵漏技术的研究与应用. 西安: 西安石油大学硕士学位论文, 2011.
[17] 李益寿, 夏廷波, 王卫国, 等. 塔河油田 T913 井承压堵漏技术研究及应用. 吐哈油气, 2005, 12(3): 10-4.
[18] 刘晓平. 塔河油田二叠系承压堵漏难点分析及堵漏新技术应用. 西部探矿工程, 2013, 3(4): 63-64.

第6章　塔中碳酸盐岩超深水平井控压钻井技术

控压钻井技术指在钻井过程中能够精确控制井筒内的液柱压力，有效实现安全钻井的技术[1-7]。该项钻井技术通常利用施加井口回压的方式控制环空水力压力剖面，使其处在安全密度窗口之内，同时具备一定的气侵控制能力。因此，利用控压钻井技术可以很好地解决在塔中碳酸盐岩缝洞发育储层、高温高压高含硫区域的安全钻井问题，解决水平井在此环境中无法穿越多个串洞的问题，有利于提高油气产量及降低井控风险。

控压钻井系统包括控压钻井配套装备和水力学设计软件两大部分，是开展控压钻井现场应用的必要条件。代表性的控压钻井技术主要有三家：Weatherford 的精细流量控制系统 MFC（micro flux control）、斯伦贝谢公司的动态压力控制系统 DAPC（dynamic annulus pressure control）和哈里伯顿公司的控压钻井系统。近年来，塔里木油田一直致力于控压钻井技术的引进和应用，从最初引进哈里伯顿公司的 MPD（management pressure drilling）技术，到中石油钻井院自主研发的 PCDS-I 精细控压钻井的成功应用，实现了国产化控压钻井装备从无到有的重大突破，同时体现了我国控压钻井配套装备的日渐成熟。然而在软件方面，国外控压钻井服务公司很少公开其控压钻井设计和作业时使用软件的相关信息。因此，为了满足塔中超深水平井控压钻井现场作业的需求，结合国产精细控压钻井配套装备，建立了一套适用于高温高压水平井的控压钻井水力学设计软件和方法，以实现塔中超深水平井的安全高效钻井。

6.1　塔中碳酸盐岩地层控压钻井技术应用概述

塔中碳酸盐岩储层大多为裂缝-孔洞型，安全密度窗口窄，钻井过程中易发生溢漏同存，采用常规的钻井技术漏、喷现象严重，造成大量泥浆漏失，复杂事故频发，导致水平段延伸能力受限，并塔中储层硫化氢含量高，部分区域甚至达到 410000ppm[①]，钻完井安全风险极大。

2009 年以来，塔中油气田引进哈里伯顿公司的 MPD 系统，在塔中地区完成精细控压钻井 20 余井次。应用结果表明，精细控压钻井技术能够有效预防和控制溢流和井漏，避免井下复杂情况发生，大幅度降低非生产时间、缩短钻井周期。同时能够提高水平段延伸能力，保护油气层，有利于提高单井产能，为大位移水平井成功实施提供强有力的技术保障。

为降低精细控压钻井的成本，从 2012 年开始，塔里木油田引进国产的 PCDS-I 精细控压钻井系统（表 6.1）进行试验，截至 2014 年，PCDS-I 精细控压钻井系统在塔中成功应用 7 口井，有效解决了塔中裂缝性碳酸盐岩储层"溢漏同存"的钻井难题，同时储层发

---

① 1ppm=1μg/mL。

现和保护效果明显,达到了国外同类技术先进水平,为超深水平井顺利钻进提供了有力的技术保障。

表 6.1　国内外控压钻井系统性能指标对比情况

系统	技术参数		结构	自控系统	系统功能
	额定压力/MPa	节流精度/MPa			
哈里伯顿 MPD	35	±0.35	三通道	采用 PLC 控制器,接线复杂,不具备在线监测功能	井底恒压近平衡钻进
Weatherford MFC	35	±0.5	双通道	PLC 控制器,需参数整定	微流量近平衡钻进
国产 PCDS-I 精细控压钻井系统	35	±0.35	三通道	FF 数字总线,工况自适应,具备在线自诊断功能,系统工作可靠性高,性能先进	井底恒压和微流量近平衡与欠平衡钻进

目前,国产精细控压钻井技术逐步成熟,可实现恒定井底压力、欠平衡和微流量等不同精细控压钻井方式,满足塔中碳酸盐岩地层钻井技术的需要。精细控压钻井在不同地质条件下的表现形式:平衡钻井,入口流量等于出口流量;微溢流钻井,入口流量小于出口流量;微漏失钻井,入口流量大于出口流量。

对 2011～2014 年塔中地区水平井应用国内外精细控压钻井系统的情况进行统计(表6.2),结果表明,随着近年来配套技术的完善,塔中地区水平井应用精细控压钻井系统的主要钻井指标不断提高。由图 6.1 可以看出:①使用精细控压钻井系统的水平井平均水平段长度由 2011 年的 452.77m 增加到 2014 年的 1245.1m,增幅为 175%,大幅度提高了水平井的水平段延伸长度;②使用精细控压钻井系统的水平井平均日进尺由 2011 年的 19.09m 增加到 2014 年的 33.93m,增幅为 77.7%;③使用精细控压钻井系统的水平井平均复杂时间由 2011 年的 89h 降低至 2014 年的 18.5h,降幅为 79.21%。

表 6.2　2011～2014 年精细控压钻井技术在塔中应用情况

装置	年份	井号	试验井段/m	进尺/m	工期/d	平均日进尺/m	复杂时间/h	水平段长/m	漏失量/m³
哈里伯顿精细控压钻井系统	2011	TZ721-H4	6024～6450	426	12	35.5	0	722	0
		TZ82-H2	5294～5935	641	45	13.93	445	429	303.30
		ZG21-1H	5741～6378	637	30	21.23	0	395	0
		ZG21-H5	5812～6367.8	555.80	63.45	8.76	0	230	82.9
		ZG231H	5975～6215.3	240.30	15	16.02	0	487.87	0
		平均值		500.02	33.09	19.09	89	452.77	77.24
	2012	TZ62-H9	4630.5～5446	815.50	24	33.98	0	689.08	0
		ZG261H	6441～6980	539	21.92	23.43	0	603	0
		TZ26-H8	4518.16～5029	510.84	12.38	41.28	7	661	313.58
		平均值		621.78	19.40	32.90	2.33	651	104.50

续表

装置	年份	井号	试验井段/m	进尺/m	工期/d	平均日进尺/m	复杂时间/h	水平段长/m	漏失量/m³
哈里伯顿精细控压钻井系统	2013	ZG162-H2	6592~7495	903	52.52	17.19	0	903.00	0
	2014	TZ82-H5	5368~6523	1155	28	41.25	0	1191.50	0
		TZ26-H12	4330~4660	330	12	27.50	74	685.22	439
		平均值		742.5	20	34.38	37	938.36	219.50
	总平均			691.80	31.25	25.89	32.08	736.28	100.31
国产精细控压钻井系统	2012	ZG105H	6285.30~6829.30	543.99	27.145	20.04	0	496.28	0
		TZ26-H7	4266~5699	1433	31.15	46	0	1345.19	0
		TZ26-H9	4342~4637	295	5	59	0	264.62	0
		TZ26-H11	4588~5172.7	584.70	25	23.27	0	598.70	65.80
		平均值		714.17	22.07	37.08	0	676.20	16.45
	2013	TZ721-8H	5312~6705	1393	27	51.59	0	1561	0
		ZG5-H2	6297~7810	1513	44	34.39	0	1357	0
		平均值		1453	35.50	42.99	0	1459	0

注：因实施作业井选择不确定性及塔中碳酸盐岩储层裂洞发育的不均质性，精细控压钻井各项指标统计分析仅供参考。

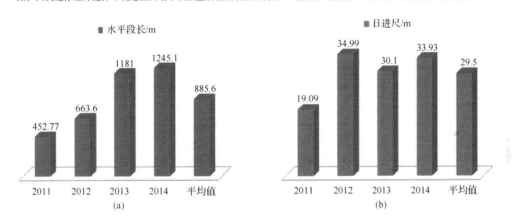

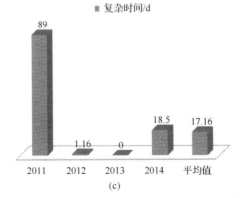

图 6.1　2011~2014 年应用精细控压钻井技术水平井的各项钻井指标对比

图 6.2 为常规钻井和精细控压钻井主要参数对比情况。

（1）使用常规钻井工艺的平均水平段长为 215m，使用国外精细控压钻井系统的水平段长为 736.28m，增幅为 242.4%，而使用国产精细控压钻井系统的水平段长为 1229.02m，相比国外又提高了 66.9%。

（2）使用常规钻井工艺的平均日进尺为 12.9m，使用国外精细控压钻井系统的平均日进尺为 25.89m，增幅为 100.7%，而使用国产精细控压钻井系统的平均日进尺为 37.85m，相比国外又提高了 46.2%。

（3）使用常规钻井工艺的平均漏失量为 2429m³，使用国外精细控压钻井系统的平均漏失量为 100.31m³，降幅为 95.9%，而使用国产精细控压钻井系统的平均漏失量为 5.48m³，相比国外又降低了 89.1%。

（4）使用常规工艺井的平均复杂时间为 427.2h，使用国外精细控压钻井系统的平均复杂时间为 32.08h，降幅为 92.5%，而使用国产精细控压钻井系统的水平井未出现复杂情况，极大地提高了生产时效。

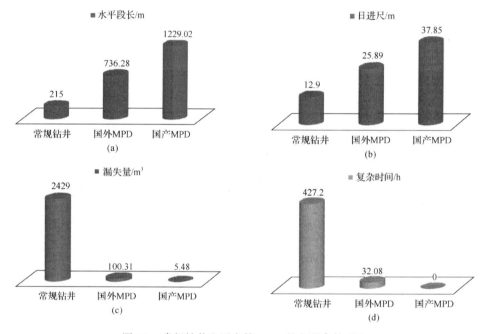

图 6.2　常规钻井和国内外 MPD 的主要参数对比

国产化精细控压钻井系统与国外知名公司控压钻井技术同台竞技，打破了国外技术垄断，达到了国外同类技术的先进水平，不仅大幅度降低了控压钻井服务成本，而且在控制复杂事故时间、延长单日进尺、提高机械钻速和提高水平段延伸能力等方面表现出一定优势。

6.2　控压钻井基本概念和技术特征

6.2.1　控压钻井基本概念

现代 MPD 概念是由 IADC 于 2004 年正式提出。其定义为：MPD 是一种改进的钻井程序，可以精确地控制整个井眼的环空压力剖面，其目的在于确定井底压力窗口，从而控制环空液压剖面。2008 年，周英操[4]进一步提出了精细控压钻井的概念，并将其定义为在钻井过程中，能够精确控制井筒环空压力剖面，有效实现安全钻井的技术。进行精细控压钻井井底压差控制范围可大可小，但控制精度必须很高，能精确、有效控制起下钻、开泵等环节的压力，使井底压力始终接近地层压力。2012 年，柳贡慧[5]发展了 MPD（managed pressure drilling）的概念，认为控压钻井是一个以井筒压力剖面为核心的贯穿整个钻井作业的系统工程，包括钻前科学预测与设计、钻中实时监测与控制、钻后分析与措施。

　　控压钻井不同于常规的开放式压力控制系统，而是采用密闭循环系统调节井口回压来平衡钻井液循环产生的附加摩擦压力损失。具体来讲，控压钻井技术就是使用一套封闭的循环系统，通过地面节流或回注泵等方式提供井口回压，确保在正常钻进、接单根、起下钻、开关钻井泵等工况下的井筒内压力剖面按预定规律变化（图 6.3），精确地控制井筒压力稳定，较少中断钻井过程，避免或减少井涌、井漏、压裂地层、气侵等钻井复杂情况的发生，从而减少处理复杂和事故的时间并降低费用，提高钻井速度，降低钻井成本。同时还能减少钻井液侵入地层所造成的伤害。

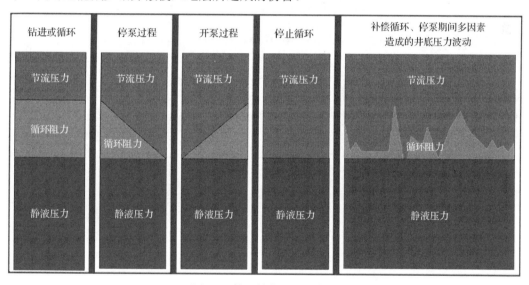

图 6.3　控压钻井原理示意图

　　控压钻井就是要求能够把井底压力控制在地层孔隙压力（或维持井壁稳定所需压力）和破裂压力形成的窗口之内。其目的是为了克服可能发生的钻井复杂和事故，如钻井液渗漏、压差卡钻等，而增加油井产量或减小表皮系数是其附加效益。控压钻井技术能够解决的钻井问题及其优点归纳如下。

　　（1）可以精确控制整个井眼流体的压力剖面，避免地层流体的侵入井眼。

　　（2）闭环钻井液循环系统能够控制和处理钻井过程中可能引发各种形式的溢流。

　　（3）可以在关井接单根时施加井口回压，确保关井时井底压力正常循环或与钻进时的井底压力非常接近。

　　（4）钻井过程能顺利通过窄压力窗口层段，减少钻井液漏失，降低因钻井液漏失而引起的钻井成本增加。

（5）能避免井底压力超过地层破裂压力，减少发生井塌、井漏等事故，减少处理井下事故的时间。

（6）能延长钻井段长，增大单层套管下入深度，从而减小井眼尺寸和套管层次，优化井身结构。

（7）与常规钻井相比，能提高机械钻速，降低钻井成本。

6.2.2 控压钻井分类

控压钻井技术按照其应用方式主要分为井底恒压钻井（constant bottom-hole pressure drilling, CBHD）、双梯度钻井（dual-gradient drilling, DGD）、泥浆帽钻井（mud cap drilling, MCD）和健康安全环保技术（health safety environment, HSE）四种。井底恒压钻井技术是陆上油气田钻探中最常用的一种技术，国内所进行的精细控压钻井基本都属于井底恒压钻井技术范畴。双梯度钻井技术主要应用于海上油气田钻探或寄生管、同心管注气特殊情况。泥浆帽钻井主要适用于严重漏失地层，而 HSE 技术指采用密闭循环系统进行的环保钻井作业。下面分别介绍井底恒压钻井技术和双梯度钻井技术。

1. 井底恒压钻井

井底常压钻井又称为当量循环密度控制钻井。设计时使用低于常规方式的钻井液密度进行近平衡钻井。循环时井底压力等于静液压力加上环空压耗，当关井、接钻杆时循环压耗消失，井底压力处于欠平衡状态，加入一定的地面回压使井底压力保持一定的过平衡，防止地层流体侵入，理想情况是静止时加入的地面回压等于循环时的环空压耗，如图 6.4 所示。

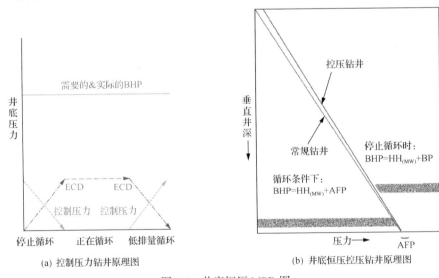

(a) 控制压力钻井原理图　　　　　　　(b) 井底恒压控压钻井原理图

图 6.4　井底恒压 MPD 图

BHP. 井底压力；AFP. 摩擦力损失；HH. 环空液柱压力

井底常压钻井又可分为两种不同的方法：井口加回压的方法和连续循环系统。井口加回压的方法可以利用回压泵和节流管汇设备，在接单根作业时使井底压力保持不变。

连续循环系统通过一个连续循环接头，使在接单跟作业时仍然可以保持钻井液的循环，从而维持井底压力恒定。

2. 双梯度钻井

双梯度钻井 MPD 技术主要通过隔水管、寄管等方式向井筒环空注入气体或者其他轻质液态流体，有效降低上部井段静水压力，从而实现对井底环空压力的控制。该方式的控压钻井技术在海洋平台应用较多。注入轻质流体的目的是实现对井底环空压力的控制，有别于欠平衡钻井技术。

海洋平台双梯度钻井技术主要包括：①通过海底举升泵使钻井液及岩屑从旁通管线循环至平台，而不是从井筒环空返出；②往隔水管中注入低密度介质，包括低密度液体、气体或空心玻璃球等，有效控制井底压力(图 6.5)。

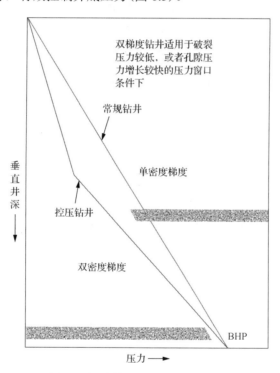

图 6.5 隔水管水下举升双梯度钻井

6.2.3 控压钻井基本装备

控压钻井基本装备主要包括旋转防喷器、自动节流管汇、随钻测量工具、井口质量流量计、回压泵等，以此构成整个控压钻井系统，进行控压钻井作业。

1. 旋转防喷器

旋转防喷器(rotary blowout preventer，RBOP)可封闭钻杆与方钻杆，并在所限定的井口压力条件下允许钻具旋转，实施带压钻进作业(图 6.6)。目前国内外旋转防喷器有 4

种可选压力级别：动压 17.5MPa（静压 35MPa）、动压 10.5MPa（静压 21MPa）、动压 7MPa（静压 14MPa）和动压 3.5MPa（静压 7MPa）。

图 6.6　旋转防喷器示意图

按旋转防喷器胶芯的密封方式可以分为被动型和主动型。

被动密封方式的密封原理是利用上下两个胶芯实现对钻具包绕密封。密封胶芯的通径小于钻杆（方钻杆）的外径，通过胶芯与钻具的过盈实现密封。随着胶芯的磨损，该过盈量不断减小，当胶芯密封不住环空压力时，就应该更换胶芯（表 6.3）。

表 6.3　国内外主要被动式旋转防喷器技术性能

产地	厂家型号	动压/MPa	静压/MPa	最大转速/(r/min)	高度/mm	轴承润滑	轴承冷却	锁紧装置	胶芯数量
英国	英国固蓝特仪器（剑桥）有限公司 DHS1400 型	1.75	5.6	100	876	润滑油	无	手动锁紧卡箍	1 或 2
英国	英国固蓝特仪器（剑桥）有限公司高压型	10.5	21	100	1422	高压油润滑	无	手动锁紧卡箍	1 或 2
美国	美国 Williams 公司 9000 型	3.5	7	100	927	低压油润滑	无	手动锁紧卡箍	1
美国	美国 Williams 公司 7000 型	10.5	21	100	1600	高压油润滑	水冷	单缸液动卡箍	2
美国	美国 Williams 公司 7100 型	17.5	35	100	1600	高压油润滑	水冷	双缸液动卡箍	2
中国	SLXFD	17.5	35	150	1870	高压油润滑	油冷		2
中国	四川石油管理局 FX35-10.5/21 型	10.5	21	100	1560	连续润滑	水冷	手动锁紧卡箍	2

主动密封方式的密封原理都是利用液压力推动胶芯抱紧钻具，密封钻具与井口的环空。在钻进、带压起下钻过程中，随着胶芯磨损，可适当增大外部液压力，使球形胶芯能够不断向上、向内移动，实现连续密封（表 6.4）。

表 6.4　国内外主要主动式旋转防喷器技术性能

产地	厂家型号	动压/MPa	静压/MPa	最大转速/(r/min)	高度/mm	轴承润滑	轴承冷却	锁紧装置	胶芯数量
美国	Shaffer 低压型	3.5	7	200	914	低压脂润滑	无	丝扣圈、锁销	1
美国	Shaffer 高压型	21.0/17.5	35	100/200	1244	高压油润滑	油冷/水冷	丝扣圈、锁销	1
美国	Sea-Tech 型	10.5	14	100	1447	高压油润滑	风冷	手动丝扣锁紧	胶囊
加拿大	RPMsystem 300 型	14.0	21	100	1016	高压油润滑	水冷	液动锁紧	胶囊
加拿大	RBOP5K	24	35	140	1130	高压油润滑	油冷		胶囊
中国重庆	FS70/200 型		5.0	100	1100	低压脂润滑	无	丝扣圈、锁销	1
加拿大	NEOppg 型	14.0	21	100	1448	高压油润滑	无	丝扣	2

2. 自动节流管汇

井口自动节流管汇(choke manifold)是成功控制井涌、实施油气井压力控制技术的必要设备。当需循环出被污染的钻井液，或泵入性能经调整的较高密度钻井液压井时，在闭环循环条件下，利用节流管汇中节流阀的启闭控制一定的套压维持稳定的井底压力，避免地层流体进一步流入。通常使用节流阀产生回压，以保证液柱压力略大于地层压力的条件下排除溢流和进行压井。

节流管汇由主体管汇和控制箱两部分组成(图 6.7)。主体管汇主要由节流阀、闸阀、管线、管子配件和压力表等组成，其额定工作压力应等于或大于最大预期的地面压力，节流阀后的零部件工作压力应比额定工作压力低一个压力等级。

图 6.7　控压钻井自动节流管汇(文后附彩图)

国产精细控压钻井系统的自动节流管汇工作参数如表 6.5 表示。

表 6.5 自动节流系统性能指标

系统	性能指标	技术特征	实现功能
自动节流系统	额定压力：35MPa 节流精度：±0.25MPa 工作压力：10MPa	主、备、辅助三个节流通道，能够自动切换钻进中实现在线维护； 专用气动平板阀研制成功并用于控压系统； 抗 H$_2$S 设计； 设备动作迅速，平稳	具备自动节流、冗余节流切换、安全报警、出口流量监测等功能，能够适应复杂工况的控压钻井作业要求

3. 随钻压力测量工具

随钻压力测量工具(pressure while drilling, PWD)最初是在加拿大为欠平衡钻井开发的。环空流体经过钻铤短节进入井下压力记录仪，以一种较新的形式联结到 MWD 工具，通过泥浆脉冲信号向井口实时传递数据，校验特殊情况下的水力模型。PWD 工具是控压钻井的核心装备之一，可实现钻井过程中对井底压力的实时监测，进而为控压钻井过程中井底压力的精确控制、窄密度安全窗口的安全钻进提供有力保障。目前在塔中地区现场应用的 PWD 以国外公司为主，主要有加拿大 PDT 公司和美国 APS 公司的两套工具(图 6.8、图 6.9)，其传输数据的保真度和准确性较高。

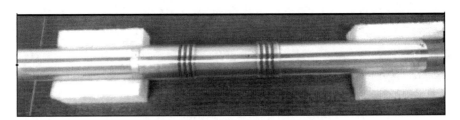

图 6.8 加拿大 PDT 公司 PWD

图 6.9 美国 APS 公司 PWD

4. 科里奥利流量计

科里奥利流量计(Coriolis flowmeter)与智能控制模块联合作用，能够测量微小流量变化、密度和温度等参数(图 6.10)，可以及时发现井漏或井侵问题。

图 6.10　科里奥利流量计

5. 回压泵

回压泵(back pump)对控压钻井是非常重要，主要功能和节流管汇一样，由智能控制模块通过连续地对钻井液返出流量进行监测来进行控制。回压泵示意图如图 6.11 所示。智能控制模块根据流量大小判断何时开启回压泵，而这个时间就是在流量下降到节流阀控制水平之下时。当环空流量小于节流阀控制的范围时，就开启回压泵将向环空回注钻井液，其中一部分进入环空，另一部分进入节流管汇形成地面短循环，进行回压控制。如在接单根过程中，需要开启回压泵施加合理的回压。

控压钻井系统要求提供的回压是动态的，这就意味着在钻井各工况下，都要保持井底压力稳定，包括接单根、停泵、开泵和起下钻(钻柱在井筒中上提下放)。

图 6.11　控压钻井回压泵(文后附彩图)

6.2.4　控压钻井配套技术

塔中碳酸盐岩储层缝洞发育，普遍具有高压、高产、高含硫、窄窗口压力的"三高一窄"特点，属于典型的压力敏感性储层，钻井过程中往往伴随溢流、漏失或溢漏同存，井下复杂情况难以避免。因此如何及时有效地控制此类井下复杂情况，减小非生产作业时间是现场作业的关注重点。针对塔中地区压力敏感性储层井控技术难题，塔中油气田近年来一直致力于开展相关工作，结合精细控压钻井技术，目前已形成了具有塔中地区特色的控压钻井配套技术和方法，主要包括液面监测技术、凝胶封隔技术和压回法，为碳酸盐岩储层的勘探开发提供了强有力的技术支撑。

1. 液面监测技术

井漏发生后需要实时准确地掌握井下液面位置，及时灌浆平衡井底压力，确保井控安全，以便于后续及时采取有效的堵漏措施，提高堵漏成功率。液面监测仪应用于井漏失返工况下液面实时监测和溢流检测，具有及时、准确、实时和全自动化的特点。目前应用的井下液面测量仪是利用爆炸声源来产生一个瞬时的大功率的声信号，即通过与套管连接的井口连接发射枪注入高压氮气，通过瞬间释放发射枪内气体，产生声脉冲信号，（图 6.12），声脉冲信号沿油管和套管的环形空间向井下传播，当遇到油管节箍、音标或液面等障碍物，便产生反射脉冲，反射脉冲由微音器接收转换成电信号，通过放大、滤波处理后，信号波形经输出设备或电脑输出显示。通过对输出波形的特征位置(节箍、音标、液面)的定位，进行一定的计算可得到液面。

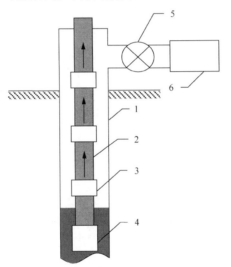

图 6.12　液面测量系统结构图

1. 套管；2. 油管；3. 接箍；4. 油液；5. 阀门；6. 发射枪

塔中油气田自 2009 年就开始推广基于声纳原理的井下液面监测仪，经过大量的现场实验及应用，综合考虑产品的精度、可靠性及配套技术人员的素质，近年来主要采用中油能源的 ALT-I 型井下液面检测仪，对于正确处理复杂事故、提高钻井时效和深井提速作业起到积极的作用(表 6.6)。

表 6.6　ALT-I 型井下液面检测仪性能指标

测深范围/m	测压范围/MPa	最小测试间隔/min	测深误差/%	测压误差/%	工作温度/℃
30～3000	0～2	1	≤3	≤0.5	−20～70

采用 ALT-I 型井下液面检测仪对漏失井中古 157H 井开展液面监测，实时测量并记录环空液面位置，其结果如图 6.13 所示。

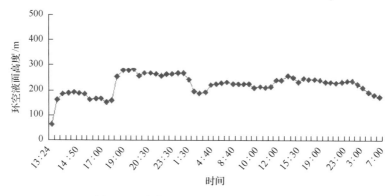

图 6.13　中古 157H 井下液面监测数据图

现场实践表明，ALT-I 型井下液面检测仪、精度高、受钻井液性能的影响小、自动化程度高，不但减轻了坐岗人员的劳动强度，同时也降低了人为的失误。解决了常规监测技术在井漏失返条件下不能进行溢流监测的难题。

2. 凝胶封隔技术

塔中碳酸盐岩储层安全密度窗口窄，当进行起下钻或其他钻井液不循环的井下作业时，若钻井液密度稍高，可能井漏，若钻井液密度稍低，气体可能进入井眼并向上滑脱累积，可能造成井涌、井喷等重大安全事故。这就带来了一个难题，一方面必须压住地层流体以保证起下钻及相关作业的安全，另一方面又要尽量避免钻井液进入储层。目前所用的传统工艺很难解决这个相互矛盾的问题，而凝胶封隔技术是正是为解决这个难题进行探索的结果。

凝胶封隔技术是将一种能抗高温(110～140℃)的特种凝胶用于高温高压气井，在井下形成有效段塞，并能在一定时间内(足够完成钻井、完井、修井等某些操作)完全隔断气层与上部地层的联系，从而降低气体进入井筒和已进入井筒的气体向上滑脱带来的风险，为下一步安全施工赢得时间，具有重要意义和价值。

目前塔中油气田利用结构流体流变学和超分子化学的理论和研究成果，已成功研制出一种特殊凝胶——ZND，该凝胶具有高效增黏性、足够的悬浮性、良好的剪切稀释特性、较强黏弹性和触变性、良好的抗温抗盐性。

凝胶封隔技术于 2011～2013 年先后在塔中地区成功应用 26 井次，均取得较好的气体封堵效果。

工程应用实例 1：2011 年 2 月，抗高温凝胶塞技术首先应用于塔中 622-H2 井，封堵气体上窜效果明显。注入凝胶塞前，套压在 7h 内从零上升至 12.8MPa，经钻井液压井后套压回零，再注入凝胶塞，在钻井液不循环的条件下 7h 内套压仅从零上升至 1.58MPa。

工程应用实例 2：在中古 21-H1 井试验中，按照实际气体 93m/h 的上窜速度，井下气体应在 68h 内上窜至井口，但在井内打入凝胶塞后，62.5h 未循环钻井液，井口套压为零，这段时间完成了起钻和下套管等钻井工程作业。

工程应用实例 3：中古 511 井钻进至井深 4836.27m，井漏后静止观察，钻井液出口呈线流(全烃由 6.82%升至 95.03%，分离器焰高 1.5～8m)。正挤入密度 1.28g/cm³、黏度 324s 的高黏切凝胶 17m³ 后，立压、套压均为零，很好地封隔了气体上窜，保证了在 72h 吊罐起钻及下完井试油管柱期间未发生溢流，确保井控安全。

　　工程实践证明，凝胶段塞对塔里木井下高压气体封堵效果明显。凝胶封隔技术比常规作业具有承压能力强、安全性更高、作业时间短、针对性强、成本低等特点，能有效地封隔了气体进入井筒、降低井底漏失，为塔中勘探开发工作有效降低井控风险作出了积极贡献。

　　3. 压回法

　　针对塔中碳酸盐岩储层压力敏感性强和富含 H_2S 等特点，溢流发生时常采用非常规压井法：压回法。该方法不但能提高压井成功率，减少钻井液的消耗，还能有效规避 H_2S 长时间侵入井筒引起的钻柱氢脆断裂风险。现场应用表明，压回法压井效果显著，已成为具有塔中油气田特色的压井方法。

　　1)压回法压井工艺流程

　　根据工艺要求和现场条件，压回法主要采用正挤和反挤流程同时连接，中途可随时切换注入方式，其流程如图 6.14 所示。

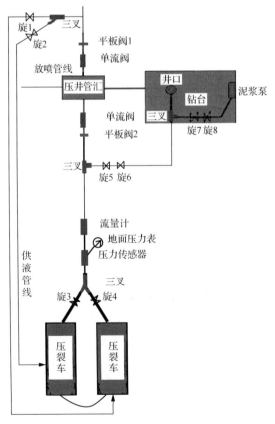

图 6.14　压回法压井流程

(1)反挤压压井。

①关闭平板阀1,打开旋1、旋2供液流程闸门,打开旋3、旋4压裂车闸门,关闭旋5、旋6闸门,打开平板阀2闸门,倒换好其他地面流程;②井队为压裂车供液,压裂车组开始泵注,根据压裂车的泵注情况适当控制两个供液管线上的旋1、旋2闸门的大小;③如果泵注压力明显低于20MPa,需要倒换至井队泥浆泵进行反挤压压井,压裂车停泵,关闭平板阀2、旋1、旋2,打开平板阀1,利用井队泥浆泵继续反挤压压井作业。

(2)正挤压压井。

①关闭平板阀1,打开旋1、旋2供液流程闸门,打开旋3、旋4压裂车闸门,关闭平板阀2,打开旋5、旋6,关闭旋7、旋8,倒换好其他地面流程;②井队为压裂车供液,压裂车组开始泵注,根据压裂车的泵注情况适当控制两个供液管线上的旋1、旋2闸门的大小;③如果泵注压力明显低于20MPa,需要倒换至井队泥浆泵进行正挤压压井,压裂车停泵,停止为压裂车供液,关闭旋5、旋6,打开旋7、旋8,用井队泥浆泵继续正挤压压井作业。

(3)循环清洗。

泵注泥浆结束后,关闭压井管汇平板阀,向压裂车组供清水2～3m^3,通过地面排空管线对压裂机组进行彻底循环清洗。

2)裂缝性储层压回法压井实例

工程实例1:中古11-H3井钻至井深6694.00m时发生溢流,外溢量0.02m^3,关井立压4MPa,套压为0。连续进行了三次正循环节流压井作业,但每次压井作业后关井套压越来越高,说明井筒内溢流未能有效排出,并且还有较大幅度的增加,严重威胁到井筒安全,宣告正循环节流压井作业失败。中古11-H3井正循环节流压井作业关井套压如图6.15所示。

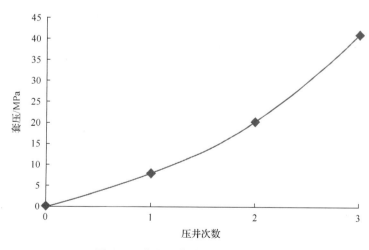

图6.15　节流压井关井套压(实例1)

分析前三次节流压井作业不成功的原因,发现主要是对裂缝性储层的特点认识不够,没有在裂缝性储层井控技术体系的指导下,有针对性地采用合理的压井技术。基于上述分析,决定第四次压井作业采用压回法,先将溢流及受污染的钻井液压回储层,在井眼清洁的条件下重建井筒压力的动态平衡。压回法压井作业关井套压如图6.16所示。

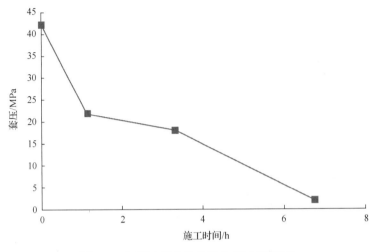

图 6.16　压回法压井作业关井套压(实例1)

高套压发生经过和处理过程如下:①用压裂车向环空中挤注密度为 1.22g/cm³ 的钻井液 48m³,密度为 1.20g/cm³ 的钻井液 12m³,套压由 42MPa 降至 22MPa;②用泥浆泵环空挤注密度为 1.20g/cm³ 的钻井液 28m³,套压由 22MPa 降至 18MPa;③用泥浆泵环空挤注密度为 1.22g/cm³ 的钻井液 72m³,套压由 18MPa 降至 2MPa,压回法作业取得成功。

工程实例 2:2015 年 5 月 30 日,中古 433-H2 井用密度 1.54g/cm³ 的钻井液在节流循环排污过程中出现 48.6MPa 井口高套压,出口 H₂S 含量最高超过 1000ppm(满量程),关井后,套压升至 49.2MPa,此时常规的压井的方法已不再适用,经商讨决定采用压回法作业。5 月 31 日采用密度 1.8g/cm³ 的压井液挤压井成功,有效处理了此次高套压安全事故。

高套压发生经过和处理过程如下:①14:40,下钻至井深 5377.98m(套压由 4.5MPa上升到 5.6MPa,立压为 0);②17:31,节流循环(排量 8L/s,套压由 5.6MPa 上升到48.6MPa,立压由 13.9MPa 上升到 14.6MPa,期间分离器出口焰高 1～10m);③17:58,停泵观察(套压 48.6MPa 上升到 48.9MPa);④20:46,节流循环(入口密度 1.54g/cm³,出口返出原油,排量 7～5L/s,套压由 48.2MPa 上升到 48.9MPa,18:17～20:46 便携式监测仪监测硫化氢浓度达到 1000ppm(满量程);⑤01:00,关井观察,组织连接压裂车,试压 70MPa(套压 49.2MPa);⑥02:30,反挤相对密度 1.80g/cm³ 钻井液 56.6m³,反挤相对密度 1.54g/cm³ 钻井液 15.3m³(套压由 49.2MPa 下降到 0);⑦03:00,正挤相对密度1.80g/cm³ 钻井液 20m³(立压由 15MPa 下降到 12MPa,停泵后套压 0.6MPa)(图 6.17)。

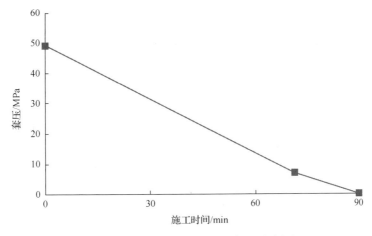

图 6.17　压回法压井作业关井套压(实例 2)

6.3　高温高压超深水平井 ECD 计算模型

高温高压条件下，钻井液密度和流变参数不再一成不变，同时钻井过程中井筒内温度场和岩屑浓度也不断变化，这些因素均会对井筒压力造成显著影响。因此，建立高精度的高温高压 ECD 计算模型实际上是控压钻井水力学设计的基础。本节将结合钻井液循环期间水平井井筒温度场分布、高温高压条件下不同钻井液体系密度变化规律、流变参数变化规律和岩屑浓度对 ECD 影响等相关理论和实验研究，建立综合的高温高压水平井 ECD 模型，以满足控压钻井设计要求。

6.3.1　循环期间水平井井筒温度场模型

在高温高压井钻井过程中，井底实际压力与按地面测量的泥浆密度所计算出的井底压力有很大差别，因为钻井过程中，不同深度地层温度不同，由于钻井液的循环，井内流体与井壁和地层之间存在温度差，因而发生热交换，具体表现为钻柱内、环空内钻井液和地层温度不断变化，形成动态温度场。该温度场对钻井液的密度和流变性都造成很大的影响，而钻井液的密度和流变性又是影响环空循环压耗的主要因素，从而进一步影响钻井液当量循环密度，这些因素都会直接影响井底实际压力的大小。目前，多数井底压力预测模型是基于井筒钻井液温度假设为地层温度，计算结果往往存在较大的误差。因此，为准确预测塔中地区井底钻井液当量静态密度和当量循环密度的大小，实现井底压力的精确控制，必需建立一套水平井井筒瞬态温度预测模型[8]。

1. 循环温度场数学模型

循环钻井液期间，地层与环空钻井液进行热交换，环空钻井液与钻柱内钻井液进行热交换，钻井液在井内的整个循环过程可以看作一个具有一定边界条件的热交换器。图 6.18 为水平井井筒循环温度的物理模型，整个钻井系统可分为五个区域：钻柱流体区域、钻柱壁区域、环空流体区域、地层区域和钻头区域。在水平井钻井过程中，每一个区域还可根据井眼轨迹的变化分成三个部分：直井段、造斜段和水平段，每个部分均有各自特殊的换热过程。系统内不同区域流体的温度取决于一系列不同的换热过程。泥浆从泥浆泵由一个已知的温度通过立管进入钻柱，泥浆在井筒内循环经过不同区域时会产生一系列的对流换热和导热过程，从而使泥浆的温度不断变化。

　　为了建立井筒温度场数学模型，并准确描述井筒内流体的温度变化规律，作出如下假设。

　　(1)考虑钻遇的大部分地层为层状岩石，热物理性质存在明显的各向异性，因此，仅考虑水平方向的岩石热传导。

　　(2)地层岩石的热物理学性质(密度、比热和热传导率)不受温度的影响，地层传热模型中仅考虑热传导的影响。

　　(3)流体的性质不受温度的影响，在模型计算的每一个时间步，流体均为不可压缩的稳定流动。

　　(4)水平井钻进方式为旋转钻进，不存在屈曲现象。

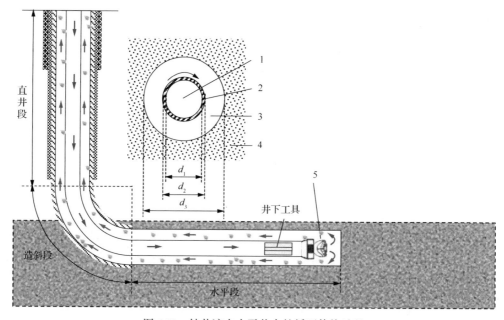

图 6.18　钻井液在水平井中的循环传热过程

1. 钻柱流体区域；2. 钻柱壁区域；3. 环空流体区域；4. 地层区域；5. 钻头区域；
d_1、d_2、d_3 分别为钻柱内径，钻柱外径和井眼直径

　　基于热力学第一定律，对于一个静止控制体单位时间内的能量守恒方程可表示为

$$\frac{\partial}{\partial t}(\rho C_p T) = -\nabla \cdot \boldsymbol{Q}_{\mathrm{f}} - \nabla \cdot \boldsymbol{Q}_{\mathrm{c}} + S \tag{6.1}$$

式中，T 为温度；ρ 为密度；C_P 为比热；S 为钻井系统机械能量和水力学能量产生的热源项；Q_{f} 为强迫对流换热项，$Q_{\mathrm{f}} = \rho C_p T \boldsymbol{V}$，其中，$\boldsymbol{V}$ 为速度矢量；$\boldsymbol{Q}_{\mathrm{c}}$ 为热传导项，$\boldsymbol{Q}_{\mathrm{c}} = -\lambda \nabla T$，其中，$\lambda$ 为热导率。

式(6.1)的等号左边表示单位控制体内能量随时间的变化率，等号右边各项分别表示：①单位控制体单位时间内由对流换热导致的热流通量的变化；②单位控制体单位时间内由热传导导致的热流通量的变化；③单位时间内外界对控制体所做的功。

基于假设(2)和(3)，流体和岩石的物性参数不随温度而变化，则动态温度场能量守恒方程的一般形式可简化为

$$\rho C_P \left(\frac{\partial T}{\partial t} + V \nabla \cdot T \right) = \nabla \cdot (\lambda \nabla T) + S \tag{6.2}$$

将能量守恒方程的偏微分项在圆柱坐标系下展开，并假设温度场沿井筒轴线是圆柱对称的($\partial T / \partial \theta = 0$)，则采用二维网格(一个坐标轴平行于井眼轴线，一个坐标轴垂直于井眼轴线)，圆柱坐标系下能量守恒方程的一般形式可变为

$$\rho C_P \left(\frac{\partial T}{\partial t} + V_r \frac{\partial T}{\partial r} + V_z \frac{\partial T}{\partial z} \right) = \lambda \frac{\partial^2 T}{\partial r^2} + \frac{\lambda}{r} \frac{\partial T}{\partial r} + \lambda \frac{\partial^2 T}{\partial z^2} + S \tag{6.3}$$

再利用能量守恒方程的一般形式描述整个钻井系统的热量交换过程时，需要根据不同区域的特点对能量守恒方程进行转化并确定不同区域交界面处的边界条件。基于非稳态传热理论，针对已划分的区域分别建立模型，综合求解。

1)钻柱与环空内的流体区域

根据能量守恒方程的一般形式，圆柱坐标系下流体区域能量守恒方程可简化为

$$(\rho C_P)_k \left(\frac{\partial T_k}{\partial t} + V_k \frac{\partial T_k}{\partial z} \right) = \lambda_k \frac{\partial^2 T_k}{\partial r^2} + \frac{\lambda_k}{r} \frac{\partial T_k}{\partial r} + S_k, \quad k = 1, 3 \tag{6.4}$$

式中，下标 1 和 3 分别为钻柱内流体和环空内流体。

在固体区域与流体区域交界面处的边界条件可分别表示为

$$-\lambda_1 \left(\frac{\partial T_1}{\partial r} \right) = h_{pp}(T_2 - T_1), \quad r = d_1/2 \tag{6.5}$$

$$-\lambda_3 \left(\frac{\partial T_3}{\partial r} \right) = h_{ap}(T_2 - T_3), \quad r = d_2/2 \tag{6.6}$$

$$-\lambda_3 \left(\frac{\partial T_3}{\partial r} \right) = h_{af}(T_4 - T_3), \quad r = d_3/2 \tag{6.7}$$

式中，下标 2 和 4 分别为钻柱壁(钢结构)和地层；h_{pp} 为钻柱内壁表面的对流换热系数；h_{ap} 为钻柱外壁表面的对流换热系数；h_{af} 为环空与地层交界面处的对流换热系数。

在模型中，泥浆以一个已知的温度进入钻柱，入口处的边界条件可表示为

$$T_1 = T_{in}, \quad z = 0 \tag{6.8}$$

当泥浆从钻柱内通过钻头进入环空时，在井筒底部钻头处和环空的温度相等，此时的边界条件可表示为

$$T_1 = T_3, \qquad z = z_{bit} \tag{6.9}$$

式中，z_{bit} 为钻头处的测深，随着机械钻速 ROP(rate of penetration)的变化而变化，可表示为

$$z_{bit} = z_0 + ROPt \tag{6.10}$$

式中，t 为时间，s。

2)钻柱壁与地层的固体区域

对于固体区域，由于没有流体的流动，仅考虑热传导对温度变化的影响。钻柱壁的能量守恒方程可表示为

$$(\rho C_P)_2 \frac{\partial T_2}{\partial t} = \lambda_2 \frac{\partial^2 T_2}{\partial z^2} + \lambda_2 \frac{\partial^2 T_2}{\partial r^2} + \frac{\lambda_2}{r} \frac{\partial T_2}{\partial r} \tag{6.11}$$

在直井钻井过程中，地层区域的能量守恒方程与式(6.11)相似，只是忽略了垂向方向的热传导，但在进行水平井钻进时，水平段的井筒轴线与水平方向平行，此时地层区域的能量守恒方程要同时考虑径向和轴向方向的热传导。

考虑在钻井过程中不存在地层内流体的流动，则地层区域的能量守恒方程可表示为

$$(\rho C_P)_4 \frac{\partial T_4}{\partial t} = \begin{cases} \lambda_4 \dfrac{\partial^2 T_4}{\partial r^2} + \dfrac{\lambda_4}{r} \dfrac{\partial T_4}{\partial r}, & 0 \leqslant z \leqslant z_h, \dfrac{d_3}{2} < r < \dfrac{D}{2} \\[3mm] \lambda_4 \dfrac{\partial^2 T_4}{\partial r^2} + \dfrac{\lambda_4}{r} \dfrac{\partial T_4}{\partial r} + \lambda_4 \dfrac{\partial^2 T_4}{\partial z^2}, & z_h < z \leqslant z_{bit}, \dfrac{d_3}{2} < r < \dfrac{H}{2} \\[3mm] \lambda_4 \dfrac{\partial^2 T_4}{\partial r^2} + \lambda_4 \dfrac{\partial^2 T_4}{\partial z^2}, & z_h < z \leqslant z_{bit}, \dfrac{H}{2} \leqslant r < \dfrac{D}{2} \end{cases} \tag{6.12}$$

式中，z_h 为水平段跟端处的测深。

为了保证热流通量的连续性，井筒环空与地层交界面处的能量守恒方程为

$$-\lambda_3 \left(\frac{\partial T_3}{\partial r} \right) = h_{af}(T_4 - T_3) = -\lambda_4 \left(\frac{\partial T_4}{\partial r} \right), \qquad r = \frac{d_3}{2} \tag{6.13}$$

在远离井筒处的地层温度假设为不受钻井作业扰动的原始地层温度，在此处没有热流通量流过，此时，地层无限远处的边界条件可表示为

$$\frac{\partial T_4}{\partial r} = 0, \qquad r = \frac{D}{2} \tag{6.14}$$

3)钻头处区域

在钻头区域，流体通过钻头喷嘴辅助破岩，此时会产生淹没射流。随着钻头持续破碎岩石，钻头与地层移动边界面处的边界条件可表示为

$$-\lambda_3 \left(\frac{\partial T_3}{\partial z} \right) = h_{bit}(T_4 - T_3) = -\lambda_4 \left(\frac{\partial T_4}{\partial z} \right), \qquad z = z_{bit} \tag{6.15}$$

式中，h_{bit} 为钻头与地层周围岩石交界面处的对流换热系数。

2. 循环温度场实例计算

由于井眼不规则，采用解析法求解不能准确描述井筒温度场的变化，有限差分法能够根据井筒轨迹划分网格，能更好地描述井筒温度的变化，因此，采用 Crank-Nicolson 全隐式有限差分方法，编制循环钻进过程中水平井筒温度场数值计算程序。根据塔中862H 的基础数据，模拟该井三开水平段钻井情况，对循环钻进过程井筒温度场分布进行计算分析。三开钻井液采用磺化防塌体系，属于水基钻井液，实例计算时采用的参数见表 6.7。

表 6.7　塔中 862H 三开计算已知参数

钻井液参数	地层参数	钻井参数	井深结构
密度为 1.08g/cm³；比热为 2755 J/(kg·℃)；热传导系数为 1.7307W/(m·℃)；动切力 τ_0 为 8.5；流性指数 n 为 0.64；稠度系数 K 为 0.32；泥浆入口温度为 35℃	密度为 2.64g/cm³；比热为 837 J/(kg·℃)；热传导系数为 2.25W/(m·℃)；地温梯度为 2.2℃/100m；地面温度为 20℃	钻井液排量为 14L/s；钻速 55r/min；钻压 50kN；机械钻速为 4m/h；扭矩为 15.3kN·m	井深为 8000m；钻头直径为 171.5mm；钻杆外径为 101.6mm；钻杆内径为 66.09mm；造斜点井深为 5720m；造斜率为 4°/30m；水平段井斜角为 85.77°

循环 4h 和 8h 后，井眼内的温度分布分别如图 6.19 和图 6.20 所示。从图 6.19 和图 6.20 可以看出，水平段的地层温度变化较小，在循环过程中，环空内温度均高于钻柱内温度，且由于在循环过程中钻井液被下部高温地层所加热，随着钻井液循环上返，上部环空温度高于地温。而下部地层由于与循环进来的温度较低的钻井液发生热量交换，环空温度较地温偏低。随着循环时间的增加，井底温度逐渐降低，而地层温度与环空温度的等价井深随之向上移动。在三开 8000m 井深循环过程中，井底循环温度约为 143℃。

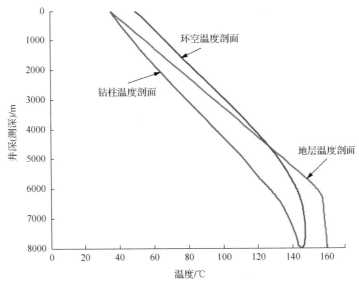

图 6.19　循环 4h 后井筒循环温度剖面

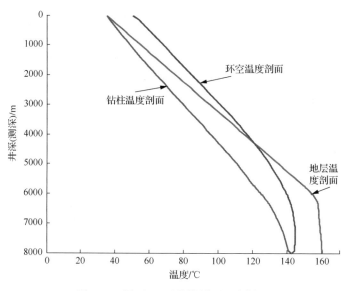

图 6.20　循环 8h 后井筒循环温度剖面

为了验证模型计算的准确性，选用塔中 862H 井 6400～7800m 处 MWD 连续测量的温度数据进行模型验证。模型计算结果与现场测量结果对比如图 6.21 所示。采用长时间循环(模拟循环 8h)后的井底温度作为计算值。模型计算结果的变化趋势与现场测量数据吻合较好，随着钻头的持续破岩，井底温度会随着测深的增加而逐渐增加。

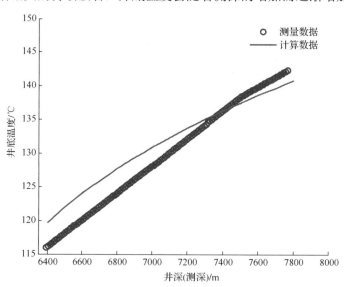

图 6.21　塔中 862H 井模型计算结果与现场测量结果对比

6.3.2　高温高压钻井液当量静态密度模型

塔中碳酸盐岩储层井底压力难以精确控制，主要是因为井底高温高压条件下钻井液密度随温度和压力的变化而变化。因此，能否确定钻井液密度沿井深的变化规律及其对环空压力的影响，关系到高温高压井的钻井作业安全。

1. 高温高压钻井液密度预测模型

钻井液的密度与井底温度和压力场的变化息息相关。可用偏微分方程可表示：

$$\frac{\mathrm{d}\rho}{\mathrm{d}h}(P,T) = \frac{\partial \rho}{\partial P}\frac{\mathrm{d}P}{\mathrm{d}h} + \frac{\partial \rho}{\partial T}\frac{\mathrm{d}T}{\mathrm{d}h} \tag{6.16}$$

式中，h 为井深。

随着井深增加，钻井液温度和压力逐渐增加，对钻井液密度的影响分别表现出两种效应。压力增加，钻井液受到压缩，密度升高，称之为弹性压缩效应；温度增加，钻井液密度因热膨胀而降低，称之为热膨胀效应。钻井液的弹性压缩系数 C_e 可表示为

$$C_e = \frac{1}{\rho}\frac{\partial \rho}{\partial P} \tag{6.17}$$

钻井液在钻井井筒高压下，体积发生变化。水、油和固相具有不同的压缩系数，相应的含量也会发生变化。因此，钻井液的压缩系数是温度和压力的函数，可表示为

$$C_e = C_0\left[1 + C_1\left(P - P_0\right) + C_2\left(T - T_0\right)\right] \tag{6.18}$$

式中，P_0 为地面压力；T_0 为地面温度。

联立式 (6.17) 和式 (6.18)，得

$$\frac{\partial \rho}{\partial P} = C_0\rho\left[1 + C_1\left(P - P_0\right) + C_2\left(T - T_0\right)\right] \tag{6.19}$$

同理，钻井液的热膨胀系数 A_e 可表示为

$$A_e = \frac{1}{\rho}\frac{\partial \rho}{\partial T} \tag{6.20}$$

钻井液在钻井井筒高温下，体积发生变化。水、油和固相具有不同的热膨胀系数，相应的含量也会发生变化。因此，钻井液的热膨胀系数 A_e 也是温度和压力的函数，可表示为

$$A_e = A_0\left[1 + A_1\left(T - T_0\right) + A_2\left(P - P_0\right)\right] \tag{6.21}$$

式中，A_0 为压力 P_0 和温度 T_0 时的热膨胀系数；A_1 为温度特征系数；A_2 为压力特征系数。

联立式 (6.20) 和 (6.21)，得

$$\frac{\partial \rho}{\partial T} = A_0\rho\left[1 + A_1\left(T - T_0\right) + A_2\left(P - P_0\right)\right] \tag{6.22}$$

最后，联立式 (6.16)、式 (6.19) 和式 (6.22)，可以得到钻井液密度与压力和温度之间的关系式：

$$\rho(P,T) = \rho_0 \exp\left[\Gamma(P,T)\right] \tag{6.23}$$

式中，

$$\Gamma(P,T) = \xi_P(P-P_0) + \xi_{PP}(P-P_0)^2 + \xi_T(T-T_0) + \xi_{TT}(T-T_0)^2 + \xi_{PT}(P-P_0)(T-T_0) \tag{6.24}$$

其中，$\rho(T,P)$ 为温度 T(℃)、压力 P(Pa)时的钻井液密度，kg/m^3；ξ_P、ξ_T、ξ_{PP}、ξ_{TT} 和 ξ_{PT} 分别为钻井液特性常数；P_0 和 T_0 分别取值 0.1×10^6MPa、15℃；钻井液密度预测模型中其余系数 ξ_P、ξ_T、ξ_{PP}、ξ_{TT}、ξ_{PT} 及 ρ_0 因钻井液不同而不同，可通过多元非线性回归方法来确定。

为了研究高温高压对于水基钻井液密度的影响，选取 Osisanya 和 Harris[9]公开发表的一组数据，利用多元非线性回归分析方法对实验数据进行处理，得到钻井液密度特性系数的值(表 6.8)，其结果相关系数达 0.9978。水基钻井液密度实测曲线与回归曲线如图6.22 所示，两种曲线吻合度较高，可见建立的预测模型可以精确地描述钻井液密度与温度、压力之间的函数关系

表 6.8　钻井液密度模型特性系数

ρ_0 /(kg/m³)	ξ_P /Pa⁻¹	ξ_{PP} /Pa⁻²	ξ_T /℃⁻¹	ξ_{TT} /℃⁻²	ξ_{PT} /(℃⁻¹·Pa⁻¹)
1297	4.3317×10^{-10}	-1.9999×10^{-18}	-4.7338×10^{-4}	-1.3783×10^{-6}	1.4016×10^{-12}

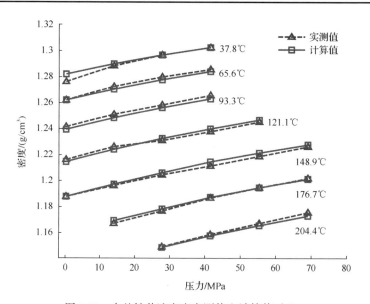

图 6.22　水基钻井液密度实测值和计算值对比

2. 当量静态密度模型

在钻井过程中，由于钻井液受到温度和压力的影响，发生膨胀和压缩，因而其密度并不恒定。为了更准确地表示井筒静液柱压力的变化，提出了当量静态密度(equivalent static density, ESD)的概念。当量静态密度表示钻井液在井筒截面的任意一点所受液柱压力的当量密度值，是钻井液密度和液柱高度的函数：

$$\text{ESD} = \frac{P - P_0}{gH} \tag{6.25}$$

式中，P 为环空压力，MPa；P_0 为井口压力，MPa；g 为重力加速度，9.81m/s^2；H 为垂深，m。

由于综合考虑了压力和温度对钻井液的影响，ESD 与标准条件下的钻井液密度有所不同，ESD 与 ρ 的关系式为

$$\text{ESD} = \frac{1}{H} \int_0^H \rho \, \text{d}z \tag{6.26}$$

利用建立的 ESD 模型，求解不同井深处钻井液密度和 ESD 的分布剖面，并且分析地层温度和循环温度对 ESD 影响。计算所需参数仍选取塔中 862H 水平井基础数据，钻井液密度使用已拟合的高温高压密度模型。

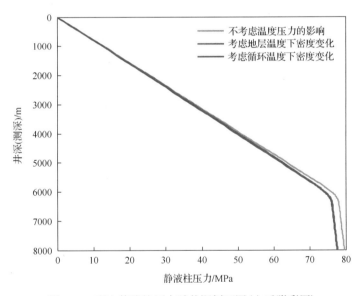

图 6.23　环空静液柱压力随井深剖面图（文后附彩图）

图 6.23 与图 6.24 分别为环空静液柱压力和钻井液密度随井深变化关系。分析可知，考虑地层温度和循环温度下密度变化得到静液柱压力基本一致，钻井液在井底的实际静液柱压力小于相同井深处按恒定密度计算得到的静液柱压力，两者静液柱压力的差值随着井深的增加而增加，在水平段变化相对缓慢。水平段根部井深 6395m 处，压力差值为 2.0MPa，在水平段趾部井深 8000m 处，压力差值为 2.1MPa；井底实际钻井液密度要小于常温常压下的密度；水基钻井液的热膨胀性大于压缩性，温度对于钻井液密度影响较大，而压力影响较小；按地层温度和循环温度计算的钻井液密度曲线呈"X"形；考虑循环温度的钻井液密度在水平段变化速率大大减缓。

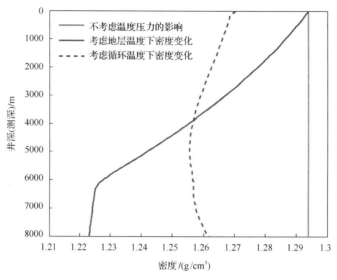

图 6.24　钻井液密度随井深剖面图

由图 6.25 可知，常温常压下恒定密度的环空 ESD>按地温梯度计算得到的 ESD>按循环温度计算得到的 ESD，环空 ESD 随着井深的增加而逐渐增加。

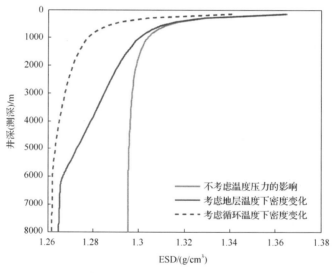

图 6.25　环空 ESD 随井深剖面图

综上所述，地层温度和循环温度对钻井液密度影响较大，若按照常温常压恒定密度计算环空 ESD 会有较大的误差，因此在钻井设计和水力学计算时不可忽视高温高压对钻井液密度的影响。

6.3.3　高温高压钻井液流变性预测模型

1. 钻井液流变性实验

通常认为，钻井液流变性能不受压力和温度的影响。对于温度变化不大的浅井的确如此。然而对于高温高压深井及孔隙压力与破裂压力差值很小的井而言，则很有必要评价和分析温度及压力对钻井液流变性的影响，从而分析对井眼水力参数造成的影响。

1) 钻井液样品

从现场取塔中 862H 实际使用的钻井液，进行高温高压流变性实验，其配方和相关性能见表 6.9。

表 6.9　钻井液配方及相关性能

类型	井号	体系	配方	井段/m	密度/(g/cm³)
水基钻井液	TZ862H	聚磺钻井液体系	膨润土(4%～5%)+磺化酚醛树脂 SMP-3(2%～3%)+磺化褐煤树脂 SMC(2%～3%)+润滑剂(3%～6%)+YX-1(2%)+YX-2(2%)+油溶树脂(2%)+除硫剂(2%)	6122～8008	1.08

2) 仪器

使用的测量仪器为中国石化石油工程技术研究院实验中心高级旋转流变仪(图6.26)：型号为 Physica mcr 101，温度范围为 40～180℃，压力范围为 0.103～6MPa。

图 6.26　高级旋转流变仪及数据采集系统

3) 测定方法

(1) 样品钻井液的测定温度由低至高选用40℃(代表常温)、60℃、80℃、100℃和120℃。

(2) 压力由低至高的顺序，分别测定 0.101MPa(常压)、2MPa、4MPa 和 6MPa。

(3) 试验开始时，首先将一定量预先搅拌好的样品倒进试样筒，将温度调节到40℃，压强调节到常压，在高速下旋转 1min，然后调节到 3 转速下旋转，大概旋转 3min，读数趋于稳定，进行读数。

(4) 同样再在高速下旋转 1min，调节到 6r/min、100r/min、200r/min、300r/min 转速下旋转3min，读数趋于稳定，进行读数。

(5) 同一温度下再升高压力到 2MPa、4MPa、6MPa，重复以上步骤，分别进行读数。

(6) 再升高温度到 60℃、80℃、100℃、120℃，重复以上步骤，分别进行读数。

根据以上转速时黏度计的读数，绘制每种试样的流变曲线。并根据 600r/min 和 300r/min 时的读数，计算每种钻井液试样的表观黏度 μ_a、塑性黏度 μ_p 和动切力 τ_0。

2. 实验结果与分析

实验表明，两种钻井液在不同温度和压力下测得的流变曲线不过原点，并接近于一条曲线，表明其基本上属于赫巴流体，可用赫巴模式描述其流动特性。为了研究温度和压力对流变参数的影响，对钻井液进行了试验，实验结果如表 6.10 所示。

1) 水基钻井液高温高压流变模式

图 6.27 是钻井液在不同温度和压力下测得的流变曲线，由图可以看出：①当压力一定时，钻井液在同一剪切速率下的剪切应力随着温度的升高而降低；②当温度一定时，钻井液在同一剪切速率下的剪切应力随着压力的升高而升高；③高剪切速率下的剪切应力变化幅度大于低剪切速率下的剪切应力变化幅度；④钻井液的流变曲线不过原点，并接近于一条曲线，表明流体在高温高压下基本上属于赫巴流体，可用赫巴模式描述其流动特性。

表 6.10　水基钻井液实验数据

温度/℃	流变参数	不同压力下的黏度计读数/(mPa·s)			
		0.101MPa	2MPa	4MPa	6MPa
40	μ_a/(mPa·s)	24.26	25.34	26.12	27.37
	μ_p/(mPa·s)	23.09	24.26	24.85	26.02
	τ_0/Pa	2.40	1.30	1.10	1.20
60	μ_a/(mPa·s)	17.51	18.39	18.20	18.60
	μ_p/(mPa·s)	18.59	19.31	20.47	20.59
	τ_0/Pa	0.30	0.42	0.74	0.58
80	μ_a/(mPa·s)	16.51	17.40	17.50	18.09
	μ_p/(mPa·s)	17.22	17.98	18.92	18.96
	τ_0/Pa	0.20	1.44	2.62	2.64
100	μ_a/(mPa·s)		15.70	15.85	15.85
	μ_p/(mPa·s)		16.02	16.90	17.28
	τ_0/Pa		1.14	1.08	1.66
120	μ_a/(mPa·s)		15.00	15.05	15.07
	μ_p/(mPa·s)		15.70	16.30	16.50
	τ_0/Pa		0.44	0.56	0.36

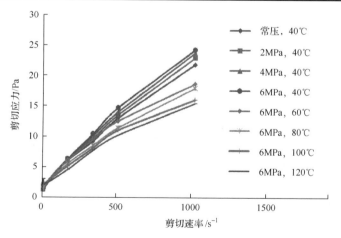

图 6.27　不同温度和压力下水基钻井液的流变曲线

2）表观黏度

表观黏度均由转数为 600r/min 时的仪器读值求得，表示剪切速率为 1022s^{-1} 时的表观黏度。实验结果表明（图 6.28），对于水基钻井液，温度升高使其表观黏度降低，压力增加使其表观黏度增大。随温度升高，表观黏度迅速下降，压力的作用越来越小。在实际钻井过程中，温度和压力同时随井深增加而增大。根据实验数据可作如下判断：当钻进至深部地层时，虽然井下高温引起表观黏度的降低会由压力增大表观黏度增加而得到部分补偿，但前者降低的程度远远超过后者增加的程度，即由于温度和压力的协同作用，钻井液的表观黏度随井深增加而趋于减小。

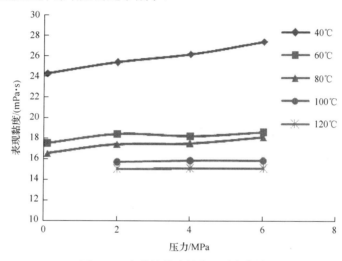

图 6.28　水基钻井液的表观黏度曲线

3）塑性黏度

温度和压力对水基钻井液塑性黏度的影响如图 6.29 所示。总体而言，类似于对表观黏度的影响规律。表观黏度较大时，塑性黏度仍较大，表明塑性黏度在总黏度中居主导地位。

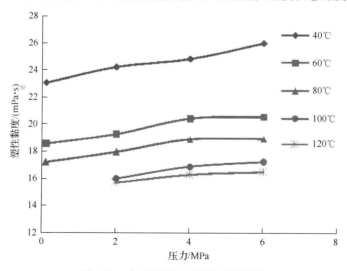

图 6.29　水基钻井液的塑性黏度曲线

3. 水基钻井液赫巴模式的三参数数学模型

通过以上钻井液实验测量数据，可计算各温度下动切力、稠度系数、流性指数的值（表 6.11）。

表 6.11 不同温度压力下动切力、稠度系数、流性指数测量计算值

温度/℃	压力/MPa	τ_0 测量计算值/Pa	K 测量计算值/(Pa·s^n)	n 测量计算值
40	0.101	4.1889	0.5336	0.5637
	2	3.9501	0.5491	0.5476
	4	3.7364	0.5239	0.4981
	6	3.6089	0.5139	0.4818
60	0.101	5.2866	0.5021	0.7748
	2	4.8394	0.5031	0.6965
	4	4.0662	0.5041	0.6065
	6	3.8507	0.5081	0.5339
80	0.101	5.4973	0.5011	0.7837
	2	4.9386	0.5022	0.7416
	4	4.0605	0.5015	0.7396
	6	3.9096	0.5024	0.7188
100	2	4.9447	0.4892	0.7921
	4	4.8071	0.5001	0.8137
	6	4.2439	0.5009	0.7435
120	2	4.9529	0.4799	0.7935
	4	6.3641	0.5000	0.7922
	6	5.053	0.5006	0.7743

现场传统钻井液流变性参数的确定是通过测量钻井液在地表条件下的流动性能，并用这些地面测量值来进行有关工程的计算。显然，在地面条件下测量的钻井液流变性不能代表高温高压条件下的流变性。因此，为随时了解深部井段的钻井液性能，并据此及时采取相应的调整措施，有必要建立一个可靠的数学模型来表述井眼内循环期间钻井液流变性随温度、压力变化而变化的情况。部分学者也研究了流变性参数随温度压力的变化，但大部分是基于实验对表观黏度、塑性黏度的研究，在计算环空压耗时流变模型也主要是研究高温高压对稠度系数 k 的影响，本研究通过实验，以赫巴模式为例，对赫巴三参数进行温度压力拟合，更真实地解释温度、压力对动切力、稠度系数、流性指数产生的影响。

赫巴模式模型如下：

$$\tau = \tau_0 + k\gamma^n \tag{6.27}$$

式中，τ_0 为动切力，也称屈服值，Pa；K 为稠度系数，Pa·s^n；n 为流性指数。

对赫巴流型钻井液在温度、压力影响下的流变参数进行分析，建立温度、压力对动切力、稠度系数、流性指数影响关系的数学模型，如下：

$$\tau_0 = \tau_{00} \exp\left[A(T-T_0) + B(P-P_0) + C(T-T_0)^2\right] \tag{6.28}$$

$$K = K_0 \exp\left[D(T-T_0) + E(P-P_0) + F(T-T_0)^2\right] \tag{6.29}$$

$$n = n_0 \exp\left[G(T-T_0) + H(P-P_0) + I(T-T_0)^2\right] \tag{6.30}$$

式中，T 为温度，℃；P 为压力，Pa；τ_0 为温度为 T 和压力为 P 条件下的动切力，Pa；τ_{00} 为温度 T_0、压力 P_0 时的动切力；k 为温度为 T 和压力为 P 条件下的稠度系数，Pa·s^n；K_0 为温度 T_0、压力 P_0 时的稠度系数；n 为温度为 T 和压力为 P 条件下的流性指数；n_0 为温度 T_0、压力 P_0 时的流性指数；A、B、C、D、E、F、G、H 和 I 分别为钻井液的特性常数，其数值与钻井液组成有关，依不同钻井液而异，必须分别由实验确定，其中 A、D、G 的单位为℃$^{-1}$，B、E、H 的单位为 Pa^{-1}，C、F、I 的单位为℃$^{-2}$。

将上述数据用多元非线性回归方法进行处理，即可得到钻井液的特性常数，由此得到高温高压水基钻井液动切力、稠度系数、流性指数预测模型分别为

$$\tau_0 = 5.2866e^{1.35\times10^{-2}(T-40)-0.89\times10^{-7}(P-10100)-0.32\times10^{-4}(T-40)^2} \tag{6.31}$$

回归相关系数为 $R = 0.9326$。

$$K = 0.5021e^{-1.23\times10^{-1}(T-40)+0.44\times10^{-6}(P-10100)+2.26\times10^{-4}(T-40)^2} \tag{6.32}$$

回归相关系数为 $R = 0.9310$。

$$n = 0.7748e^{1.22\times10^{-2}(T-40)-0.31\times10^{-7}(P-10100)-0.39\times10^{-4}(T-40)^2} \tag{6.33}$$

回归相关系数为 $R = 0.9261$。

通过预测模型可看出水基钻井液动切力、稠度系数、流性指数随不同温度压力的变化趋势。

6.3.4　岩屑浓度对 ECD 影响研究

控压钻井正常钻进过程中，环空内的实际流动为固液两相流动。环空中存在岩屑，产生附加的井底压力，附加的井底压力的大小与岩屑的浓度密切相关，其计算公式为

$$\Delta P_s = (\rho_s - \rho)gHC_a \tag{6.34}$$

式中，ΔP_s 为由岩屑存在所导致的井底压力附加值；ρ_s 为岩屑的密度，kg/m^3；ρ 为钻井液的密度，kg/m^3；C_a 为环空岩屑浓度，无量纲；H 为井深，m。

因此,正常钻进时的井底压力主要由钻井液静液柱压力、岩屑产生的附加井底压力、环空压耗三部分组成。计算公式为

$$P_{bh} = \rho g H + (\rho_s - \rho) g H C_a + \Delta P_f \tag{6.35}$$

式中,ΔP_f 为环空压耗,Pa;P_{bh} 为压力。

将式(6.35)中的井底压力表示为当量密度的形式,则有

$$\frac{P_w}{gH} = \rho + (\rho_s - \rho)C_a + \frac{\Delta P_f}{gH} = \rho(1 - C_a) + \rho_s C_a + \frac{\Delta P_f}{gH} \tag{6.36}$$

岩屑浓度 C_a 的计算可以利用环空固液两相流理论推导出来,这里直接给出:

$$C_a = \frac{R}{3600 \left(1 - d_p^2 / d_h^2\right)\left(V_f - K'V_s\right)} \tag{6.37}$$

式中,V_f 为钻井液的上返速度,m/s;V_s 为岩屑的下滑速度,m/s;K' 为速度修正系数;R 为机械钻速,m/h;d_p 为钻杆外径,cm;d_h 为井眼直径,cm;岩屑下滑速度 V_s 的计算公式较多,本书采用比较常用的摩尔(Moore)公式:

$$V_s = 0.295 \sqrt{d_s \left(\frac{\rho_s - \rho}{\rho}\right)} \tag{6.38}$$

式中,d_s 为岩屑直径,cm;环空返速 V_f 可由式(6.39)近似计算得到:

$$V_f = \frac{10Q}{\frac{\pi}{4}\left(d_h^2 - d_p^2\right)} \tag{6.39}$$

式中,Q 为泥浆泵排量,L/s。

塔中碳酸盐岩储层基本为正常压力系统,所以使用的泥浆密度并不高,导致岩屑密度与泥浆密度差异较大。对于井深超过 8000m 的塔中 862H 井,考虑岩屑的井底压力增加约 0.95MPa,影响较大。因此在塔中深井水力学计算中岩屑浓度对 ECD 的影响不可忽略。

6.3.5　高温高压 ECD 模型计算实例

综合考虑水平井循环温度场变化,高温高压对于钻井液密度和流变性的影响及岩屑浓度的影响,建立了高温高压条件下水平井 ECD 计算模型。

将塔中 862H 井三开基础数据带入计算模型中,对考虑地层温度、循环温度和不考虑温度压力三种情况的计算结果进行对比分析(图 6.30、图 6.31)。

由图 6.30 和图 6.31 可知,对于水基钻井液,考虑地层温度和循环温度情况下的环空压力计算结果非常接近,相比不考虑温度压力影响,井底压力减小 4.0MPa,其中由钻井液密度变化和流变参数变化引起的井底压力减小值各占总体的 50%左右。因此,无论是密度变化还是流变参数变化,都应该引起钻井工程师的足够重视。特别是在精细控压钻

井设计中，因为要将井底压差确保在 1～2MPa，所以实际井底压力计算过程中更不可忽略密度和流变参数的变化。其次，由于考虑地层温度和循环温度下的环空压力计算值近似相同，因此在开展高温高压井水力学计算时，在井筒循环温度计算参数缺失或难以获得条件下，可以利用线性地温梯度计算井底压力。

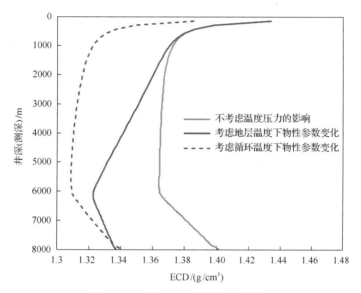

图 6.30 环空 ECD 随井深变化剖面

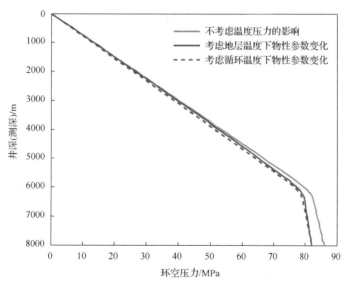

图 6.31 环空压力随井深变化剖面（文后附彩图）

6.4 控压钻井关键参数优化设计

在已建立的高温高压水平井 ECD 计算模型的基础上，开展控压钻井关键参数优化设计研究。结合控压钻井工艺特性及塔中地区的地质特点，建立控压钻井泥浆密度、回压值及起下钻泥浆帽高度与密度值的确定原则和方法，并以塔中 862H 井为例开展精确的水力学模拟，最终得出控压钻井水力学参数优化结果。

6.4.1　控压钻井泥浆密度和回压值优化设计

1. 控压钻井环空压力控制原理

在钻进过程中，井筒内的流体流动压力平衡状态服从 U 形管原理(图 6.32)，依据 U 形管原理建立井筒内压力平衡关系。

(1)当井内钻井液静止时候井筒内压力(P_{bh})剖面为泥浆重力压力剖面：

环空内：

$$P_{bh} = P_c + \Delta P_{cg} \tag{6.40}$$

钻柱内：

$$P_{bh} = P_{sp} + \Delta P_{pg} \tag{6.41}$$

(2)当循环时，井筒内动态压力剖面为

$$P_{bh} = P_c + \Delta P_{cg} + \Delta P_{cf} \tag{6.42}$$

$$P_{bh} = P_{sp} + \Delta P_{pg} - \Delta P_{pf} + \Delta P_{bit} \tag{6.43}$$

$$P_c = \Delta P_j + \Delta P_{jl} + P_{atm} \tag{6.44}$$

式(6.40)~式(6.44)中，P_{sp} 为井口立压，MPa；P_c 为井口套压，MPa；ΔP_{bit} 为钻头压降，MPa；ΔP_{cg} 为环空静液压，MPa；ΔP_{cf} 为环空循环压耗，MPa；ΔP_{pg} 为钻柱内静液压，MPa；ΔP_{pf} 为钻柱内压耗，MPa；ΔP_j 为节流压降，MPa；ΔP_{jl} 为地面管线压降，MPa；P_{atm} 为标准大气压，MPa。

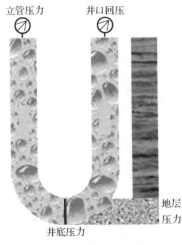

图 6.32　井筒 U 形管原理示意图

对井筒环空内压力影响因素分析可知，主要影响因素有井筒内气液流量、流体物性、钻柱组合及井身结构、井口回压大小等，可通过实时调控泵排量、钻井液流变性及密度、井口回压实现对井底压力的控制。理论和现场应用表明，最直接有效的控制办法是动态调节井口节流阀控制井口压力。

以常规钻井方式钻进时，套压为零，其井筒环空压力剖面如图 6.33 所示。以常规钻进方式在窄泥浆密度窗口地层钻进时，为了控制环空压力不超出安全泥浆密度窗口，一般是通过调整泥浆密度实现井筒内压力控制(图 6.34)。

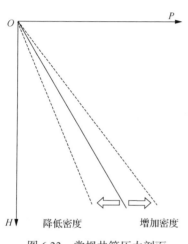

图 6.33　常规井筒压力剖面

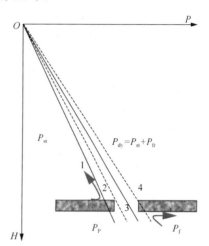

图 6.34　窄安全密度窗口井筒压力剖面

P_{st} 为静液柱压力；P_{dy} 表示动态压力；P_{fr} 表示流动过程
循环压耗；P_p 为地层孔隙压力；P_f 为破裂压力

对于复杂压力地层，采用简单方案如调整泥浆密度、泥浆性能、钻进参数，难以钻达目的层。如在图 6.34 窄安全泥浆密度窗口地层钻进时，采用降低泥浆密度来降低静液柱压力，控制地层漏失，但停泵时，地层流体就会流向环空($P_{st} < P_p$)；当采用的泥浆密度大于地层孔隙压力系数时，循环动态井底压力 P_{st} 大于地层承压能力会造成钻进漏失。因此，若按照常规钻井方式，则无法钻达目的层。为了实现对复杂地层有效钻进，需要设计合理的环空压力剖面。

2. 控压钻井满足的设计原则

通过上述分析可以发现，控压钻井首先需要解决的技术难题是针对特定地层的复杂压力体系，如何确定并控制井筒环空的压力，该方面涉及选择正确的控压钻井方式(如泥浆帽、双梯度、充气钻井等)，同时必须解决如何确定合理的泥浆密度、井口回压、排量等，以及回压控制特性与井筒和地层的耦合响应。理论和现场实践表明，井筒压力剖面控制时候要考虑很多因素，必须要遵守的以下的原则。

1)满足裸眼段安全泥浆密度窗口原则

设井筒裸眼段环空任意一点的压力 P_{bhi} 和裸眼段地层孔隙压力 P_p 或坍塌压力 P_{cp} 差值 ΔP 为

$$\Delta P = P_{bhi} - P_p \tag{6.45}$$

复杂层段的安全压差窗口（ΔP_{window}）为地层安全承压和地层孔隙压力（或地层坍塌压力与地层孔隙压力最大值）之差：

$$\Delta P_{window} = \min(P_f, P_{leak}) - \max(P_p, P_{cp}) \tag{6.46}$$

式中，P_{leak} 为漏失压力。

控压钻井的目标，即满足裸眼段压力窗口的原则为

$$0 \leqslant \Delta P \leqslant \Delta P_{window} \tag{6.47}$$

即

$$\max(P_p, P_{cp}) \leqslant P_{bh} \leqslant \min(P_f, P_{leak}) \tag{6.48}$$

当井筒环空压力处于安全窗口范围内时，可以防止地层流体的溢出和钻进过程中的循环漏失；当 $P_{bh} > P_f$ 或 $P_{bh} > P_{leak}$ 时，易导致薄弱地层漏失；当 $P_{bh} < P_p$ 时，$\Delta P < 0$，地层流体向井筒溢出，同时，如果 $P_{bh} < P_{cp}$，会造成井壁不稳定垮塌。

2）满足井口压力控制设备额定压力原则

控压钻井中实现对井底压力控制的关键设备是旋转防喷器（或旋转防喷头）和节流管汇，在钻进过程中，允许最大井口控制回压必须严格控制在设备额定工作压力内，当井口回压（套压）超过选装防喷器或节流管汇时，必须采用常规井控技术来控制井筒压力以防止井喷等复杂事故的发生。

3）满足套管抗内压强度原则

在实施压力控制钻进过程中，井筒环空的压力必须满足不大于套管抗内压强度的80%的要求，即

$$P_{an,i} \leqslant 0.8 P_{cips} \tag{6.49}$$

式中，$P_{an,i}$ 为井筒环空任意一点的环空压力；P_{cips} 为套管抗内压强度。

4）满足环空流型控制原则

在控压钻井过程中，井筒内环空可能油、气、水、固四相共存，在发生溢流时，随着地层流体的侵入，井底负压差越大，储层厚度暴露越长，地层流体溢出量越大，尤其是在气侵时，压力降低速度最快。根据 PVT 方程，气体在井底高压条件下体积很小，随着气体在环空中向上运移，体积逐步增加。在气体刚进入井筒环空时，由于井底压力较高，一般情况下属于泡状流型，利用常规手段在地面很难判别进气量大小。当气体运移到井眼中上部时，流型将发生重大变化。现场实践表明，如果在井口出现搅拌流或环雾流，井口压力控制将很困难。因此，为了安全控制钻进，一般来讲，在井筒压力控制中，其理想情况下近井口井筒环空气液两相流型为泡状流，或出现少量的气弹（段塞流情况）。

基于以上设计原则，控压钻井工程设计要求主要包括以下几个方面。

(1)根据地层压力的临界约束，确定每一开的安全密度窗口。

(2)在控压前，计算该点的最低循环压耗。

(3)确保井底压力高于地层压力 0～1MPa。

(4)确定井口设备的最大承压能力。原则上，钻进时井口回压控制在 0～3MPa，接单根带压起钻时井口回压控制在 2～8MPa，如果在施工中超过此范围，必须及时汇报，得到明确指令后，通过调整泥浆密度来控制，重建平衡。

综合以上约束条件，确定井口回压最大不超过 8MPa，考虑控压系统的控制特点，保留一定余量 30%，确定为最高 5MPa。

3. 控压钻井泥浆密度和回压值确定

设计合理的控压钻井泥浆密度是油气井控压钻井的基础，必须详细分析邻井情况，准确掌握地层压力，保证合适的钻开油气层的泥浆密度，减少复杂情况的发生。以塔中 862H 井作为模拟井，该井在三开奥陶系灰岩储层 6120～8008m 段采用控压钻井技术。模拟所需的基本参数见表 6.12。

表 6.12　基本参数

开钻次序	井段/m	钻井液性能					钻进参数			
		密度/(g/cm³)	塑性黏度/(mPa·s)	动切力/Pa	n 值	K/(Pa·s)	钻压/kN	转速/(r/min)	排量/(L/s)	立压/MPa
三开	6120～8008	1.05～1.15	5～19	5～16	0.32～0.88	0.34～0.03	40～80	60～80	14～18	22

1)操作窗口模拟

分别对不同井深位置起始点 6120m，中间点 7064m 和结束点 8008m 开展操作窗口模拟。模拟结果如图 6.35～图 6.46 所示。

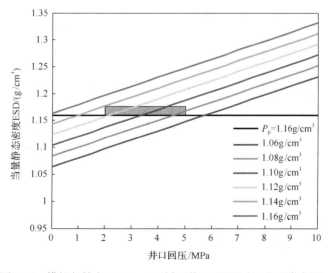

图 6.35　模拟起始点 6120m，不循环井口回压区间(文后附彩图)

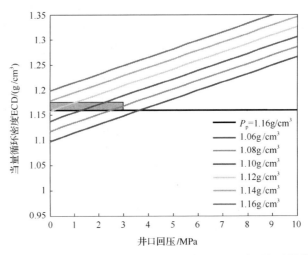

图 6.36 模拟起始点 6120m，排量 14L/s 井口回压区间（文后附彩图）

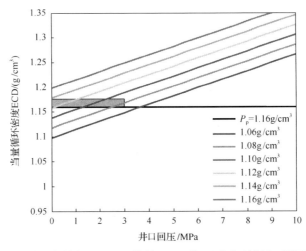

图 6.37 模拟起始点 6120m，排量 16L/s 井口回压区间（文后附彩图）

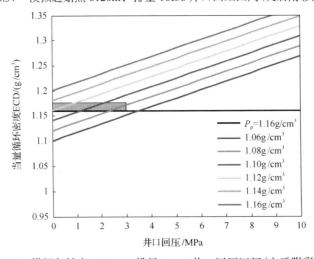

图 6.38 模拟起始点 6120m，排量 18L/s 井口回压区间（文后附彩图）

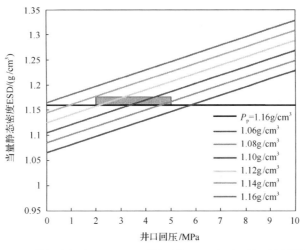

图 6.39　模拟中间点 7064m，不循环井口回压区间（文后附彩图）

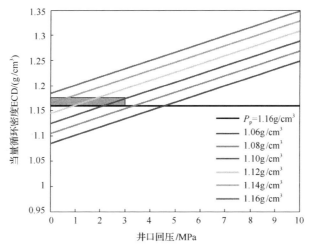

图 6.40　模拟中间点 7064m，排量 14L/s 井口回压区间（文后附彩图）

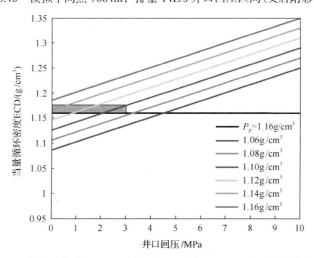

图 6.41　模拟中间点 7064m，排量 16L/s 井口回压区间（文后附彩图）

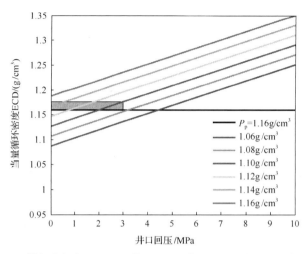

图 6.42 模拟中间点 7064m，排量 18L/s 井口回压区间（文后附彩图）

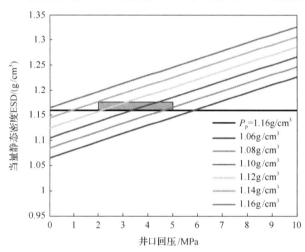

图 6.43 模拟结束点 8008m，不循环井口回压区间（文后附彩图）

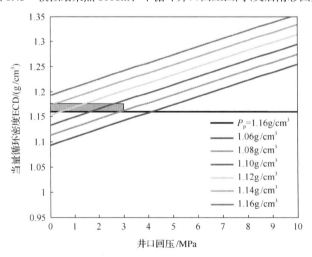

图 6.44 模拟结束点 8008m，排量 14L/s 井口回压区间（文后附彩图）

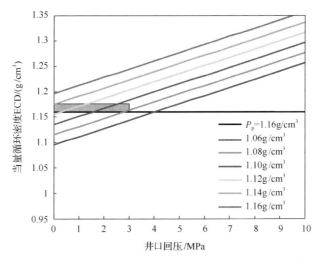

图 6.45 模拟结束点 8008m，排量 16L/s 井口回压区间（文后附彩图）

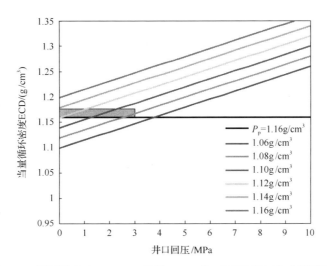

图 6.46 模拟结束点 8008m，排量 18L/s 井口回压区间（文后附彩图）

2）模拟结果分析

钻井液密度与井口控压值的确定原则如下。

（1）地层压力的临界约束，确保井底压力高于地层压力 0～1MPa。

（2）6120m 处开始控压，计算该点最低循环压耗；6120～8008m 井段 ECD 操作区间为 1.16～1.176g/cm³，循环摩阻 1.91～2.20MPa。分别模拟排量为 14L/s、16L/s、18L/s，密度为 1.06～1.16g/cm³ 等 6 种不同钻井液循环钻进时的井底 ECD 值。由于 6120m 处开始控压最低循环压耗不超过 1.91MPa（排量为 14L/s），因而可以确定循环期间井口回压应保持在 0～2.41MPa（其中附加压力为 0.5MPa）。

三开段控压模拟结果如表 6.13 所示，因此确定该井三开初始时使用密度为 1.10g/cm³ 的钻井液控压钻进，后续可根据现场实际工况、控压钻井监测情况调整井口回压和钻井液密度。

表 6.13　三开钻井液当量密度及控压设计结果

井段/m	地层压力当量密度/(g/cm³)	钻井液区间/(g/cm³)	井底压差/MPa	ECD 区间/(g/cm³)	循环控压值/MPa	非循环控压值/MPa
6120~8008	1.16	1.06~1.16	0~1	1.16~1.176	0~2.41	2.01~5.0

6.4.2　控压钻井起下钻泥浆帽优化设计

在常规钻井过程中，起下钻、活动钻具、开停泵及钻井泵排量变化都会造成井底压力波动，进而导致窄密度窗口地层出现井涌、井漏等复杂问题。控压钻井可以较为精确地控制整个井筒环空压力剖面，能够有效解决钻井过程中出现的井涌、井漏、井塌和卡钻等多种井下故障。起钻过程中由于泥浆泵停泵，环空摩阻消失，需要提高静液柱压力或井口回压以补偿环空摩阻，恢复井底压力平衡。在前期起钻过程中，通过旋转控制头上提钻杆，结合地面回压泵和节流管汇系统稳定井底压力，可以实现带压起钻作业。由于下部钻具中钻铤、螺杆和钻头变径明显，无法通过旋转控制头，在旋转控制头拆除后，整个钻井系统由闭环转换为开环模式，井口回压变为零值。因此在起钻到套管上方预订高度时需注入高密度泥浆，即重泥浆帽，使得静液柱压力升高。为满足控压钻井起钻泥浆帽注入过程中井底压力恒定，需要设计出合理的泥浆帽密度和高度。

控压钻井泥浆帽的工艺流程：在起钻时，首先将钻头起到套管鞋以上的某一位置，连接方钻杆，先注入一段隔离液，注入重泥浆驱替钻头以上原浆，同时逐渐降低井口回压，直至重泥浆返至井口，井口回压降为零，保证起完钻后仅依靠静液柱压力就能平衡地层压力；在下钻时，先将钻头下到泥浆帽底部，注入原钻井液对高密度泥浆帽进行驱替，同时逐渐提高井口回压维持井底压力稳定，泥浆帽驱替完毕后，安装旋转控制头，下放钻具到井底。起钻时泥浆帽具体工艺流程如图 6.47 所示。

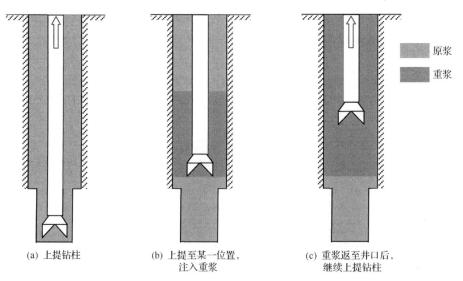

（a）上提钻柱　　　　　（b）上提至某一位置，　　　　（c）重浆返至井口后，
　　　　　　　　　　　　　注入重浆　　　　　　　　　　继续上提钻柱

图 6.47　控压钻井起钻泥浆帽工艺流程

1. 泥浆帽设计原则

在现场实际作业过程中，注入重浆帽作业需要遵循以下几个原则。

(1)打完泥浆帽之后井口回压为零，仅靠钻井液静液柱压力就能维持井底压力恒定。

(2)泥浆帽中起下钻产生的波动压力要小于井底压力允许的波动范围。

(3)泥浆帽高度的选取要考虑地面泥浆帽补偿罐/回收罐的容积大小。

(4)泥浆帽尽量维持在上层套管内，以免污染裸眼地层。

(5)重泥浆通常以原钻井液和压井液(一般比原钻井液密度大 0.4g/cm³)混合制成，方便制浆。

2. 泥浆帽优化设计模型

1)泥浆帽参数模型建立

控压钻井起下钻过程中的井底压力控制目标为

$$P_t = \rho g H + C \tag{6.50}$$

起钻至某一位置注入重泥浆帽后，起钻过程中的井筒压力平衡关系为

$$\rho_m g (H - h) + \rho g h + P_c - P_{sb} = P_t \tag{6.51}$$

在重泥浆帽中起钻完毕后，井口回压为零值，井筒内仅靠静液柱压力来平衡井底压力，即

$$\rho_m g (H - h) + \rho g h = P_t \tag{6.52}$$

在重泥浆帽下钻过程中的压力平衡关系为

$$\rho_m g (H - h) + \rho g h + P_{sw} = P_t \tag{6.53}$$

式(6.50)～式(6.53)中，P_t 为井底压力控制目标，MPa；P_c 为井口回压，MPa；ρ_m 和 ρ 分别为井筒内原钻井液密度和重泥浆帽的密度，g/cm³；H 和 h 分别为井筒垂深和泥浆帽的垂深，m；P_{sb} 和 P_{sw} 分别为抽汲和激动压力，MPa；C 为起下钻中允许井底压力波动值，一般取 1MPa。

根据建立的泥浆帽参数计算模型，影响高密度泥浆帽高度的主要因素有井底压力控制目标、钻井液密度、高密度泥浆帽的密度及起下钻波动压力。然而在实际作业中，井底压力控制目标及钻井液密度等数据已经提前确定，因此泥浆帽优化设计重点在于重泥浆帽的高度 h 与重泥浆帽的密度 ρ 两个参数。

由以上建立的数学模型可得泥浆帽高度与密度基本关系式：

$$h = \frac{P_t - \rho_m g H}{(\rho - \rho_m) g} \tag{6.54}$$

2)瞬态波动压力模型

在起下钻过程中，由于钻柱的轴向运动，钻井液发生不稳定流动，从而在井筒内产生附加压力，即波动压力[10]。波动压力分为激动压力和抽汲压力，分别对应下钻和起钻的过程。在泥浆帽打入后的起下钻作业时，波动压力不得超过规定的范围 C。以下钻为

例，给出波动压力计算的基本方程：

质量守恒方程：

$$\frac{\partial \rho}{\partial t} + \frac{\partial}{\partial z}(\rho V) = 0 \tag{6.55}$$

动量守恒方程：

$$\frac{\partial}{\partial t}(\rho V) + \frac{\partial}{\partial z}(P + \rho V^2) = -\rho g \sin\theta - \frac{\tau s}{A} = -\mathrm{d}P \tag{6.56}$$

式中，$\dfrac{\tau s}{A} = \dfrac{2\rho f V^2}{d}$；$\mathrm{d}P = \rho g \sin\theta + \dfrac{\tau s}{A}$；$\mathrm{d}P$ 为单位长度压降，MPa；θ 为井斜角，(°)；V 为速度。

该模型方程组属于双曲线型偏微分方程组，采用特征线法求解。将上述偏微分方程组变为常微分方程组，并沿两条特征线，得到一组特征方程(图 6.48)。

C+方向特征线：

$$\frac{V_C - V_A}{\Delta t} + \frac{1}{a\rho}\frac{P_C - P_A}{\Delta t} + \frac{1}{2\rho}(\mathrm{d}P_A + \mathrm{d}P_C) = 0 \tag{6.57}$$

C−方向特征线：

$$\frac{V_C - V_B}{\Delta t} - \frac{1}{a\rho}\frac{P_C - P_B}{\Delta t} + \frac{1}{2\rho}(\mathrm{d}P_C + \mathrm{d}P_B) = 0 \tag{6.58}$$

式中，a 为压力波速，是井筒内介质的固有特性，且 a 远大于钻井液流速 V，为了避免使用节点插值，简化计算，使得空间步长和时间步长关系式为 $\dfrac{\mathrm{d}z}{\mathrm{d}t} = \pm a$，这样满足 Courant 稳定性准则。

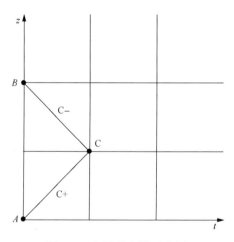

图 6.48　网格特征线示意图

3)优化问题求解

根据泥浆帽的设计原则和驱替过程中压力波动的分析，结合泥浆帽设计中需要满足的约束条件，将泥浆帽高度和密度的确定转变为一个优化问题。

目标函数 $h(\rho)$ 的约束条件：①泥浆帽高度与密度关系为 $h = \dfrac{P_t - \rho_m gH}{(\rho - \rho_m)g}$；②泥浆帽具

有防气窜的能力并保持在套管内，满足 $1000 \leqslant h \leqslant H_{casing}$（套管鞋深度）；③泥浆帽由原钻井液和压井液混合制成，满足 $\rho - \rho_m \leqslant 0.4 g/cm^3$；④考虑地面泥浆帽补偿罐/回收罐的体积，满足 $V(h) \leqslant V_{total}$；⑤泥浆帽中按堵口管计算得到的激动压力最大值 $P_{sw} \leqslant C$。

通过建立的优化模型并对其进行求解，可以得到泥浆帽密度和高度的优化区间。

3. 泥浆帽密度和高度确定

以塔中 862H 为例开展数值模拟，该井在三开水平段采用控压钻井技术。实例计算所需的基本参数如表 6.14 所示。

表 6.14　基本参数

钻井参数	井筒参数
钻井液密度为 1.08g/cm³；动切力为 8.5mPa·s；流性指数为 0.64；稠度系数为 0.32Pa·sⁿ；排量为 14L/s；地温梯度为 2.2℃/100m；地面温度为 20℃；钻井液的弹性模量为 2.04×10⁹Pa；地层压力当量密度 1.16g/cm³	井深为 8008m；垂深为 6325m；套管下深为 6120m；套管直径为 200.3mm；钻头直径为 171.5mm；钻杆外径为 101.6mm；钻杆内径为 66.09mm；造斜点井深为 5720m；造斜率为 4°/30m；水平段井斜角为 85.77°

由泥浆帽高度和密度关系式可知，两者是一一对应的关系。以 3000m 泥浆帽为例，阐述井底波动压力和下钻速度的动态变化规律（图 6.49）。为了真实地表征井底波动压力大小，下钻速度选用现场实际作业数据，下放一根立柱耗时 104s，最大下钻速度为 0.3m/s，加速与减速时间均为 8s。由图 6.49 可知，当下钻速度达到最大值 2s 之后，井底波动压力达到极大值 1.52MPa。此时，该值大于允许的波动压力值 C（1MPa），因此 3000m 泥浆帽高度不能满足约束条件，需要进一步调整。

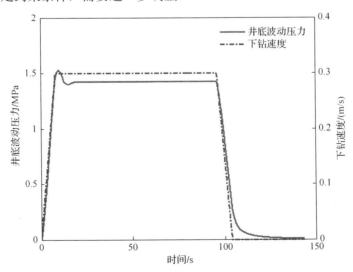

图 6.49　井底波动压力与下钻速度随时间变化

井底最大波动压力随泥浆帽高度变化规律如图 6.50 所示。可以看出，井底最大波动压力与泥浆帽高度呈现较为明显的线性关系，随着泥浆帽高度的增加，井底波动压力最大值逐渐增大。在本书算例中，以允许的波动值 1MPa 限定的泥浆帽高度和密度边界值分别为 1930m、1.34g/cm^3。

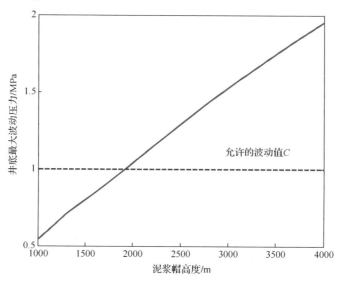

图 6.50　井底最大波动压力随泥浆帽高度变化

泥浆帽密度与高度的对应关系如图 6.51 所示。泥浆帽高度的上限由上层套管下深和规定的波动压力范围 C 确定最小值，即 $\min\{h_{casing}, h(C)\}$。而下限由泥浆帽与钻井液密度差最大值确定，取 $h(0.4)$。通过优化模型计算可知，泥浆帽的高度范围为 1265~1930m，泥浆帽的密度范围为 1.34~1.48g/cm^3。然而在现场应用时需要选取特定的泥浆帽参数，因此推荐选取优化区间的中间值作为作业参数，即泥浆帽的设计高度 1598m，设计密度 1.39g/cm^3，0.3m/s 最大下钻速度条件下的波动压力极大值为 0.84MPa（表 6.15）。

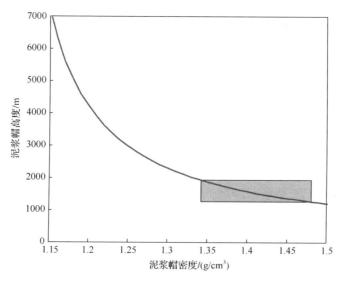

图 6.51　泥浆帽密度与高度对应关系

表 6.15　塔中 862H 井三开控压段泥浆帽密度和高度设计结果

开次	最大波动压力/MPa	推荐密度/(g/cm^3)	推荐高度/m
三开	0.84	1.39	1598

6.5　控压钻井工艺设计及复杂情况预案

6.5.1　控压钻井正常作业流程

控压钻井正常作业按照不同的工况可具体分为以下几类：正常钻进、接单根、起下钻、换胶芯和微流量作业等。

1. 正常钻进循环线路

正常钻进流动通道见图 6.52，正常钻进时流程见图 6.53。

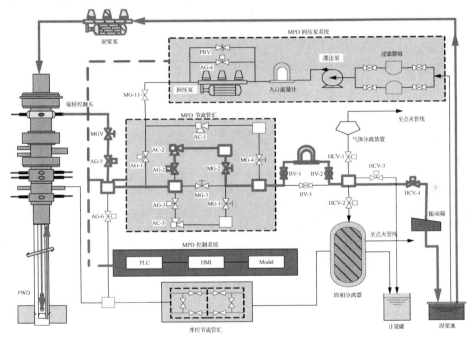

图 6.52　正常钻进流动通道

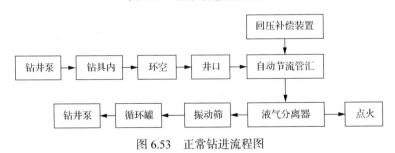

图 6.53　正常钻进流程图

进入"井底压力控制模式"，保持节流阀 AC-2 管线处于正常工作状态，回压泵线路控制阀 MG-1 关闭,回压泵随时处于待命状态,调节节流阀 AC-2 开度大小,实时调节井口回压,确保井底压力恒定;采用现场 FF 总线自动控制,实时检测 PWD 测量数据与水力计算值大小,若水力计算值小于井下 PWD 测量数据,则需要调小节流阀 AC-2 开度大小,增加井口回压值;若水力计算值大于井下 PWD 测量数据,则需要调大节流阀 AC-2 开度大小,减小井口回压值。

2. 起下钻、接单根作业循环线路

起下钻、接单根作业流动通道见图 6.54,循环流程见图 6.55。

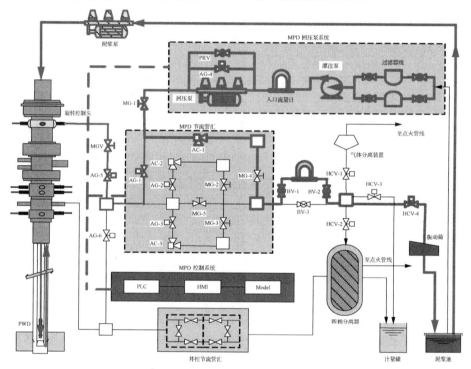

图 6.54　起下钻、接单根作业流动通道

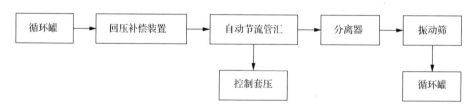

图 6.55　起下钻、接单根循环流程

1)接单根程序

进入接单根状态后,注意在之前保证 AG-2 阀门关闭,AC-2 处于手动状态;启动回压泵,钻井液经节流阀 AC-3 进入循环;自动调节 AC-3,使 AC-3 前端的压力与主循环管线的压力相等;开启 AG-3(阀位反馈,界面提示),同时提示司钻缓慢关闭泥浆泵(大概 1min),同时 AC-1 切换到比率控制,即 AC-1 按照一定的速率缓慢关闭(根据 AC-1

阀后流量——回压泵流量来控制,可以选择斜坡功能块实现),保持 AC-1 前端的压力一直不变(此压力通过 AC-3 的回路来保证),直到彻底关闭泥浆泵为止,同时观察井口压力上升情况,准备进行接单根作业,进行接单根操作;操作完毕后,缓慢打开泥浆泵(约 1min),辅助节流阀 AC-1 处于"压力调节状态",根据井筒压力变化调整井口回压并保持井底压力恒定,节流阀 AC-2、AC-3 处于"开度调节状态",并按照一定的比率进行开度调节("调节比率"按后台"开泵比率调节"模块计算给出),直到恢复停泵前水平,泥浆泵稳定运行一段时间后,将节流阀 AC-2、AC-3 切换到"压力调节状态"、节流阀 AC-1 切换到"开度调节状态",关闭 MG-1,停止回压泵。

2) 起钻程序

按照"接单根程序"停止循环,通过旋转控制头起钻,控制起钻速度(通常不超过 2m/min)。通过调节 AC-1 开度提高回压来补偿(自动改变 AC-3 回路的压力设定值,该值可以通过水力计算模型得到,考虑起钻引起的抽汲压力),当钻头起至预先设计的打重泥浆的高度(泥浆帽高度可以根据 U 形管原理计算,其目的是降低井口回压至零,打入泥浆帽,全开 AC-2,调节 AC-1 开度保证井口回压,直至为零)。同时检查出入口钻井液密度及环空钻井液返出情况,计算两个流量计的差值,判断是否溢流,并迅速报警;无溢流时,自动弹出"可以起钻"提示对话框。通过旋转控制头继续起钻,起钻时使用泥浆泵在压井管线、井口和全开自动节流阀 AC-1 之间低排量循环重泥浆,连续灌浆。若起钻过程中发生溢流,随机产生报警信息,停止起钻(如有可能,将钻具下至井底),关闭旋转防喷器,接顶驱(六方形方钻杆)循环,根据井口套压变化制定下一步处理措施;井下钻杆全部起完时,确保井口压力为零;停止泥浆泵,关闭主泥浆返出管线,打开辅助泥浆返出管线;当钻头起至全封闸板防喷器以上时,关闭全封剪切闸板;重新启动泥浆泵,经压井管线、钻井四通和全开自动节流阀 AC-1 低排量建立循环,连续灌浆,同时保证井口压力为零;进行更换钻头或钻具组合。

3) 下钻程序

全封剪切闸板保持关闭状态。通过泥浆泵在压井管线、钻井四通和全开节流阀 AC-1 之间低排量循环重泥浆,确保井口压力为零。监测泥浆灌液位和钻井液进出量,当泥浆池液位变化幅度大于某一值,或钻井液的进出量发生大幅度的偏差时,自动弹出报警界面,提示操作员是否发生溢漏等复杂状况,并及时采取相应措施;关闭泥浆泵,关闭 AG-1,打开 AG-2,AC-1 保持全开状态;打开全封闸板;下控压钻井钻具组合;安装旋转控制头胶芯和轴承总成,坐入外桶,关闭卡箍;开启泥浆泵,在压井管线、钻井四通和全开节流阀之间低排量循环重泥浆。监测泥浆池液位和泥浆进出量,保证井眼稳定,确保井口压力为零;按照下钻要求的速度下钻,减少激动压力;钻头下到泥浆帽之下,停止泥浆泵;接上方钻杆,循环替浆,逐渐通过调节 AC-1 提高井口回压,顶替结束后,停止循环,按照接单根程序卸开方钻杆;下钻到底,接方钻杆。按照接单根程序组建提高泥浆泵排量,在井口压力控制模式下,通过自动节流控制系统和回压泵保持稳定的井底压力。

3. 旋转控制头换胶芯作业循环线路

换胶芯循环流程如图 6.56 所示:①发现胶芯刺漏,停止钻进,上提钻柱,将回压泵和自动节流管汇转换到井口压力控制模式，以保持稳定的井底压力；②司钻告知数控房，控压钻井工程师准备停泵，控压钻井工程师通知司钻关泥浆泵后，司钻缓慢降低泵排量至零，泄钻具内压力为零之后，卸方钻杆，通过回压补偿装置控压起钻至安全井段；③打开自动节流管汇至井队节流管汇闸门到多功能四通的全部闸门，关闭环形防喷器，关闭自动节流管汇与旋转控制头间的闸阀；④接方钻杆，打开卸压阀卸掉旋转控制头内的圈闭压力，然后将环形防喷器的控制压力调低至7MPa左右，拆旋转控制头的锁紧装置及相关管线，打开旋转控制头液缸，缓慢上提钻具，将旋转头提出转盘面；⑤换旋转总成，缓慢下放旋转总成到位并装好旋转总成，关闭旋转控制头卸压阀，打开自动节流管汇与旋转控制头间的闸阀，使环形防喷器上下压力平衡，然后打开环形防喷器，关闭井队节流管汇至自动节流管汇的通道；⑥控压下钻至井底，启动泥浆泵，停止回压补偿装置，将控压模式调整至井底模式，恢复控压钻进(控压期间如发现胶心刺漏较严重，司钻可直接停泵，关闭环形防喷器，再进行下步作业)。

图 6.56　换胶芯作业

4. 微流量溢流/漏失循环线路

微溢流/漏失正常钻进流动通道见图6.57。

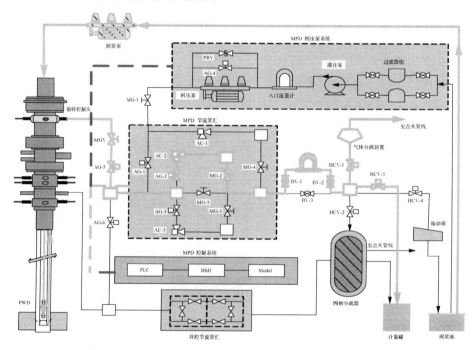

图 6.57　微溢流/漏失正常钻进流动通道

在正常钻进过程中，检测到井侵时，根据"DeltaV 操作界面"内设的井侵判断条件，结合井侵量的大小判断处于何种警示状态，并同时切换到该模式；在"自动控制"操作界面中，在不造成井漏的前提下，立即通过节流系统，调小节流阀 AC-2 开度，增加井口回压值 ΔP_1；从出入口流量判断溢流状态，直到井侵停止，操作界面弹出"无溢漏现象，继续正常钻进"，此时解除"黄色警示状态"，切换到正常钻进"绿色工作状态"，保持井底压力高于地层压力 ΔP_1 继续钻进；同时使用液气分离器将井侵流体循环出井眼。如果 H_2S 检测装置报警，执行 H_2S 应急程序。

在正常钻井过程中，检测到井漏，根据"DeltaV 操作界面"内设的井漏判断条件，结合井漏量的大小判断处于何种警示状态，并同时切换到该模式；按照控压工程师建议上提速度和回压减小值，将钻具提离井底，同时改变泥浆泵排量，调大节流阀 AC-2 开度，减小井口回压值，从而降低井底压力，同时，记录出入口流量数据，直到井漏停止；操作界面弹出"无溢漏现象，继续正常钻进"，此时解除"黄色警示状态"，切换到正常钻进"绿色工作状态"。

6.5.2　溢流、漏失、喷漏同存复杂情况的处理措施

1. 溢流应急程序

根据前面设计的正常钻进和接单根时的井口回压范围，确定溢流情况下不同措施的压力等级范围和溢出流量等级范围，见表 6.16。

表 6.16　溢流处理框架

井口流量变化	井口压力变化			
	在设计的正常钻进的井口回压范围内（0～4.8MPa）	在设计的接单根时的井口回压范围内（4.8～6MPa）	大于设计的井口回压小于井口压力上限（6～7MPa）	大于井口压力上限（>7MPa）
没有流体侵入	继续钻进	继续钻进	增加排量或泥浆密度，适当的减小井口回压	提离井底，关井，转入常规井控程序
达到正常作业允许侵入流量极限（0～0.5m³）	增加井口回压、排量或/和泥浆密度	增加井口回压、排量或/和泥浆密度	增加排量或泥浆密度，适当的减小井口回压	提离井底，关井，转入常规井控程序
小于允许的侵入流量上限（0.5～1m³）	停止钻进，增加井口回压、排量或/和泥浆密度	停止钻进，增加井口回压、排量或/和泥浆密度	提离井底，关井，转入常规井控程序	提离井底，关井，转入常规井控程序
大于允许的侵入流量上限（>1m³）	提离井底，关井，转入常规井控程序	提离井底，关井，转入常规井控程序	提离井底，关井，转入常规井控程序	提离井底，关井，转入常规井控程序

1）溢流量在 1m³ 以内

停止钻进，保持循环，控压钻井工程师增加井口压力 2MPa，井队坐岗人员和录井加密至 2min 观察液面一次。如液面保持不变，则由控压钻井工程师根据情况采取措施；如果液面继续上涨，则井口压力应以 1MPa 为基数，直至溢流停止。若井口压力大于 5MPa，则请示甲方提高泥浆密度以降低井口回压。

2)溢流量超过 1m³

直接由井队采用常规井控装备控制井口，按照《塔里木油田钻井井控实施细则》实施关井作业。

2. 井漏应急程序

1)能够建立循环

逐步降低井口压力，寻找压力平衡点。如果井口压力降为零时仍无效，则逐步降低钻井液密度，每循环周降低 $0.01\sim0.02g/cm^3$，待液面稳定后恢复钻进。

2)无法建立循环

转换到常规井控，按照《塔里木油田钻井井控实施细则》进行下一步作业。

3. 漏喷同存应急程序

1)存在密度窗口

先增加井口压力至溢流停止或漏失发生，逐步降低井口压力寻找微漏时的钻进平衡点，保持该井口压力钻进，在钻进和循环时，控制漏失量在 $50m^3/d$，并持续补充漏失的泥浆。

2)无密度窗口

转换到常规井控，按照《塔里木油田钻井井控实施细则》进行下一步作业。

6.5.3　装备失效复杂情况处理措施

1. 自动节流管汇节流阀堵塞

(1)发现节流阀堵塞后，自动节流系统转换到备用通道，确保操作参数恢复到正常状态，继续控压钻进作业。

(2)检查维修堵塞的节流阀。

(3)维修完毕并将此节流阀调整到自动控制状态，将此通道备用。

2. 随钻测压工具 PWD 失效

(1)PWD 随钻测压工具工程师向控压钻井工程师报告 PWD 随钻测压工具失效，失去信号。

(2)按照 PWD 随钻测压工具工程师的指令进行调整，以重新得到信号。

(3)若无法重新得到信号，使用水力参数模型，预计井底压力，继续控压钻进。控压钻井仪器设备工程师每 15min 运行一次水力参数模型，计算井底压力。

(4)起钻，维修 PWD 随钻测压工具。

3. 回压泵失效应急程序

(1)接单根停泵前通过适当提高回压值进行压力补偿。

(2)控压起钻时用泥浆泵通过自动节流管汇进行回压补偿。

4. 自动节流管汇失效

转入手动节流阀，用手动节流阀进行人工手动控压。

5. 控制系统失效应急程序

控压钻井控制系统失效后，应立即转入相应手动操作，控压钻井仪器设备工程师向控压钻井工程师报告控制系统失效，仪器设备工程师排查控制系统故障。

6. 液压系统失效应急程序

控压钻井液压系统失效后，应立即转入"手动操作"，控压钻井仪器设备工程师向控压钻井工程师报告液压系统失效，仪器设备工程师排查液压系统故障。

7. 测量及采集系统失效应急程序

控压钻井数据测量及采集系统中的一个(或几个)采集点(测量点)失效后，应根据现场情况转入手动操作，控压钻井仪器设备工程师向控压钻井工程师报告系统失效，仪器设备工程师排查系统故障点。

8. 出口流量计失效应急程序

出口流量计失效后，应立即转入手动操作，控压钻井仪器设备工程向控压钻井工程师报告流量计失效，控压钻井仪器设备工程师排查流量计故障。

9. 内防喷工具失效应急程序

(1)接单根时内防喷工具失效：将井口套压降为零，然后在钻具上抢接回压阀，用回压补偿装置对进口进行补压，保持井底压力的稳定，进行接单根作业。

(2)控压起下钻时内防喷工具失效：进行压井作业，满足常规起下钻的要求，然后起钻更换内防喷工具。

6.5.4　控压钻井终止条件

出现以下情况应立即终止控压钻井。

(1)自井内返出的气体(包括天然气)，在未与大气接触之前含硫化氢浓度大于 $75mg/m^3$(50ppm)；或者自井内返出的气体(包括天然气)，在其与大气接触的出口环境中硫化氢浓度大于 $30mg/m^3$(20ppm)。

(2)如果钻遇大裂缝井漏严重，无法找到微漏钻进平衡点，导致控压钻井不能正常进行。

(3)控压钻井设备不能满足控压钻井要求。

(4)实施控压钻井作业中,井下频繁出现溢漏复杂情况,无法实施正常控压钻井作业。

(5)井眼、井壁条件不满足控压钻井正常施工要求。

参 考 文 献

[1] 周英操, 杨雄文, 方世良, 等. PCDS-I 精细控压钻井系统研制与现场试验. 石油钻探技术, 2011, 39(4): 7-12.

[2] 石林, 杨雄文, 周英操, 等. 国产精细控压钻井装备在塔里木盆地的应用. 天然气工业, 2012, 08: 6-10.

[3] Hannegan D, Todd R J, Pritchard D M, et al. MPD-uniquely applicable to methane hydrate drilling. SPE/IADC Under balanced Technology Conference and Exhibition Society of Petroleum Engineers, Houston, 2004.

[4] 周英操, 崔猛, 查永进. 控压钻井技术探讨与展望. 石油钻探技术, 2008, 36(4): 1-4.

[5] 柳贡慧. 压力管理钻井技术研究. 国家高技术研究发展计划(863 计划)课题验收技术报告, 2012.

[6] Rehm B, Schubert J, Haghshenas A, et al. Managed pressure drilling. Amsterdam: Elsevier, 2013.

[7] He M, Liu G, Li J, et al. A study of rapid increasing choke pressure method for sour gas kicks during managed pressure drilling. International Journal of Oil, Gas and Coal Technology, 2016, 11(1): 39-62.

[8] Li M B, Liu G L, Li J, et al. Thermal performance analysis of drilling horizontal wells in high temperature formations. Applied Thermal Engineering, 2015, 78(3): 217-227.

[9] Osisanya S O, Harris O O. Evaluation of equivalent circulating density of drilling fluids under high pressure/High temperature conditions. SPE Annual Technical Conference and Exhibition, Texas, 2005.

[10] 樊洪海. 实用钻井流体力学. 北京: 石油工业出版社, 2014.

第 7 章 塔中碳酸盐岩超深水平井综合提速技术

塔中碳酸盐岩超深水平井要穿过多套地层，地层跨越的地质时代较多、岩性变化较大，且奥陶系碳酸盐岩研磨性强。这些特点导致钻井过程中面临机械钻速较低、钻头使用寿命较短、摩阻较高、托压、黏卡等一系列问题，严重影响施工速度。为了解决这些问题，本章从钻头选型、水力参数优化设计和提速工具 3 个方面出发，结合塔中地区地质条件，建立钻头优选方法和钻井水力参数优选方法，并对钻井提速工具的应用效果进行评估。

7.1 塔中碳酸盐岩钻井钻头选型分析

塔中碳酸盐岩储层在开发过程中，钻遇地层十分复杂，如岩石可钻性级值高、研磨性强、深部地层岩性不均质等[1]。这就要求所选钻头与地层匹配性好，从而保证井身质量，提高机械钻速。为此，结合塔中碳酸盐岩地层实际情况，提出考虑钻头使用效果及地层岩石力学参数的综合钻头选型方法并进行优选。

7.1.1 碳酸盐岩钻井钻头选型方法研究

1. 钻头选型理论

在钻井过程中，钻头是破碎岩石的主要工具，井眼是由钻头破碎岩石而形成的。井眼质量的优劣，钻成井眼所用时间的长短，除与所钻地层岩石特性和钻头本身性能有关外，更与钻头和地层之间的相互匹配程度有关。

合理的钻头选型对提高机械钻速、降低钻井综合成本起着十分重要的作用。前人在钻头选型方面已进行了大量的研究[2-4]，并提出了多种选型理论，如每米钻井成本法、比能法、灰色关联分析法、属性层次分析法、地层综合系数法等。上述钻头选型理论大都是针对钻头使用资料较丰富的某一区块进行的，缺乏通用性。对于钻头使用资料较少或无钻头使用资料的新探区和新层位，现有钻头选型理论的适用性有待商榷。

鉴于此，针对塔中碳酸盐岩地层，以测井、录井和钻头使用资料为基础，建立考虑地层岩石力学特性参数和钻头实际使用效果的钻头选型方法。该方法主要包含钻头使用效果评价法和岩石力学参数法两个方面内容。

(1)钻头使用效果评价法。

对于一个在特定的区块，如果没有密度测井资料，但已经进行了大量的钻井作业，可以根据已钻井钻头的使用情况，统计每套地层所用钻头的使用效果(机械钻速)，建立钻头使用效果与地层的对应关系，为后续钻井作业优选钻头。

(2)岩石力学参数法。

岩石力学特性参数是实现科学钻井的基础数据之一，反映岩石在各种外力作用下从变形到破碎过程中所表现出来的物理力学性质，包括岩石硬度、塑性系数、抗压强度、抗剪强度、研磨性和可钻性级值等[5, 6]。定量计算这些岩石特性参数，对钻井工程中的钻头选型、参数优化及技术决策具有重要意义。因此在进行钻头选型前，首先应对各个地层的岩石力学特性参数进行定量计算，进而优选出适合该地层的钻头类型。

岩石力学参数的测量主要分为静力学测量和动力学测量。静力学测量是通过静力学测试而得到各个岩石力学参数；动力学测量主要通过超声波测量，该测试技术是近 30 年来发展起来的一种新技术,通过测定超声波穿透岩石后声波信号的声学参数(超声波波速、衰减系数、波形、频率等)的变化，间接了解岩石的物理力学特性[7]。与静力学方法相比，超声波测试技术具有简单、快捷、可靠、经济及无破损等特点。在钻井过程中不需要取心，通过声波测井，可取得整个井身剖面内的全部岩石力学参数。

纵横波速度可由井壁声波、普通声波或变密度测井这三种方法中的任何一种得到，计算公式如下。

1)纵、横波速计算

由于实际岩石是一种非均质的各向异性体，因而声波在岩石中的传播速度与岩石的组成、孔隙度、泥质含量、孔隙流体及饱和度、温度、地壳运动、埋藏深度等有关。测井曲线记录的是声波传播时间，单位是 $\mu s/m$。其计算公式如下：

$$\Delta t_{p} = \Delta t_{plog} - C_{p}(C_{p}-1)\phi_{s}(\Delta t_{mf} - \Delta t_{ma}) \tag{7.1}$$

$$V_{p} = 10^{6} \frac{1}{\Delta t_{p}} \tag{7.2}$$

$$V_{s} = 10^{6} \frac{1}{\Delta t_{s}} \tag{7.3}$$

式(7.1)~式(7.3)中，Δt_{p} 为修正后的岩石纵波时差, $\mu s/m$；Δt_{ma} 为岩石骨架纵波时差, $\mu s/m$；Δt_{plog} 为原始测井的岩石纵波时差, $\mu s/m$；Δt_{mf} 为孔隙流体纵波时差, $\mu s/m$；C_{p} 为声波测井的压实校正系数($C_{p}=1\sim 2$)； ϕ_{s} 为孔隙度。

当没有横波测井数据时，需要估算横波速度。可利用以下计算模型估算。

(1)横波速度计算的经验模型。

经验模型 1：经验系数法，其计算公式为

$$V_{s} = aV_{p} \tag{7.4}$$

式中，a 为经验系数，$a = 0.61 \sim 0.53$ 。

经验模型 2：声波测井和密度测井数据相结合的方法，其计算步骤如下：首先，根据声波测井和密度测井数据分别求孔隙度 ϕ_{s} 和 ϕ_{D}；然后，计算分散泥质含量 Q：

$$Q = \frac{\phi_s - \phi_D}{\phi_D} \tag{7.5}$$

最后，计算 V_s :

$$\nu = 0.27 + 0.125Q \tag{7.6}$$

$$V_s = V_p \sqrt{\frac{1-2\nu}{2(1-\nu)}} \tag{7.7}$$

经验模型 3：数理统计法，回归模型为

$$\Delta t_s = a + b\Delta t_p + cH$$
$$V_s = 10^6 \frac{1}{\Delta t_s} \tag{7.8}$$

式中，Δt_s 为计算横波时差，$\mu s/m$；a、b、c 分别为回归系数，在斯伦贝谢统计资料中：$a = 138.24$，$b = 1.228$，$c = -0.00841$；H 为井深，m。

(2)横波速度计算理论模型。

$$\Delta t_s = \Delta t_c \frac{\Delta t_s}{\Delta t_c} = \left[\Delta t_{ma} \phi_s + (1-\phi_s)\Delta t_{mf} \right] \left(\frac{\Delta t_s}{\Delta t_c} \right)^\alpha \tag{7.9}$$

式中，Δt_c 为岩石纵波时差，$\mu s/m$；$\dfrac{\Delta t_s}{\Delta t_c}$ 为岩石横-纵波时差比；α 为岩石矿物颗粒尺寸等的影响系数。

2)地层岩石力学特性参数计算

(1)地层泥质含量。

泥质含量可以由测井数据得到，如果测井数据中没有该数值，可以通过伽马测井值由以下公式计算得出：

$$V_{sh1} = \frac{GR - GR_{min}}{GR_{max} - GR_{min}} \qquad V_{SH} = \frac{2^{V_{sh1} G_{CUR}} - 1}{2^{G_{CUR}} - 1_{min}} \tag{7.10}$$

式中，V_{sh1} 和 V_{sh} 分别为校正前和校正后地层泥质含量；GR 为自然伽马值；GR_{max} 为自然伽马最大值；GR_{min} 为自然伽马最小值；G_{CUR} 为 Hilchie 指数，3.7 为新近地层，2 为老地层。

(2)地层体积密度。

体积密度由补偿密度测井数据得到。如没有密度测井数据，可用下式计算：

$$\rho = \rho_m - \frac{2.11(\Delta t_c - \Delta t_{ma})}{\Delta t_c + \Delta t_{mf}} \tag{7.11}$$

式中，ρ 为岩石体积密度，g/cm^3；ρ_m 为岩石骨架密度，g/cm^3。

(3)岩石模量。

利用声波测井资料，可由以下公式确定岩石的弹性参数：

$$E_d = \frac{\rho V_s^2 \left[3(V_p/V_s) - 4 \right]}{(V_p/V_s)^2 - 1} \tag{7.12}$$

$$\nu_d = \frac{(V_p/V_s)^2 - 2}{2\left[(V_p/V_s)^2 - 1\right]} \tag{7.13}$$

式中，E_d 为岩石动弹性模量，MPa；ν_d 为动泊松比。

剪切弹性模量和体积弹性模量：

$$U_d = \rho V_s^2 \tag{7.14}$$

$$K_d = \rho\left(V_p^2 - \frac{4}{3}V_s^2 \right) \tag{7.15}$$

式中，U_d 为剪切弹性模量，MPa；K_d 为体积弹性模量，MPa。

(4)地层无围压抗压强度(UCS)。

$$UCS = 0.5E_d \left[0.0045(1 - V_{sh}) + 0.008V_{sh} \right] \tag{7.16}$$

式中，UCS 为地层无围压抗压强度，MPa。

(5)地层硬度。

$$RH = aUCSe^{bUCS} \tag{7.17}$$

式中，RH 为地层硬度，MPa；a 和 b 分别为回归系数(a 和 b 分别取 20、-0.002)。

(6)地层无围压抗剪切强度。

$$SS = 1.5 \times 10^{-4} \sqrt{10^{-6}(1 - 2\nu_d)\rho^2 (\frac{10^6}{ACP})^4 (1 + 0.78V_{SH})(\frac{1 + \nu_d}{1 - \nu_d})^2} \tag{7.18}$$

式中，SS 为地层无围压抗剪强度，MPa；ν_d 为动态泊松比。

(7)地层塑性系数。

$$KK = \frac{A_3 E_d^{aa_3} e^{100B_3 V_{SH}}}{(1+v_d)^{bb_2}(1-2v_d)^{cc_2}} \tag{7.19}$$

式中，KK 为岩石塑性系数；A_3、aa_3、B_3、bb_2、cc_2 分别为回归系数(取 0.998，−0.00001，0.00003，0.00002，0.174)。

(8)地层岩石内摩擦角。

$$IAF = 22.414 \lg(M + \sqrt{1+M^2}) - 23.02 \tag{7.20}$$

$$M = 55.668 + 22.812 SS \tag{7.21}$$

式中，IAF 为地层岩石内摩擦角，(°)。

(9)岩石可钻性(牙轮钻头)。

$$K_{drock} = \frac{UCS}{10 e^{0.004 UCS}} \tag{7.22}$$

式中，K_{drock} 为岩石可钻性(牙轮钻头)。

(10)岩石可钻性(PDC 钻头)。

$$K_{dpdc} = 0.14338 K_{drock}^{2.041} \tag{7.23}$$

式中，K_{dpdc} 为岩石可钻性(PDC 钻头)。

2. 钻头选型流程

1)最优钻速法

根据已钻井的井史资料，分别对每一层位的钻头使用效果，即机械钻速进行评价，找出每一层位机械钻速最快的钻头。将此钻头与其所钻地层建立对应关系，即可得到适合该地层的钻头型号。同时将该地层的岩性特点与其适用的钻头建立联系。最后根据所建立的对应关系对其他井进行钻头选型。

2)岩石力学参数法

(1)计算岩石力学参数。

将已钻井的测井资料整理成标准格式，包含井深、泥质含量、声波时差、密度资料，为后续计算岩石力学参数做准备。随后根据岩石力学参数基本方程对岩石力学参数进行计算，计算内容包括抗剪强度、无围压抗压强度、内摩擦角、硬度、塑性系数、牙轮钻头岩石可钻性、PDC 钻头岩石可钻性。

(2)统计岩石力学特性参数。

根据塔中碳酸盐岩地层已钻井的地层分层情况，包括起始深度、底界深度，统计各个地层岩石力学特性参数，包括抗压强度、内摩擦角和岩石可钻性的最大值、最小值、平均值、标准差和非均质系数等，得到每一层位的岩石力学特性。

(3)选择钻头类型。

根据地质分层及地层岩石力学参数,对某一层位进行综合评价,最后根据以下方法进行钻头优选。

①PDC 复合片选择及布置。

根据地层岩石硬度选择 PDC 复合片直径及布齿方式。对于软到中硬的地层,钻头可选用直径较大的 PDC 切削齿,并采用低密度或中等密度布齿;对于中硬到坚硬地层,选用直径较小的 PDC 切削齿,并采用中等密度或高密度布齿的钻头,这样才能获得更好的使用效果。

②确定地层研磨性。

Sparr 等[8]研究表明,地层岩石的研磨性与内摩擦角有很好的相关性。岩石研磨性与内摩擦角的相关性比其与抗压强度的相关性要大,因此用岩石内摩擦角可较好地度量岩石研磨性。

岩石研磨性可以根据内摩擦角的大小进行划分:当岩石内摩擦角小于 30°时,地层属于低研磨性;当岩石内摩擦角在30°～36°时,地层属于中研磨性;当岩石内摩擦角大于 36°时,地层属于高研磨性;当岩石内摩擦角大于 42°时,地层属于极高研磨性。

地层岩石性质可以通过以上划分进行定量描述,以此选择适用的钻头类型。对于低研磨性地层可以选用常规三牙轮或者 PDC 钻头钻进,对于中研磨性以上地层应选研磨性好的钻头钻进。若选用 PDC 钻头钻进,则应选用耐磨性好,特殊加工的 PDC 钻头、天然金刚石钻头或孕镶金刚石钻头;若选用牙轮钻头钻进,则应选耐磨性强、保径效果好的牙轮钻头。

③选择钻头冠部形状。

钻头冠部形状在不同地层中的使用效果差异较大,因此应该对其进行优选。优选准则:在较软的低研磨性地层中,切削齿受力较小,切削齿碎裂和磨损较轻,应选用较长的锥型剖面,这样有利于提高钻头的攻击性,且外锥较长,可多布齿,使内外磨损均匀;在较硬的高研磨性地层及软硬交错地层中,应采用较平缓的剖面,有利于钻头均匀受力,结合加密布齿或特殊切削齿,使钻头磨损均匀,提高钻头的稳定性,也可以提高钻井过程中导向的精确性。

7.1.2　塔中碳酸盐岩地层钻头选型实例分析

针对塔中碳酸盐岩地层实际情况,运用上节提出的综合钻头选型方法,对不同地层进行钻头优选。具体以塔中 862H 井为例,采用上文所述的最优钻速法和岩石力学参数法优选钻头,并对优选后的钻头使用效果进行评价。

1. 塔中 862H 井地层层序

根据地震解释和邻井塔中 86 井等钻井地质资料,结合基于地震资料精细解释基础上的变速成图,预测塔中 862H 井钻遇的地层自上而下依次为:新生界,中生界白垩系、三叠系,古生界二叠系、石炭系、泥盆系、志留系、奥陶系(上奥陶统),缺失中生界侏罗系(表 7.1)。

表 7.1 塔中 862H 井地层序列

层位	斜深/m	斜厚/m	垂深/m	垂厚/m	主要岩性描述
E	2158	2158	2158	2158	砂岩、泥岩
K	2560	402	2560	402	中细砂岩、砂质泥岩
T	3422	862	3422	862	砂岩、泥岩
P	4081	659	4081	659	灰岩、泥岩
C	4581	500	4581	500	灰岩、泥岩、砂岩
D	4798	217	4798	217	泥沙岩
S	5423	625	5423	625	砂泥岩
O_{3s}	6111	688	6070	647	灰岩
O_{3l}	8008	1897	6327	257	灰岩

2. 最优钻速法优选钻头

1)统计基础资料

根据从塔中 862H 井邻井所取得的现场资料，分别从各井井史资料中统计钻头使用情况，包括钻头类型、生产厂家、钻头型号、钻头直径、所钻地层、入井深度、出井深度、进尺、机械钻速、钻压、转速、泥浆性能、泵压、排量等信息，建立钻头使用效果信息。

2)优选钻头

从钻头使用效果信息中优选出每一层位使用效果较好(主要考虑机械钻速较高)的钻头，将其作为该层位的钻头推荐类型。在今后相同层位及相同施工参数下的钻井作业中，就可以将此钻头作为推荐型号，以期达到快速钻进的目的。各地层钻头使用情况如下所述。

(1)古近系。

地层岩性：上部为浅灰、黄色泥岩、粉砂岩，中部为灰褐色泥质粉砂岩、粉砂质泥岩，下部为中粗砂岩夹褐红色泥岩。使用效果较好钻头统计见表 7.2。

表 7.2 古近系钻头使用效果好的井次统计表

井号	地区	钻头尺寸/mm	钻头类别	钻头型号	生产厂家	所钻地层	机械钻速/(m/h)	钻井方式
TZ262-H1	Ⅲ区	406.4	金刚石	HS855GS	联鼎金刚石钻头有限责任公司	E	125	顶驱钻
ZG21-H5	Ⅱ区	311.2	牙轮	GA114	江汉石油钻头股份有限公司	E	102.68	转盘钻
ZG8-1H	Ⅱ区	444.5	牙轮	ST117G	宝石机械装备制造成都分公司	E	62.29	转盘钻
TZ26-H6	Ⅰ区	311.2	牙轮	HAT127	江汉石油钻头股份有限公司	E	60.06	转盘钻
ZG8-1H	Ⅱ区	311.2	牙轮	HAT127	江汉石油钻头股份有限公司	E	49.89	顶驱钻

(2)白垩系。

地层岩性：以浅灰黄色、褐灰色中细砂岩为主，夹薄层褐色粉砂质泥岩。使用效果较好钻头统计见表 7.3。

表 7.3　白垩系钻头使用效果好的井次统计表

井号	地区	钻头尺寸/mm	钻头类别	钻头型号	生产厂家	所钻地层	机械钻速/(m/h)	钻井方式
ZG17-H2	Ⅲ区	241.3	金刚石	DS751AB	成都迪普金刚石钻头有限责任公司	K	38.89	螺杆钻进
TZ26-H6	Ⅰ区	215.9	PDC	FS2563BG	美国 Security DBS 公司	K	37.61	复合钻进
ZG511-H3	Ⅲ区	244.5	金刚石	MS1952SS	成都百施特金刚石钻头有限公司	K	35.7	复合钻进
ZG21-H5	Ⅱ区	311.2	金刚石	DS752AB	成都迪普金刚石钻头有限责任公司	K	30.45	螺杆钻进

(3)三叠系。

地层岩性：上部为紫红色泥岩及灰色泥岩夹灰白色粉砂岩，中下部以灰色、褐灰色中砂岩、含砾砂岩为主，夹泥岩。使用效果较好钻头统计见表 7.4。

表 7.4　三叠系钻头使用效果好的井次统计表

井号	地区	钻头尺寸/mm	钻头类别	钻头型号	生产厂家	所钻地层	机械钻速/(m/h)	钻井方式
ZG21-H5	Ⅱ区	311.2	金刚石	DS752AB	成都迪普金刚石钻头有限责任公司	T	21	螺杆钻进
TZ26-H6	Ⅰ区	215.9	PDC	FS2563BG	美国 Security DBS 公司	T	12	复合钻进
ZG8-1H	Ⅱ区	311.2	金刚石	GS605F	川石克锐达金刚石钻头有限公司	T	11.57	复合钻进
TZ262-H1	Ⅲ区	241.3	金刚石	MS1952SS	成都百施特金刚石钻头有限公司	T	10.31	复合钻进
TZ262-H1	Ⅲ区	241.3	金刚石	TS1952	成都百施特金刚石钻头有限公司	T	8.18	复合钻进

(4)二叠系。

地层岩性：大套灰、褐色为基调的砂泥岩夹火山喷发岩。使用效果较好钻头统计见表 7.5。

表 7.5　二叠系钻头使用效果好的井次统计表

井号	地区	钻头尺寸/mm	钻头类别	钻头型号	生产厂家	所钻地层	机械钻速/(m/h)	钻井方式
TZ262-H1	Ⅲ区	241.3	金刚石	CKS605X	川石克锐达金刚石钻头有限公司	P	8.57	复合钻进
ZG21-H5	Ⅱ区	311.2	金刚石	DS752AB	成都迪普金刚石钻头有限责任公司	P	8.5	螺杆钻进
ZG17-H2	Ⅲ区	241.3	金刚石	DS751AB	成都迪普金刚石钻头有限责任公司	P	7.5	螺杆钻进
TZ26-H6	Ⅰ区	215.9	PDC	FS2563BG	美国 Security DBS 公司	P	7.14	复合钻进
ZG8-5H	Ⅱ区	241.3	金刚石	CKS605Z	川石克锐达金刚石钻头有限公司	P	6.9	复合钻进

(5)石炭系小海子组(C$_1$)。

地层岩性：含灰岩段，岩性为中厚-巨厚层状灰色、褐灰色含泥灰岩、泥质灰岩、灰岩。使用效果较好钻头统计见表 7.6。

表 7.6　石炭系-小海子组钻头使用效果好的井次统计表

井号	地区	钻头尺寸/mm	钻头类别	钻头型号	生产厂家	所钻地层	机械钻速/(m/h)	钻井方式
ZG21-1H	Ⅱ区	215.9	金刚石	MS1952SS	成都百施特金刚石钻头有限公司	C$_1$	7.37	复合钻进
ZG21-H5	Ⅱ区	215.9	金刚石	DS752AB	成都迪普金刚石钻头有限责任公司	C$_1$	4.81	螺杆钻进
ZG8-5H	Ⅱ区	241.3	金刚石	CKS605Z	川石克锐达金刚石钻头有限公司	C$_1$	4.7	复合钻进
ZG17-H2	Ⅲ区	241.3	金刚石	MS1952SS	成都百施特金刚石钻头有限公司	C$_1$	3.87	复合钻进
ZG511-H3	Ⅲ区	244.5	金刚石	MS1952SS	成都百施特金刚石钻头有限公司	C$_1$	3.17	复合钻进

(6)石炭系卡拉沙依组(C_2-C_5)。

地层岩性：主要分为泥岩段、上泥岩段、标准灰岩段、中泥岩段。使用效果较好钻头统计见表7.7。

表7.7　石炭系卡拉沙依组钻头使用效果好的井次统计表

井号	地区	钻头尺寸/mm	钻头类别	钻头型号	生产厂家	所钻地层	机械钻速/(m/h)	钻井方式
TZ26-H6	I区	215.9	PDC	FS2565N	美国 Security DBS 公司	C_2-C_5	7.50	复合钻进
TZ26-H6	I区	215.9	PDC	FS2565N	美国 Security DBS 公司	C_2-C_5	6.80	复合钻进
ZG8-5H	II区	241.3	金刚石	CKS605Z	川石克锐达金刚石钻头有限公司	C_2-C_5	6.60	复合钻进
ZG21-1H	II区	215.9	金刚石	FS2563BGZ	美国 Security DBS 公司	C_2-C_5	6.10	复合钻进
ZG21-1H	II区	215.9	金刚石	MS1952SS	成都百施特金刚石钻头有限公司	C_2-C_5	5.70	复合钻进

(7)石炭系巴楚组(C_6-C_8)。

地层岩性：分为生屑灰岩段、下泥岩段、东河砂岩段。使用效果较好钻头统计见表7.8。

表7.8　石炭系巴楚组钻头使用效果好的井次统计表

井号	地区	钻头尺寸/mm	钻头类别	钻头型号	生产厂家	所钻地层	机械钻速/(m/h)	钻井方式
ZG21-H5	II区	215.9	金刚石	DS752AB	成都迪普金刚石钻头有限责任公司	C_6-C_8	7.86	螺杆钻进
ZG8-1H	II区	215.9	金刚石	Q605X	贝克休斯	C_6-C_8	7.23	复合钻进
ZG21-1H	II区	215.9	金刚石	FS2563BGZ	美国 Security DBS 公司	C_6-C_8	5.60	复合钻进
ZG17-H2	III区	241.3	金刚石	MS1952SS	成都百施特金刚石钻头有限公司	C_6-C_8	5.21	转盘钻

(8)泥盆系(D)。

地层岩性：中厚层-巨厚层状细砂岩夹中厚层状泥岩、粉砂质泥岩、粉砂岩。使用效果较好钻头统计见表7.9。

表7.9　泥盆系钻头使用效果好的井次统计表

井号	地区	钻头尺寸/mm	钻头类别	钻头型号	生产厂家	所钻地层	机械钻速/(m/h)	钻井方式
ZG8-5H	II区	241.3	金刚石	CKS605X	川石克锐达金刚石钻头有限公司	D	11.20	复合钻进
ZG8-1H	II区	215.9	金刚石	Q605X	美国 BckerHughes 公司	D	11.60	复合钻进
ZG21-1H	II区	215.9	金刚石	FS2563BGZ	美国 Security DBS 公司	D	11.30	复合钻进
ZG21-H5	II区	215.9	金刚石	DS752AB	成都迪普金刚石钻头有限责任公司	D	7.24	螺杆钻进
TZ262-H1	III区	241.3	金刚石	CKS605X	川石克锐达金刚石钻头有限公司	D	5.15	顶驱钻

根据以上统计可知，上述钻头在各自对应地层中的应用效果较好，能够实现快速钻进的目的，因此在钻头选型中可以此作为参考，为各层位优选出合适的钻头。根据以上

统计结果对塔中 862H 井进行钻头推荐，其结果如表 7.10 所示。

表 7.10　不同地层钻头推荐表

层系	岩性	牙轮可钻性极值	PDC 可钻性极值	钻头型号推荐
E	砂岩、泥岩	2～4	1～3	ST 系列 (ST117G) 江汉 (HAT127/GA114)
K	中细砂岩、粉砂质泥岩	3～4	2～3	MS 系列 (MS1952SS) FS 系列 (FS2563BG)
T	泥岩粉砂岩、中砂岩含砾砂岩夹泥岩			MS 系列 (MS1952SS) FS 系列 (FS2563BG) DS 系列 (DS752AB) GS 系列 (GS605F) TS 系列 (如 TS1952)
P	砂泥岩夹火山喷发岩	4～5	3～4	CKS 系列 (CKS605Z/X) DS 系列 (DS752AB/DS751AB) FS 系列 (FS2563BG) TS 系列 (如 TS1952) MS 系列 (MS1952SS)
C_1	含泥灰岩、灰岩			MS 系列 (MS1952SS) DS 系列 (DS752AB)
C_2-C_5	泥岩、薄层灰岩			CKS 系列 (CKS605Z/X) FS 系列 (FS2563BGZ/FS2565N)
C_6-C_8	灰岩、泥岩、砂岩	6～7	5～6	MS 系列 (MS1952SS) Q 系列 (Q605X)
D	细砂岩、粉砂岩、粉砂质泥岩			CKS 系列 (CKS605X) Q 系列 (Q605X) FS 系列 (FS2563BGZ) DS 系列 (DS752AB)
S_{2y}	泥岩、灰岩、粉砂岩			CKS 系列 (CKS605X) Q 系列 (Q605X) FS 系列 (FS2563BGZ) DS 系列 (DS752AB)

塔中 862H 井实际钻头使用情况见表 7.11。总体上，实际使用的钻头型号与推荐型号较为吻合，能够保证在钻进对应地层时达到较高的机械钻速。在 0～1500m 井段的浅层地层，钻头选择范围比较广，一般常用的牙轮钻头能够满足实际需要，因此在该段地层中使用 SKG124 型号三牙轮钻头，能够达到快速钻进的目的。在钻进石炭系巴楚组、泥盆系和志留系依木干塔乌组的深部地层，使用旋冲钻具提速工具，要求钻头有很强的抗冲击及抗高温性能，因此使用与之相配合的 DSH519M-C1 钻头，这样既可以实现快速钻进的目的，又能保证钻进的稳定性。

表 7.11　实际地层使用钻头统计表

所钻层位	自/m	至/m	井段/m	钻头类型	钻头型号	生产厂家	是否与推荐吻合
E	0	1555	1555	牙轮	SKG124	江汉钻头股份有限公司	否
	1555	2158	603	金刚石	TS1952	成都百施特金刚石钻头有限公司	是
K	2158	2560	402	金刚石	TS1952	成都百施特金刚石钻头有限公司	是
T	2560	3415	855	金刚石	TS1952	成都百施特金刚石钻头有限公司	是
P	3415	3599	184	金刚石	TS1952	成都百施特金刚石钻头有限公司	是
	3599	4081	482	金刚石	MS1952SS	成都百施特金刚石钻头有限公司	是
C_1	4081	4124.5	43.5	金刚石	MS1952SS	成都百施特金刚石钻头有限公司	是
C_2-C_5	4124.5	4360	235.5	金刚石	MS1952SS	成都百施特金刚石钻头有限公司	是
C_6-C_8	4360	4489	129	金刚石	DSH519M-C1	瑞德·海卡洛格公司	否
	4489	4581	92	金刚石	DSH519M-C1	瑞德·海卡洛格公司	否
D	4581	4798	217	金刚石	DSH519M-C1	瑞德·海卡洛格公司	否
S_{2y}	4798	4866	68	金刚石	DSH519M-C1	瑞德·海卡洛格公司	否

3. 岩石力学参数法优选钻头

利用测井数据计算不同井深处的岩石力学参数，结合地质分层，得到不同地层的岩石力学参数(包括研磨性、抗压强度、钻头可钻性级别等)，再根据这些参数对各地层进行钻头优选。

分析邻井钻头使用情况后可以发现，5000m 以上地层岩性变化不大，可以使用最优钻速法进行优选钻头；但超过 5000m 之后，地层岩性变化复杂，因此可以利用测井资料根据岩石力学参数法优选钻头。同时塔中 26-H6、中古 21-H1、中古 21-H5、中古 511-H3、中古 8-1H 井与塔中 862H 井同属一个构造带，其地层情况比较相似，因此使用岩石力学参数法优选具有实际意义。

1)岩石力学参数计算

利用测井资料，计算各井地层[志留系塔塔埃尔塔格组(S_{1t})至奥陶系层段]岩石力学参数，包括不同井深所对应的无围压剪切强度、无围压抗压强度、内摩擦角、硬度、塑性系数、泥质含量、牙轮可钻性和 PDC 可钻性等。

(1)塔中 26-H6 井。

塔中 26-H6 井岩石力学参数随井深变化曲线见图 7.1。

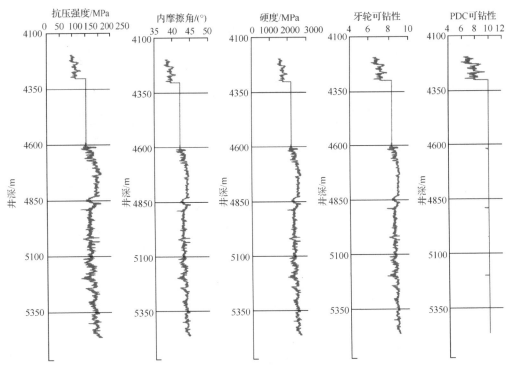

图 7.1 塔中 26-H6 井岩石力学参数随井深变化曲线

(2) 中古 8-1H 井。

中古 8-1H 井岩石力学参数随井深变化曲线见图 7.2。

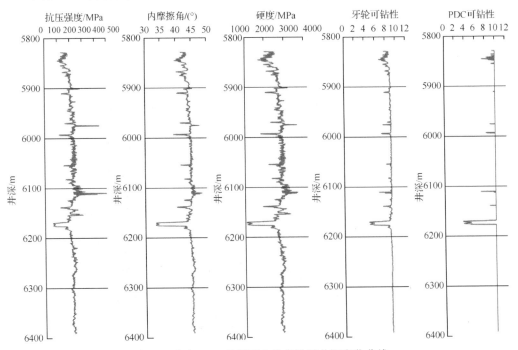

图 7.2 中古 8-1H 井岩石力学参数随井深变化曲线

(3)中古 21-H5 井。

中古 21-H5 井岩石力学参数随井深变化曲线见图 7.3。

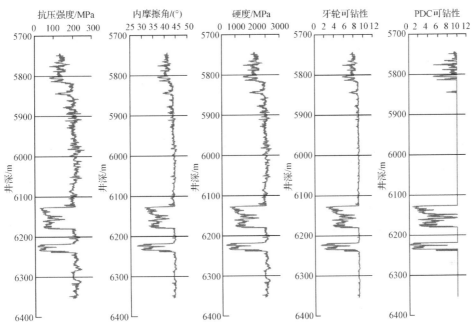

图 7.3　中古 21-H5 井岩石力学参数随井深变化曲线

(4)中古 22-H1 井。

中古 22-H1 井岩石力学参数随井深变化曲线见图 7.4。

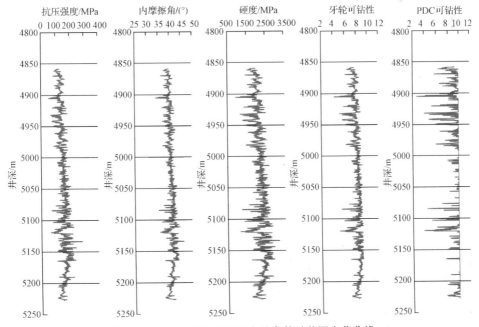

图 7.4　中古 22-H1 井岩石力学参数随井深变化曲线

(5)中古 511-H3 井。

中古 511-H3 井岩石力学参数随井深变化曲线见图 7.5。

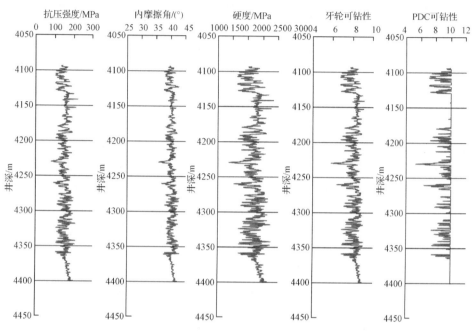

图 7.5　中古 511-H3 井岩石力学参数随井深变化曲线

2)地质分层

根据地质设计,统计出各井不同地层(志留系塔塔埃尔塔格组至奥陶系层段)所对应的起始井深,为后续各层岩石力学参数统计做准备。

3)岩石力学参数统计

根据各地层(志留系塔塔埃尔塔格组至奥陶系层段)所计算的岩石力学参数,统计各个参数的最大值、最小值、平均值、标准差及非均质系数,以此评价地层,为钻头选型提供理论依据。

(1)地层岩石抗压强度强度。

地层岩石抗压强度计算结果见表 7.12。

表 7.12　地层岩石抗压强度计算结果

井号	地质层位	地层厚度/m	最大值/MPa	最小值/MPa	平均值/MPa	标准差	非均质系数
ZG22-H1	S_1t	230.5	204.9	52.8	141.0	22.2	0.16
ZG511-H3	S_1t	108.0	219.6	100.6	148.1	20.8	0.14
ZG22-H1	S_1k	113.5	288.2	66.0	163.1	31.2	0.19
ZG511-H3	S_1k	186.0	208.3	80.5	148.4	21.1	0.14

续表

井号	地质层位	地层厚度/m	最大值/MPa	最小值/MPa	平均值/MPa	标准差	非均质系数
ZG22-H1	O$_3$s	409.0	237.9	107.4	159.9	23.6	0.15
TZ26-H6	O$_3$s	457.0	149.8	86.7	112.9	39.5	5
ZG511-H3	O$_3$s	339.5	195.3	112.4	164.2	13.2	0.08
TZ26-H6	O$_3$l	1271.5	264.0	127.8	167.6	56.9	6
ZG8-1H	O$_3$l	306.0	314.0	79.6	172.2	24.9	0.14
ZG21-H5	O$_3$l	369.0	260.7	78.9	188.8	35.4	0.19
ZG8-1H	O$_1$y	275.0	222.7	36.4	190.0	29.0	0.15
ZG21-H5	O$_1$y	313.0	244.1	13.1	172.8	63.8	0.37

(2)地层岩石内摩擦角。

地层岩石内摩擦角计算结果见表 7.13。

表 7.13 地层岩石内摩擦角计算结果

井号	地质层位	地层厚度/m	最大值/(°)	最小值/(°)	平均值/(°)	标准差	非均质系数
ZG22-H1	S$_1$t	230.5	42.6	34.2	40.2	1.02	0.03
ZG511-H3	S$_1$t	108.0	42.7	37.5	39.9	0.89	0.02
ZG22-H1	S$_1$k	113.5	46.0	35.3	41.3	1.47	0.04
ZG511-H3	S$_1$k	186.0	43.0	35.9	40.2	1.07	0.03
ZG22-H1	O$_3$s	409.0	44.0	37.8	40.7	1.16	0.03
TZ26-H6	O$_3$s	457.0	42.2	37.8	39.8	2.52	5
ZG511-H3	O$_3$s	339.5	42.2	37.6	40.6	0.7	0.02
TZ26-H6	O$_3$l	1271.5	45.1	41.1	43.0	0.45	4.13
ZG8-1H	O$_3$l	306.0	46.3	38.5	43.4	1.13	0.03
ZG21-H5	O$_3$l	369.0	45.5	37.1	43.2	1.49	0.03
ZG8-1H	O$_1$y	275.0	45.6	31.7	44.1	2.09	0.05
ZG21-H5	O$_1$y	313.0	45.1	27.8	42.0	4.17	0.1

(3)地层岩石硬度。

地层硬度计算结果见表 7.14。

表 7.14 地层硬度计算结果

井号	地质层位	地层厚度/m	最大值/MPa	最小值/MPa	平均值/MPa	标准差	非均质系数
ZG22-H1	S_1t	231	2720	949	2114	250	0.12
ZG511-H3	S_1t	108	2831	1646	2192	223	0.1
ZG22-H1	S_1k	114	3239	1157	2330	314	0.13
ZG511-H3	S_1k	186	2747	1370	2195	223	0.1
ZG22-H1	O_3s	409	2957	1733	2309	231	0.1
TZ26-H6	O_3s	457	2220	1458	1794	451	5
ZG511-H3	O_3s	340	2643	1796	2361	131	0.06
TZ26-H6	O_3l	1272	3114	1980	2390	377	8
ZG8-1H	O_3l	306	3352	1357	2425	250	0.1
ZG21-H5	O_3l	369	3096	1348	2559	333	0.13
ZG8-1H	O_1y	275	2853	677	2578	331	0.13
ZG21-H5	O_1y	313	2996	255	2341	733	0.31

(4) 地层岩石 PDC 可钻性。

地层岩石 PDC 可钻性计算结果见表 7.15。

表 7.15 地层岩石 PDC 可钻性计算结果

井号	地质层位	地层厚度/m	最大值/MPa	最小值/MPa	平均值/MPa	标准差	非均质系数
ZG22-H1	S_1t	230.5	10.0	2.8	9.4	1.09	0.12
ZG511-H3	S_1t	108.0	10.0	7.0	9.6	0.78	0.08
ZG22-H1	S_1k	113.5	10.0	3.9	9.7	0.92	0.1
ZG511-H3	S_1k	186.0	10.0	5.3	9.6	0.7	0.07
ZG22-H1	O_3s	409.0	10.0	7.6	9.8	0.46	0.05
TZ26-H6	O_3s	457.0	10.6	5.8	8.0	2.75	5
ZG511-H3	O_3s	339.5	10.0	8.0	10.0	0.2	0.02
TZ26-H6	O_3l	1271.5	13.3	9.2	11.4	0.33	8.33
ZG8-1H	O_3l	306.0	13.3	5.2	11.5	1.33	0.12
ZG21-H5	O_3l	369.0	10.0	5.1	9.8	0.63	0.06
ZG8-1H	O_1y	275.0	13.1	1.5	12.2	1.82	0.15
ZG21-H5	O_1y	313.0	10.0	0.2	8.5	2.88	0.34

4) 钻头选型结果

在选择钻头时应按照以下方法进行选型。

(1) 通过岩石抗压强度来选择钻头切削齿尺寸。

(2) 由内摩擦角确定地层岩石研磨性。

(3) 由地层岩石硬度确定地层级别。

(4)由可钻性极值来选择钻头。

根据以上优选方法，可以为志留系塔塔埃尔塔格组、柯坪塔格组和奥陶系桑塔木组、良里塔格组、鹰山组进行钻头推荐。结果如表 7.16 所示。

表 7.16　岩石力学参数钻头优选结果

地质层位	地层级别	IADC 编码	优选钻头建议	优钻钻头类型
塔塔埃尔塔格组 S_1t	岩性中硬部分层段岩性极硬	M323/M332	PDC 块直径建议：直径小的 PDC 复合片 PDC 钻头要求：特殊加工的 PDC 钻头或天然金刚石钻头 冠部形状：短圆形或者短抛物线形剖面 保径长度：短保径 布齿密度：中密度或者高密度、双重切削齿 适用钻头：孕镶金刚石钻头/牙轮钻头	TS1952 CK406D
柯坪塔格组 S_1k	岩性中硬部分层段岩性极硬	M323/M332		
桑塔木组 O_3s	岩性中硬部分层段岩性中硬	M323/M332	PDC 块直径建议：直径较大的 PDC 复合片 PDC 钻头要求：特殊加工的 PDC 钻头或天然金刚石钻头 冠部形状：短圆形或者短抛物线形剖面 保径长度：短保径 布齿密度：中密度或者高密度、双重切削齿 适用钻头：PDC 钻头(Φ16mm 复合片，6 刀翼，中密度，双排齿)	TS1952 CK406D
良里塔格组 O_3l	岩性硬部分层段岩性极硬	M323/M332	PDC 块直径建议：直径小的 PDC 复合片 PDC 钻头要求：特殊加工的 PDC 钻头或天然金刚石钻头 冠部形状：短圆形或者短抛物线形剖面 保径长度：短保径布齿密度：中密度或者高密度、双重切削齿 适用钻头：孕镶金刚石钻头/牙轮钻头	TS1952 CK406D
鹰山组 O_1y	岩性硬部分层段岩性极硬	M323/M332		

根据以上表格给出的建议对塔中 862H 井进行钻头选型，结果见表 7.17。

表 7.17　塔中 862H 井钻头使用情况

层位	自/m	至/m	段长/m	钻头类型	钻头型号	生产厂家	机械钻速/(m/h)	是否与推荐型号一致
S_1t	4866	5162	296	金刚石	DSH519M-C1	瑞德·海卡洛格公司	4.16	否
	5162	5371	209	金刚石	DSH519M-C2	瑞德·海卡洛格公司	4.32	否
S_1k	5371	5423	52	金刚石	T1955	成都百斯特金刚石钻头有限公司	1.83	否
O_3s	5423	5523	100	金刚石	T1955	成都百斯特金刚石钻头有限公司	1.96	否
	5523	5742	197	金刚石	TS1952	成都百斯特金刚石钻头有限公司	7.3	是
O_3s	5742	6111	369	金刚石	CK505D	川石克锐达金刚石钻头有限公司	1.74	否
O_3l	6130	8008	1878	金刚石	CK406D	川石克锐达金刚石钻头有限公司	2.68	是

塔中 862H 井实际钻头使用情况如表 7.17 所示。对于奥陶系桑塔木组(5523～5742m)和良里塔格组(6130～8008m),选择 TS1952、CK406D 型号钻头,与推荐型号一致,其机械钻速也处于较高水平;对于志留系塔塔埃尔塔格组及柯坪塔格组,因为使用了旋冲钻具,要求钻头具有很强的抗冲击性能和抗高温性能,故选择瑞德·海卡洛格公司 DSH519M 系列钻头,从而更好地与其配合进行高效破岩;对于志留系柯坪塔格组(5371～5423m)、奥陶系桑塔木组(5423～5523m),使用 T1955 钻头,其机械钻速较低,后续更换为推荐的 TS1952 型号钻头,机械钻速显著提升;对于奥陶系桑塔木组(5742～6111m),使用了 CK505D 型号钻头,机械钻速降低,随后更换为推荐的 CK406D 钻头,其机械钻速就有所提升。由此可见,通过岩石力学参数法进行钻头优选能够为不同层位推荐较为合适的钻头型号,从而实现快速钻进的目的。

4. 塔中 862H 井钻头优选评价

为了比较塔中 862H 井优选钻头后的使用效果,选取三口邻井,即中古 162-H2 井、中古 17-H2 井、塔中 262-H1 井,统计各自钻进过程中所选钻头类型。如表 7.18 所示。

表 7.18　塔中 862H 邻井钻头选型统计表

地质层位	塔中 862H	中古 162-H2	中古 17-H2	塔中 262-H1
E	SKG124 TS1952	HS855GS SJT517GK	GA114 HAT127 DS751AB	HS855GS ST117G MQ519GX
K	TS1952	HS855GS	DS751AB	MQ519GX
T	TS1952	HS755GS HM856DGS		MS1952SS TS1952
P	TS1952 MS1952SS	HS755GS HM856DGS	DS751AB MS1952SS	TS1952
C_1	MS1952SS	HM856DGS	MS1952SS	CKS605X
C_2-C_5	MS1952SS	HM856DGS	MS1952SS	CKS605X
C_6-C_8	DSH519M-C1	HM856DGS	MS1952SS	CKS605X
D	DSH519M-C1	HM856DGS HS855GS		CKS605X
S_2y	DSH519M-C1	HS855GS	MS1952SS	CKS605X
S_1t	DSH519M-C1	HS855GSHM856DGS	FX56sX3	CKS605X
S_1k	DSH519M-C2 T1955	HM856DGS M1965D	FX56sX3	CKS605X
O_3s	T1955 TS1952 CK505D	M1965D FX56sX3	FX56sX3	CK505 G536X
O_3l	CK406D	M1365D T1365	M1365D CK406D	CK406D

为了评价各井的钻头使用效果,将各井不同地层机械钻速作为评价指标(图 7.6)。

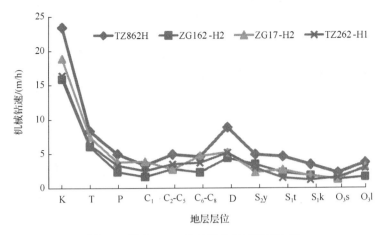

图 7.6　塔中 862H 井与邻井机械钻速比较

由上图可知，TZ862H 井在各个层段的机械钻速整体处于较高水平。由此可知，运用最优钻速法和岩石力学参数法对 TZ862H 井进行钻头优选，可以较明显地提高机械钻速。

以上案例分析可以为后续钻井过程中钻头选型提供借鉴，在钻进志留系以上的浅层地层时，由于地层岩性变化不大，可以使用最优钻速法进行钻头选型，在钻进志留系以下深层地层时，其地层岩性变化复杂，需要以岩石力学参数法为主，同时配合使用井下辅助破岩工具，进行综合钻头选型。

7.2　碳酸盐岩超深水平井水力参数优化设计

水力参数优化设计的概念是随着喷射式钻头的使用而提出来的，其目的是合理分配钻井泵提供的水力能量，尽可能降低循环压耗，使钻头获得最大的水力能量。常规水力参数优化设计是根据相应的优选准则，对钻井泵的功率、排量、泵压及钻头水功率、钻头压降、钻头喷嘴直径、射流冲击力、射流喷射速度、射流水功率等进行优选，既保证井眼清洁和有效携岩，又能使钻头获得最大的水力能量，实现喷射钻井[9]。

对于塔中碳酸盐岩超深水平井，为提高机械钻速，常采用螺杆钻具进行复合钻进，螺杆钻具对钻井液排量、工作压降和最大钻头压降都有要求，需要在螺杆钻具的工作参数范围内计算水力参数；而且超深水平井中温度、压力对钻井液密度、流变性的影响较大，需要建立高温高压钻井液密度模型和流变性模型，才能准确计算循环压耗；同时超深水平井井段长、井斜大、循环压耗大且钻杆偏心严重，岩屑极易在大斜度井段和水平井段形成岩屑床，井眼清洁困难。综上所述，由于超深水平井所面临独特的地层条件和特殊的钻井环境条件，常规的水力参数优化设计方法并不适用。本节针对塔中碳酸盐岩超深水平井的特点，分析了多因素耦合影响下的循环压耗和最优排量的计算方法，以最大钻头和螺杆钻具的水功率之和作为优选准则，以合理排量范围和螺杆钻具工作参数为边界条件，建立了一套适用于塔中碳酸盐岩超深水平井的水力参数优化设计方法。

7.2.1 碳酸盐岩超深水平井循环压耗的计算

钻井循环压耗的计算是钻井水力学的核心内容，其值计算的准确程度关系到钻井水力参数设计的合理性。一般而言，循环压耗包括地面管汇压耗、钻柱内压耗、钻头压耗、环空压耗等部分。由于超深水平井井段长，循环压耗大，同时地层承压能力和设备承受能力有限，故其循环压耗的计算需要更加准确。不同流变模式、不同流态及不同边界条件下钻井液流动压耗的计算方法不同，必须针对具体情况选用不同方法计算。另外，现有循环压耗计算中常忽略钻杆接头对管内压耗的影响和钻杆偏心、旋转及岩屑床对环空压耗的影响，这在井深较大时产生较大误差。针对上述问题，首先确定不同流变模式的钻井液流动摩阻系数的计算方法，然后建立高温高压钻井液密度模型和流变性模型，最后分析钻杆接头对管内压耗的影响、钻杆偏心和旋转及岩屑床等对环空压耗的影响，建立一套超深水平井循环压耗的精确计算方法。

1. 钻井液流变模式和摩阻系数的确定

1）压耗计算的基本公式

在实际钻井中，钻井液在管柱内的压耗计算公式如下[9]：

$$\Delta P_{\mathrm{pi}} = \frac{0.2 f \rho L v^2}{d_{\mathrm{i}}} \tag{7.24}$$

对于环空内压耗，需要将式(7.24)中圆管内径 d_{i} 替换为环空当量内径 $D - d_0$，即

$$\Delta P_{\mathrm{pa}} = \frac{0.2 f \rho L V^2}{D - d_{\mathrm{o}}} \tag{7.25}$$

式(7.24)和式(7.25)中，ΔP_{pi} 为管柱内压耗，MPa；ΔP_{pa} 为环空内压耗，MPa；f 为水力摩阻系数，无因次；L 为管柱长度，m；V 为钻井液管内平均流速，m/s；d_{i} 为管柱内径，cm；D 为井眼直径，cm；d_{o} 为管柱外径，cm。

显然，循环压耗计算的关键在于圆管和环空摩阻系数的准确确定。由流体力学原理可知，摩阻系数与流体流变模式、流变参数、流体流态(层流或紊流)、流体雷诺数和几何边界条件等有关。

2）钻井液流变模式优选

钻井液属于非牛顿流体，目前比较常用的较为接近流动状态的流体主要有以下模式：幂律模式、宾汉模式、卡森模式及赫巴模式，各种流变模式的流变方程、常规解法及主要应用范围见表7.19。

表 7.19　流变模式常规解法

流变模式	流变方程	常规解法	应用范围
宾汉模式	$\tau = \tau_0 + \mu_p\gamma$	$\mu_p = \varphi_{600} - \varphi_{300}$ $\tau_0 = 0.511(\varphi_{300} - \mu_p)$	主要用于描述塑性流体流变性
幂律模式	$\tau = K\gamma^n$	钻杆内: $n = 0.32\lg(\varphi_{600}/\varphi_{300})$ $K = 0.511\varphi_{300}/5.11^n p$ 环空: $n = 0.657\lg(\varphi_{100}/\varphi_3)$ $K = 0.511\varphi_{300}/170.2^n a$	主要用于描述假塑性流体流变性
卡森模式	$\tau^{\frac{1}{2}} = \tau_c^{\frac{1}{2}} + \mu_\infty^{\frac{1}{2}}\gamma^{\frac{1}{2}}$	$\tau_c^{\frac{1}{2}} = 0.493\left[(6\varphi_{100})^{\frac{1}{2}} - \varphi_{600}^{\frac{1}{2}}\right]$ $\mu_\infty^{\frac{1}{2}} = 1.195\left(\varphi_{600}^{\frac{1}{2}} - \varphi_{100}^{\frac{1}{2}}\right)$	主要用于描述油基钻井液流体流变性
赫巴模式	$\tau = \tau_0 + K\gamma^n$	钻杆内: $n = 0.32\lg[(\varphi_{600}-\varphi_3)/(\varphi_{300}-\varphi_3)]$ $K = 0.511(\varphi_{300}-\varphi_3)/5.11^n p$ 环空: $n = 3.26\lg[(\varphi_{300}-\varphi_3)/(\varphi_{100}-\varphi_3)]$ $K = 0.511(\varphi_{100}-\varphi_3)/170.2^n a$	主要用于描述动切力较高的聚合物钻井液,该模式集中了幂律模式和宾汉模式的优点,是描述钻井液流变性能的较好模式

注：τ 为剪切应力；τ_0 屈服值，μ_p 为塑性黏度，γ 为剪切应变；K 为稠度系数，n 为流性指数；τ_c 为卡森屈服值；μ_∞ 为卡森黏度；φ_3 为转数为 3 时的旋转黏度计的读数，下角标表示转数，余同；a、p 为中间值。

以上几种流变模式，均只能近似地表示钻井液的实际流变特性。针对不同的钻井液，哪种流变模式能更准确地表示其流变性，需要进行优选。目前常用的优选方法有线性回归法和最小二乘法[10]。

(1)线性回归法。

由实验所获得的若干数据记为 $(x_1, y_1), (x_2, y_2), \cdots, (x_n, y_n)$，$x，y$ 为随机变量。当两者之间存在一定程度的线性关系时，其一元回归方程可表示为

$$y = \hat{a} + \hat{b}x \tag{7.26}$$

以上四种流变模型进行线性回归后，其参数计算见表 7.20。

表 7.20　线性回归计算

流变模式	流变方程	回归模型
宾汉模式	$\tau = \tau_0 + \mu_p\gamma$	$\tau = \tau_0 + \mu_p\gamma$
幂律模式	$\tau = K\gamma^n$	$\tau_1 = \tau_n + \mu_n\gamma_n$，其中，$\tau_1 = \lg\tau$； $\tau_n = \lg K$；$\mu_n = n$；$\gamma_n = \lg\gamma$
卡森模式	$\tau^{\frac{1}{2}} = \tau_c^{\frac{1}{2}} + \mu_\infty^{\frac{1}{2}}\gamma^{\frac{1}{2}}$	$\tau_1 = \tau_n + \mu_n\gamma_n$，其中，$\tau_1 = \tau^{\frac{1}{2}}$； $\tau_n = \tau_c^{\frac{1}{2}}$；$\mu_n = \mu_\infty^{\frac{1}{2}}$；$\gamma_n = \gamma^{\frac{1}{2}}$
赫巴模式	$\tau = \tau_0 + K\gamma^n$	$\tau_1 = \tau_n + \mu_n\gamma_n$，其中，$\tau_1 = \lg(\tau - \tau_0)$； $\tau_n = \lg K$；$\mu_n = n$；$\gamma_n = \lg\gamma$

变量 x 与 y 的线性相关程度由相关参数 R 的大小来衡量：

$$R = \frac{\sum\limits_{i=1}^{n}(x_i - \overline{x})(y_i - \overline{y})}{\left[\sum\limits_{i=1}^{n}(x_i - \overline{x})^2 \sum\limits_{i=1}^{n}(y_i - \overline{y})^2\right]^{1/2}} \qquad (0 \leqslant R \leqslant 1) \tag{7.27}$$

R 越接近 0，x 与 y 之间的相关程度越小，线性回归效果越差；反之，R 越接近 1，x 与 y 之间的相关就越密切，回归效果越好。因此，可以根据相关系数 R 判定哪种流变模式最为符合实验数据。相关系数的取值至关重要，因为它是对于各流变模式计算误差的一个综合度量值，并且可以精确描述各流变模式变量间的紧密结合程度，该方法计算简便。但应注意各模式的 R 值通常是在小数点后三、四位上才表现出差别。

(2) 最小二乘法。

离散数据点通称为结点 (x_i, y_i)，其中 $i = 1, 2, \cdots, n$。依据结点值，构造逼近函数 $y = f(x)$，绘制拟合曲线，在结点处曲线上对应点的 y 坐标值 $f(x_i)$ 与相应的实验数值 y_i 的差 $\delta_i = y_i - f(x_i)$ 称为残差。最小二乘法就是要使残差的平方和为最小，即 $\sum\limits_{i=1}^{n}\delta_i^2$ 为最小。

当选择代数多项式作为逼近函数时，用最小二乘法构造逼近函数的方法如下。设已知结点 (x_i, y_i)，$i = 1, 2, \cdots, n$，用 $m(m < n)$ 次多项式 $f_m(x) = a_0 + a_1 x + a_2 x^2 + \cdots + a_n x^m$ 去近似它。应选择恰当系数 $a_0, a_1, a_2, \cdots, a_n$，使得 $f_m(x)$ 能较好地近似列表函数 $y(x_i)$。要满足平方逼近条件，应使 $S(a_0, a_1, a_2, \cdots, a_n) = \sum\limits_{i=0}^{n}(y(x_i) - f_m(x_i))^2$ 取最小值。式中，S 为非负的关于 $a_0, a_1, a_2, \cdots, a_n$ 的二次多项式，必有最小值。根据 S 取极值的条件，下列等式成立：

$$\begin{cases} \dfrac{\partial S}{\partial a_0} = \sum\limits_{i=0}^{n}\left(y_i - a_0 - a_1 x_1 - \cdots - a_n x_i^m\right) = 0 \\[2mm] \dfrac{\partial S}{\partial a_1} = \sum\limits_{i=0}^{n}\left(y_i - a_0 - a_1 x_1 - \cdots - a_n x_i^m\right)x_i = 0 \\[1mm] \qquad\qquad \vdots \\[1mm] \dfrac{\partial S}{\partial a_m} = \sum\limits_{i=0}^{n}\left(y_i - a_0 - a_1 x_1 - \cdots - a_n x_i^m\right)x_i^m = 0 \end{cases} \tag{7.28}$$

将上式 $m + 1$ 个等式改写为方程组：

$$\begin{cases} S_0 a_0 + S_1 a_1 + \cdots + S_m a_m = U_0 \\ S_1 a_0 + S_2 a_1 + \cdots + S_{m+1} a_m = U_1 \\ \qquad\qquad \vdots \\ S_m a_0 + S_{m+1} a_1 + \cdots + S_{2m} a_m = U_m \end{cases} \tag{7.29}$$

式中，$S_k = \sum_{i=1}^{n} x_i^k$；$U_k = \sum_{i=1}^{n} y_i x_i^k$；$k = 0, 1, 2, \cdots, m$。

解方程组，求出 a_0, a_1, a_2, $\cdots$, a_n 就可以构造出满足平方逼近条件的逼近函数。由于实际情况千差万别，并不是所有结点的分布情况都适合用多项式来拟合。根据结点的分布规律，逼近函数还可以选择为非多项式的形式，如 $y = Px^q$ 或 $y = Ac^{qx}$ 等类型的函数，这些函数通过变量替换可以使之线性化。

如对于幂函数 $y = Px^q$，在式两端取对数，得 $\ln y = q\ln x$，设 $y_1 = \ln y$，$a_1 = q$，$x_1 = \ln x$，则前式可改写为 $y_1 = a_0 + a_1 x_1$，转换成了一次多项式。其他类型的指数函数也可以通过适当的变换，转换成一次多项式。

将 4 个流变方程作为逼近函数(对于非线性的方程，可利用前面提到的方法，通过在方程两边同时取对数将其线性化)，利用最小二乘法做出它们的拟合曲线，求出它们的剩余标准差，再通过比较剩余标准差的大小，即可优选出最合适的流变方程(剩余标准差越小，则相关程度越大，表示所选用的流变方程与实际的实验曲线越接近)。其中剩余标准差 S 由下式计算：

$$S(a_0, a_1, \ldots, a_n) = \sum_{i=0}^{n} \left(y(x_i) - f_m(x_i) \right)^2 \tag{7.30}$$

3)流态判别与摩阻系数优选

如前所述，不同流变模式的流体，其流态判别和摩阻系数计算方法也不同，必须分别计算。由于卡森模式主要适用于高速流体，在钻井中使用较少，可以忽略。目前，对于非牛顿流体层流的研究比较成熟，基本能够满足工程需要，而其难点在于流态判别和紊流摩阻系数的计算。下面给出钻井液在不同流变模式下的流态判别方法和紊流摩阻系数计算方法[11]。

(1)幂律流体。

幂律流体流态临界雷诺数为

$$Re_c = 3470 - 1370n \tag{7.31}$$

紊流摩阻系数 f 使用 Dodge-Metzner 的半经验式：

$$\frac{1}{f^{1/2}} = \frac{4}{n^{0.75}} \lg \left[Ref^{(1-0.5n)} \right] - \frac{0.4}{n^{1.2}} \tag{7.32}$$

式中，n 为流性指数，无因次；Re 雷诺数，无因次。

(2)宾汉流体。

宾汉流体雷诺数、流态判别和层流压耗计算推荐采用赫兹(Hedstrom)及汉克斯(Hanks)方法。

宾汉流体流态转化临界雷诺数由以下 3 个方程联立求得：

$$Re_c = \frac{He}{8X}\left[1 - \frac{4}{3}X + \frac{1}{3}X^4\right] \tag{7.33}$$

$$He = \frac{\rho \tau_0 d_i^2}{\mu^2} \tag{7.34}$$

$$\frac{X}{(1-X)^3} = \frac{He}{16800} \tag{7.35}$$

紊流摩阻系数:

$$f = \frac{0.053}{(3.2Re)^{0.2}} \tag{7.36}$$

式(7.33)~式(7.36)中：μ 为宾汉流体塑性黏度，Pa·s；τ_0 为流体屈服值，Pa；He 为赫兹数，无因次；X 为中间变量，无因次。环空内流动计算只需将以上各式中圆管内径 d_i 替换为环空当量内径 $D-d_i$ 即可。

(3)赫巴流体。

赫巴流体紊流摩阻系数使用 Torrance 公式求得：

$$\frac{1}{f^{1/2}} = \frac{2.69}{n} - 2.95 + \frac{4.53}{n}\lg\left[Ref^{(1-0.5n)}\right] + \frac{4.53}{n}\lg(1-x) \tag{7.37}$$

式中，$x = \tau_0/\tau_w$，τ_w 为壁面剪切应力，Pa。

2. 循环压耗影响因素分析

1)高温高压的影响

传统的循环压耗计算模型主要针对浅井和中深井，温度和压力对钻井液的密度和流变性影响较小，其精度能够满足工程需要。但对于高温、高压环境下的超深水平井钻井而言，由于钻井液密度和流变性不再是常数，而是随着温度和压力的变化而变化，高温高压对循环压耗的影响已不能忽略。因此，要得到准确的循环压耗，提高水力能量利用效率，就有必要建立温度、压力效应的循环压耗计算模型，研究超深水平井循环压耗受温度、压力的影响程度。

(1)温度和压力对钻井液密度的影响。

目前研究钻井液密度随温度和压力变化的模型可分为两种：复合模型和经验模型。复合模型[11]认为钻井液是由水、油、固相和加重物质等组成，每种组分的性能随温度和压力而改变的情况是不同的。在确定了这些单一组分在高温、高压条件下的变化规律后，便可以得到预测钻井液密度变化的复合模型，其表达式为

$$\rho(P,T) = \frac{\rho_0 f_0 + \rho_\mathrm{w} f_\mathrm{w} + \rho_\mathrm{s} f_\mathrm{s} + \rho_\mathrm{c} f_\mathrm{c}}{1 + f_0\left(\dfrac{\rho_0}{\rho_\mathrm{oi}} - 1\right) + f_\mathrm{w}\left(\dfrac{\rho_\mathrm{w}}{\rho_\mathrm{wi}} - 1\right)} \tag{7.38}$$

复合模型使用起来较复杂,需要对钻井液的不同成分(水、油、固相等)分别进行实验,掌握其规律后才能应用,因此该模型的使用受到一定的限制。

经验模型[12]虽然有不同的表达形式,但使用精度尚可。该模型只需对所用钻井液进行有限的几组实验,分别得到钻井液密度在不同温度和压力下的变化曲线,然后对曲线进行拟合,便得到密度随温度、压力变化的模型,但该模型只适用于特定的钻井液。张金波[13]在传统经验模型的基础上,提出了一种更全面、更准确的经验模型:

$$\rho(P,T) = \rho_0 \mathrm{e}^{\Gamma(T,p)} \tag{7.39}$$

$$\Gamma(T,P) = \xi_P(P-P_0) + \xi_{PP}(P-P_0)^2 + \xi_T(T-T_0) + \xi_{TT}(T-T_0)^2 + \xi_{TP}(T-T_0)(P-P_0) \tag{7.40}$$

式(7.39)和式(7.40)中,$\rho(P,T)$ 为实际温度压力下的钻井液密度,kg/m^3;ρ_0 为地面温度压力下的钻井液密度,kg/m^3;P_0 和 T_0 分别为地面压力和温度;ξ_P、ξ_{PP}、ξ_T、ξ_{TT}、ξ_{TP} 分别为钻井液特性常数。

(2)温度和压力对钻井液流变性的影响。

温度、压力对钻井液流变性的影响主要表现为钻井液黏度随温度和压力的改变而发生变化。研究表明,与压力相比较,温度是影响水基钻井液塑性黏度的主要因素,对于超深水平井钻井液来讲,忽略压力对塑性黏度的影响是完全可行的。所以在研究中把温度的影响作为重点,不考虑压力因素。

塑性黏度是钻井液体系在塑性流态状况下内摩擦力大小的一种度量,其数值应等于剪切速率为无限大时的表观黏度。液体在层流流动时,相邻液层之间的内摩擦力是固相颗粒之间、固相颗粒与液相之间及液相内部之间的相互作用的反映,但颗粒之间的相互作用并不包括它们之间形成的结构对其的影响,即与牛顿流体的内摩擦力的假设相同。因此,钻井液塑性黏度随温度的变化,可以看成牛顿型。因而可以使用式(7.41)的指数关系式来表达钻井液塑性黏度与温度的函数关系:

$$\mu = A\mathrm{e}^{t/b} \tag{7.41}$$

式中,μ 为塑性黏度,$mPa \cdot s$;A 为指前因子,$mPa \cdot s$;b 为温度系数,$℃$;t 为温度,$℃$。

将水基钻井液体系在不同温度条件下测得的塑性黏度代入式(7.41)进行拟合处理,求得其相关系数,便得出水基钻井液在高温高压下塑性黏度随温度变化的回归模型。

（3）温度、压力对循环压耗的影响。

将钻井所用的特定钻井液在不同温度、压力下测定其密度和塑性黏度的变化，回归拟合出钻井液密度和塑性黏度随温度和压力变化的模型，然后将此代入超深水平井循环压耗的计算公式，便可以得到高温高压条件下超深水平井的循环压耗。

2）钻杆接头的影响

钻杆接头对循环压耗，尤其是钻杆内压耗的影响很大，而常规循环压耗计算常忽略其影响。由于超深水平井井段长，循环压耗大，必须考虑钻杆接头的影响，否则会产生较大误差。钻杆接头示意图如图 7.7 所示。根据流体力学原理可以推导出钻杆接头对钻杆内压耗的影响系数 f_j 为[14]

$$f_j = \frac{l_p}{l_p + l_j} + \frac{l_j}{l_p + l_j}\left(\frac{d_{pi}}{d_{ji}}\right)^{4.8} \tag{7.42}$$

式中，l_p 和 l_j 分别为钻杆和接头长度，m；d_{pi} 和 d_{ji} 分别为钻杆和接头内径，m。

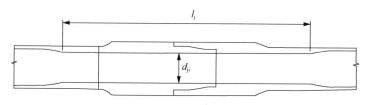

图 7.7　钻杆接头示意图

3）钻杆偏心的影响

在水平井中，钻杆轴线与井眼轴线不在同一直线上的情况称之为钻杆偏心，如图 7.8 所示。其中，钻杆贴于下井壁称为正偏心状态，贴于上井壁则称为负偏心状态。钻杆偏心一方面会造成大摩阻和大扭矩，使钻具转动和起下钻时的阻卡严重，影响钻井作业；另一方面，钻杆偏心也会对岩屑床的形成和环空中的岩屑运移产生一定的影响。

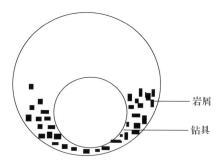

图 7.8　钻具偏心示意图

钻杆偏心对环空压耗影响的计算公式采用基于常规环空压耗的系数法，其数学模型可表示为[15]

$$P_e = f_e \Delta P_{pa} \tag{7.43}$$

式中，
$$f_e = \frac{(dp/dL)_{sk}}{(dp/dL)_c}$$

其中，f_e 为偏心环空压耗与非偏心环空压耗的比值；ΔP_{pa} 为不考虑钻柱偏心时的环空压耗，MPa；$(dP/dL)_c$ 为同心环空压力梯度；$(dP/dL)_{sk}$ 为沿着整个弯曲环空的平均压力梯度。

偏心环空压耗与非偏心环空压耗比值的影响因素有钻杆偏心度、钻井液流态、钻井液性能等。其中钻杆偏心度 (e) 的计算公式为

$$e = \frac{2\delta}{D - d_o} \tag{7.44}$$

式中，D 为井径，cm；d_o 为钻杆外径，cm；δ 为钻柱中心与井眼中心的距离，cm。

根据钻杆在井眼中偏心弯曲的形态，又可以把偏心分为两种情况：完全偏心和正弦偏心。完全偏心指钻杆停靠在井眼的底边，是钻杆的最大偏心状态；正弦偏心指钻杆在井眼中以正弦曲线弯曲，是钻杆的平均偏心状态。以 e 和 e_{max} 分别表示钻杆发生正弦偏心和完全偏心时环空中的平均偏心度和最大偏心度，计算公式为

$$e_{max} = \frac{D - d_c}{D - d_o} \tag{7.45}$$

$$e = \sqrt{\frac{2}{3}\left(\sqrt{\frac{3}{2}e_{max} + 1} - 1\right)} \tag{7.46}$$

式 (7.45) 和式 (7.46) 中，d_c 为钻杆接头外径，cm。

当钻井液处于层流状态时，f 用 f_{lam} 表示，层流的雷诺数为 Re_{c1}；当钻井液处于紊流状态时，f 用 f_{turb} 表示，紊流的雷诺数为 Re_{c2}；当钻井液为中间过渡流时，f 最大，用 f_{max} 表示，此时的雷诺数为 Re_c，得到钻杆偏心对环空损耗的影响参数计算公式如下：

$$f_{lam} = 1 - 0.072\frac{e}{n}\left(\frac{d_o}{D}\right)^{0.8454} - 1.5e^2\sqrt{n}\left(\frac{d_o}{D}\right)^{0.1852} + 0.96e^3\sqrt{n}\left(\frac{d_o}{D}\right)^{0.2527} \tag{7.47}$$

$$f_{turb} = 1 - 0.048\frac{e}{n}\left(\frac{d_o}{D}\right)^{0.8454} - \frac{2}{3}e^2\sqrt{n}\left(\frac{d_o}{D}\right)^{0.1852} + 0.285e^3\sqrt{n}\left(\frac{d_o}{D}\right)^{0.2527} \tag{7.48}$$

式中，n 为流性指数。

当 $Re \leqslant Re_{c1}$ 时，$f = f_{lam}$；当 $Re \geqslant Re_{c2}$ 时，$f = f_{turb}$；当 $Re_{c1} < Re < Re_c$ 时，$f = f_{max} - (Re_c - Re)(f_{max} - f_{lax})/(Re_c - Re_{c1})$；当 $Re_c < Re < Re_{c2}$ 时，$f = f_{max} - (Re_c - Re)(f_{max} - f_{turb})/(Re_{c2} - Re_c)$。其中，$Re_{c1} = 3470 - 1370n$；$Re_{c2} = 5054 - 1983n$；当 $n \leqslant 0.55$ 时，$f_{max} = 0.728$；当 $n > 0.55$ 时，$f_{max} = -0.6844n^2 + 1.5098n + 0.1047$。

4）钻杆旋转的影响

钻杆旋转对环空压耗影响的计算公式也采用基于常规环空压耗的系数法，其数学模型可表示为[16]

$$P_t = f_t \Delta P_{pa} \qquad (7.49)$$

钻具旋转的影响因子 f_t 和 Taylor 数 T_a 与雷诺数 Re 的大小有关，研究表明：$T_a \leqslant 41$ 时，转速增大，f_t 相对减小，且近似等于 1；$T_a > 41$，f_t 随着转速增大而增大。钻井液紊流流动下，流速增大使得其雷诺数 Re 达到一定值以后，钻杆旋转的影响大大减弱，对循环压耗几乎没有影响。旋转因子 f_t 的计算模型为：

当 $Re = 1000$ 时，$f_{t\max} = 0.2457 \ln(T_a) + 0.2706$；当 $Re = 2000$ 时，$f_{t1} = 0.235 \ln(T_a) + 0.1047$；当 $1000 < Re < 2000$ 时，$f_t = \dfrac{Re - 2000}{1000 - 2000} f_{t\max} + \dfrac{Re - 2000}{2000 - 1000} f_{t1}$；当 $Re \geqslant 5700$ 时，$f_{t2} = 0.1056 \ln(T_a) + 0.5979$；当 $2000 < Re < 5700$ 时，$f_t = \dfrac{Re - 5700}{2000 - 5700} f_{t1} + \dfrac{Re - 2000}{5700 - 2000} f_{t2}$。以上各式的使用范围为 $46 \leqslant T_a \leqslant 83$。当 $T_a \leqslant 46$ 时，$f_t = 1$。T_a 的计算公式为：

$$T_a = \rho (D - d_o)^{n+0.5} d_o^{1.5-n} \omega^{2-n} / (4K) \qquad (7.50)$$

式中，ω 为角速度，$\mathrm{rad/s}$；K 为钻井液稠度系数，$\mathrm{dyn}^{①} \cdot \mathrm{s/cm}^2$。

5）岩屑床的影响

超深水平井大斜度井段长，岩屑极易在环空底部形成岩屑床，岩屑床对环空压耗的影响随岩屑床高度和大斜度井段长度的增加而增大。关于有岩屑床存在时环空压耗的计算，李洪乾[17]进行了较深入地研究，其研究结果可用于水平井中环空压耗的计算，计算公式为

$$\Delta P_{ac} = \left\{ \frac{0.0260686h}{f_b} \left[\frac{4Q^2 \rho_f}{g\pi^2 (D - d_o)^3 (D + d_o)^2 (\rho_s - \rho_f)} \right]^{-1.35} + (1 + 0.00581695h) \right\} \Delta P_a$$

$$(7.51)$$

式中，ΔP_{ac} 为岩屑床影响下的环空压耗。

岩屑床对环空压耗的影响系数 f_{ac} 为

$$f_{ac} = \frac{0.0260686h}{f_b} \left[\frac{4Q^2 \rho_f}{g\pi^2 (D - d_o)^3 (D + d_o)^2 (\rho_s - \rho_f)} \right]^{-1.35} + (1 + 0.00581695h) \quad (7.52)$$

---

① $1\mathrm{dyn} = 10^{-5}\mathrm{N}$。

式(7.51)和式(7.52)中，ΔP_a 为环空压耗，Pa；h 为无因次岩屑床当量厚度，$h = 100T_{cb} / D$；T_{cb} 为岩屑床厚度，mm；f_b 为达西-韦斯巴赫系数，层流时 $f_b = \dfrac{64}{Re}$，紊流时 $f_b = \dfrac{0.316}{Re^{0.25}}$。

3. 循环压耗的计算

循环压耗主要包括地面管汇压耗、钻柱内压耗、螺杆钻具压耗、钻头压降和环空压耗等部分。结合塔中碳酸盐岩超深水平井的特点，综合考虑高温高压、钻杆接头、偏心、旋转及岩屑床等多种因素对循环压耗的影响，建立一套适用于塔中碳酸盐岩超深水平井循环压耗的计算模型。但由于超深水平井井身结构复杂，且各个井段循环压耗的影响因素不同，为准确计算循环压耗，需要对超深水平井进行分段计算。

1) 直井段

直井段循环压耗的计算不需要考虑钻杆偏心、旋转和岩屑床的影响。如果钻遇高温高压地层，需要考虑温度和压力的影响。具体循环压耗的计算公式为

$$\Delta P_s = \sum \Delta P_g + \sum f_j \Delta P_p + \Delta P_b + \Delta P_m + \sum \Delta P_a \tag{7.53}$$

2) 造斜段和水平段

造斜段和水平段的循环压耗计算比较复杂，需要考虑钻杆接头、偏心、旋转及岩屑床的影响，如果钻遇高温高压地层，还需要考虑高温高压的影响。具体循环压耗的计算公式为

$$\Delta P_s = \sum \Delta P_g + \sum f_j \Delta P_p + \Delta P_b + \Delta P_m + \sum f_e f_t f_{ac} \Delta P_a \tag{7.54}$$

7.2.2　碳酸盐岩超深水平井螺杆钻具压耗计算

目前钻井水力参数计算和设计时，常常忽略螺杆钻具的压耗，或者粗略的估计为一个定值，这在直井或者井深不大的定向井和水平井钻井时可以满足工程需要。但在进行超深水平井钻井时，由于需要精确地计算循环压耗，且水力参数的计算需要以螺杆钻具压耗为边界条件，所以这一部分的压耗需要准确地获得。螺杆钻具的压耗是一个随钻压和扭矩变化的物理量，其计算方法分为一般法和模型法[18]，下面对这两大类方法进行分析对比。

1. 一般法

采用一般法计算螺杆钻具压耗的方法简单明了，既不需要建立比较复杂的模型，也不需要求解数学模型。主要包括固定值法、插值法、反算法和数据回归法等。

1) 固定值法

当钻井参数比较稳定，地层地质情况比较良好时，螺杆钻具的压耗一般不大，通常可选取某一常数作为螺杆钻具的压耗，使钻井计算简单便捷。具体取值的大小需要根据实钻地层和钻井参数等有关经验确定。

2）插值法

插值法指通过查阅井下螺杆钻具的使用工作参数（包括排量、压降、转速、钻压、扭矩、功率等）来选择合适的排量和压耗，然后根据实际排量采用插值法可近似计算螺杆钻具的实际压耗。具体计算公式为

$$\Delta P_\mathrm{m} = \Delta P_1 + \frac{\Delta P_2 - \Delta P_1}{Q_2^2 - Q_1^2}\left(Q_\mathrm{a}^2 - Q_1^2\right) \quad \left(Q_1 < Q_\mathrm{a} < Q_2\right) \tag{7.55}$$

式中，ΔP_m 为井下动力螺杆钻具的压耗，MPa；Q_a 为实际排量，L/s；Q_1 和 Q_2 分别为插值时的排量，L/s；ΔP_1 和 ΔP_2 分别为插值时的压耗，MPa。

3）反算法

反算法是利用已知的循环压耗来反算螺杆钻具的压耗。在稳定钻井且井眼清洁的前提下，根据循环压耗 ΔP_s 的几个组成部分（包括地面管汇压耗 ΔP_g，钻柱内压耗 ΔP_p，钻头压耗 ΔP_b，螺杆钻具压耗 ΔP_m，环空压耗 ΔP_a），利用式（7.55）计算螺杆钻具的压耗系数 f_m。

$$\Delta P_\mathrm{s} = \Delta P_\mathrm{g} + \Delta P_\mathrm{p} + \Delta P_\mathrm{b} + \Delta P_\mathrm{m} + \Delta P_\mathrm{a} \tag{7.56}$$

$$f_\mathrm{m} = \frac{\Delta P_\mathrm{m}}{Q_\mathrm{a}^2} = \frac{\Delta P_\mathrm{s} - \Delta P_\mathrm{g} - \Delta P_\mathrm{p} - \Delta P_\mathrm{b} - \Delta P_\mathrm{a}}{Q_\mathrm{a}^2} \tag{7.57}$$

式中，f_m 为井下动力螺杆钻具压耗系数，无因次。

当钻井参数变化不大时，可通过上式计算得动力螺杆钻具压耗系数，进而求解螺杆钻具压耗，计算精度可以满足工程需要。

4）回归法

回归法充分利用实测数据，将螺杆钻具在当前钻井液性能条件下和某一工况下压耗与排量的关系式回归确定：

$$\Delta P_\mathrm{m} = aQ^b \tag{7.58}$$

通过实测数据回归出 a、b 系数值，进而可以确定螺杆钻具压耗与排量之间的关系式，据此可以根据现场实测排量计算螺杆钻具的压耗。

2. 模型法

模型法指计算螺杆钻具压耗时，根据螺杆钻具的几何结构建立一定的数学模型，对建立的模型，列出满足模型的方程式，再求解方程。现阶段应用较广泛的是复杂模型法。

复杂模型针对多叶片式马达的螺杆钻具，通过重点研究螺杆钻具马达的结构，详细给出螺杆钻具压耗计算表达式，螺杆钻具马达横截面如图 7.9 所示。

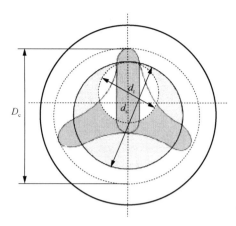

图 7.9　螺杆钻具马达横截面示意图

1) 螺杆钻具横截面分析

由螺杆钻具马达的结构可知：

$$d_s - d_r = e \tag{7.59}$$

$$i = \frac{n}{n+1} \tag{7.60}$$

$$d_s = d_r \frac{n}{n+1} \tag{7.61}$$

式中，e 为定子直径和转子直径之间的偏心距大小，mm；i 为马达绕线比例，无因次；n 为马达转子为 n 头摆线线型，则定子为 $n+1$ 头摆线的线型。则螺杆钻具两叶马达的横截面积为

$$A = \pi e^2 (2n+1) \tag{7.62}$$

同时，转子和定子之间通过齿数耦合产生的空腔的直径 D_c 可表示为

$$D_c = 2e(n+2) \tag{7.63}$$

综合式 (7.62) 和式 (7.63) 可得

$$A = \frac{\pi D_c^2}{4} \frac{(2n+1)}{(n+2)^2} \tag{7.64}$$

联合式 (7.59) ～式 (7.61) 可得

$$A = \frac{\pi D_c^2}{4} \frac{(1-i^2)}{(2-i)^2} \tag{7.65}$$

螺杆钻具马达横截面积得出后,可知螺杆钻具的转子和定子之间形成空隙的体积 V 的表达式为

$$V = \frac{\pi^2 D_c^3}{4} \frac{(1-i)^2}{(2-i)^2} \tan \alpha \tag{7.66}$$

式中, α 为螺旋角,其为切线与螺旋线之间的夹角。

2)螺杆钻具流量 Q 计算

由式(7.65)和式(7.66)可得流量 Q 的表达式为

$$Q = \frac{\pi^2 D_c^3 N}{4} \frac{i(1+i)}{(2-i)^2} \tan \alpha \tag{7.67}$$

式中, N 为旋转角速度。

3)扭矩计算

螺杆钻具的实质是将钻井水力学能量转换为螺杆钻具机械能量,机械功率 MHP 可按下式计算:

$$\text{MHP} = \frac{T}{550} \frac{2\pi}{60} N \tag{7.68}$$

由式(7.66)可得用流量表示的水力功率 HHP 计算式为

$$\text{HHP} = \frac{\pi^2 D_c^3 \Delta P N}{6865} \frac{i(1+i)}{(2-i)^2} \tan \alpha \tag{7.69}$$

则螺杆钻具能量利用效率 η 为

$$\eta = \frac{\text{MHP}}{\text{HHP}} = \frac{1714}{4125} \frac{T(2-i)^2}{\pi^2 D_c^3 \Delta P i(i+1) \tan \alpha} \tag{7.70}$$

因此,由式(7.70)可得螺杆钻具扭矩 T 的表达式为

$$T = \frac{4125 \eta \pi^2 D_c^3 \Delta P i(i+1) \tan \alpha}{1714(2-i)^2} \tag{7.71}$$

4)螺杆钻具压耗计算

当地层各向异性小且井眼清洁状况良好时,螺杆钻具所需机械功率可用钻压 W 表示:

$$\text{HHP}_\text{m} = k_\text{b} W^x N d_b^y \tag{7.72}$$

式中, HHP_m 为螺杆钻具功率; k_b 为考虑地层硬度的系数; d_b 为钻头直径; x 和 y 分别为常数指数。

联合式(7.67)和式(7.71)可得

$$T = \frac{16500}{\pi} k_b W^x d_b^y \tag{7.73}$$

将式(7.70)和式(7.72)联合可得

$$\Delta P_m = 685.6 \frac{k_b W^x d_b^y}{\eta k_i D_c^3 \tan \alpha} \tag{7.74}$$

式中，

$$k_i = \frac{i(1+i)}{(2-i)^2}$$

其中，ΔP_m 为螺杆钻具压耗，MPa；k_i 为马达线圈绕组系数。

用式(7.74)即可计算具有一定参数结构的螺杆钻具压耗。

3. 计算方法的对比与分析

综上所述，固定值法是根据实钻经验选取某一固定值作为动力螺杆钻具的压耗值；插值法是使用螺杆钻具设计的工作参数，结合实际工作参数近似得到螺杆钻具的压耗；反算法的关键在于求解螺杆钻具压耗系数 f_m；回归法则利用大量实测数据进行数据的回归和拟合，得到螺杆钻具压耗与排量的关系式；复杂模型详细地分析了螺杆钻具马达中定子和转子之间的结构关系，从机械功率与水功率之间的转换关系出发，详细推导出螺杆钻具压耗计算方法，该方法具有较高的计算精度，已在钻井现场实际运用，效果良好。因此当螺杆钻具压耗计算精确度要求较高时，可选用复杂模型法计算。各方法的分析比较见表 7.21。

表 7.21　各种方法分析比较结果

方法类别	方法名称	使用条件	优点	不足
一般法	固定值法	钻井地质条件和实钻参数等十分了解	简单方便、易操作	选取某一固定值时，主观性较强
	插值法	螺杆钻具设计参数和实际工作参数等数据明确	插值计算有一定精度	为提高计算精度，需要选取不同差之方法多次插值
	反算法	钻井液循环系统压耗已知或比较容易求得	通过反算，有效避开了螺杆钻具压耗与钻井液排量之间的复杂关系式	对钻井发杂工况和钻井液循环系统压耗较复杂时，该方法受到限制
	回归法	实测螺杆钻具压耗数据与钻井液排量数据充足	通过数据回归，计算精度较高	要求有充足的数据
模型法	复杂模型法	使用范围广	全面考虑螺杆钻具结构等因素，压耗计算精度高	计算过程相对复杂

7.2.3　碳酸盐岩超深水平井最优排量的确定

钻井水力参数设计的关键在于选择合适的排量进行钻进。常规最优排量确定的基本思路是在给定的井身结构、钻具组合和钻井液性能条件下，计算满足井眼清洁要求的最小排量；然后根据最大压耗的限制(如泵压或一定的地层安全密度窗口)得到理论最大排量，从而确定合理排量范围；最后在此范围内优化钻头水功率，得到最大钻头水功率时的排量即为最优排量。而对于塔中碳酸盐岩超深水平井，为了提高钻速，常采用螺杆钻具钻进，虽然最优排量确定的思路与常规最优排量确定的思路类似，但具体关于合理排量范围的确定和优选准则有很大的不同。

1. 理论最小排量的确定

使用螺杆钻具提速的实际钻井过程中，钻井液的排量不仅要满足有效携岩的要求，同时要达到螺杆钻具最小工作排量的要求，这样才既能保证井眼清洁，又能使螺杆钻具稳定工作。所以需要综合考虑最小携岩排量和螺杆钻具最小工作排量，取二者中的较大值作为满足钻井要求的最小排量。

根据钻井所选用的螺杆钻具推荐的工作参数(包括最小工作排量、最大工作排量、最小工作压降、最大工作压降及最大钻头水眼压降等)，选择推荐的最小工作排量作为螺杆钻具的最小工作排量。

最小携岩排量的计算比较复杂。在超深水平井中，由于各井段环空尺寸不同，直井段、斜井段和水平井段的岩屑运移机理不同，其井眼清洁标准也不同，所以各井段的最小携岩排量需分段计算。

1)直井段

理论上只要钻井液返速大于岩屑的沉降速度，岩屑就能够被携带出井。但不同的环空返速，环空中滞留的岩屑浓度也不同，岩屑浓度过大会带来安全问题。因此，必须根据岩屑举升效率模型和环空岩屑浓度模型来综合确定最小环空返速。

(1)岩屑举升效率模型。

岩屑举升效率定义为岩屑在环空中的实际上返速度与钻井液在环空的上返速度之比，即

$$R_t = \frac{V_c}{V_a} = \frac{V_a - V_s}{V_a} = 1 - \frac{V_s}{V_a} \tag{7.75}$$

式中，R_t 为岩屑举升效率；V_a 为钻井液在环空的平均上返速度，m/s；V_c 为岩屑实际返速率，m/s；V_s 为岩屑在钻井液中的沉降速度，m/s；

在工程上为了保持钻进过程中产生的岩屑量与井口返出量相平衡，一般要求 $R_t \geqslant 0.5$，即 $V_a \geqslant 2V_s$。

(2)环空岩屑浓度模型。

通常认为当环空中的岩屑浓度小于5%时即为安全，此时的环空返速即为最小环空返速。取某直井段单元作分析，由连续性定理可得

$$C_e = \frac{Q_s}{Q_s + Q_f} = \frac{1}{1 + \frac{Q_f}{Q_s}} = \frac{1}{1 + \frac{V_f A_a (1 - C_a)}{(V_f - V_s) A_a C_a}} = \frac{1}{1 + \frac{1 - C_a}{\left(1 - \frac{V_s}{V_f}\right) C_a}} \tag{7.76}$$

式中，C_e 为岩屑排出或流入单元段的浓度，无量纲；Q_s 为岩屑体积流量，m^3/s；Q_f 为钻井液体积流量，m^3/s；V_f 为钻井液返速，m/s；A_a 为环空截面积，m^2；C_a 为环空中岩屑浓度，无量纲。

在稳定状态下，岩屑输出速率等于岩屑进入环空流动系统的速率，即等于井底产生岩屑的速率，它与机械钻速有关，如式 (7.71) 所示：

$$C_e = \frac{R_p A_w}{R_p A_w + V_f A_a} = \frac{1}{1 + \frac{V_f}{R_p}\left(1 - \frac{d_o^2}{D^2}\right)} \tag{7.77}$$

式中，R_p 为机械钻速，m/s；A_w 为井眼截面积，m^2；d_o 为钻杆外径，m；D 为井眼直径，m。

联立式 (7.76) 和式 (7.77) 可得到不同的环空浓度所需要的钻井液返速：

$$V_f = V_s + \frac{R_p}{\left(1 - \frac{d_o^2}{D^2}\right)C_a} \tag{7.78}$$

若令环空中的岩屑浓度 C_a 为 5%，则此时的 V_f 即为所求的最小环空返速：

$$V_f = V_s + \frac{R_p}{\left(1 - \frac{d_o^2}{D^2}\right)5\%} \tag{7.79}$$

两种模型求出的环空返速，取较大者作为最小环空返速 V_c，根据下式计算直井段的最小携岩排量：

$$Q_{min} = \frac{\pi}{4}\left(D^2 - d_o^2\right)V_c \tag{7.80}$$

2) 造斜段

对于水平井，大斜度井段 ($40° \sim 60°$) 是井眼清洗的关键井段。通过合理调整钻井水力参数，抑制岩屑床下滑或者尽量减少下滑速度，是保证造斜段正常钻进至关重要的措施。目前该井段最小携岩排量的计算方法主要有以下三种。

第一种方法：定义环空中岩屑床相对于下井壁处于静止状态时的钻井液返速为环空止动返速[19]。根据偏心环空岩屑床运移模型的研究，建立以下关系式：

$$Q_m = 0.25\pi(D^2 - d_o^2)V_c \tag{7.81}$$

$$V_c = C_a C_s C_R C_m V_s + V_m \tag{7.82}$$

$$V_m = \frac{RD_b^2}{\left(D^2 - d_0^2\right)C_e} \tag{7.83}$$

$$C_a = 0.0342\,\theta - 0.000232\,\theta^2 - 0.213 \tag{7.84}$$

$$C_s = 1.286 - 40.9448d \tag{7.85}$$

$$C_R = 1 - \frac{R_p}{600} \tag{7.86}$$

式 (7.81)～式 (7.86) 中，Q_m 为理论最小排量，m^3/s；V_c 为最小环空返速，m/s；C_a 为井斜角修正系数，无因次；C_s 为岩屑粒径修正系数，无因次；C_R 为转速修正系数，无因次；C_m 为钻井液密度修正系数，无因次当 $\rho > 1042.5$ 时，$C_m = 1 - 0.0002779(9\rho_f - 10425)$，当 $\rho < 1042.5$ 时，$C_m = 1$；V_s 为岩屑当量下滑速度，m/s；V_m 为岩屑平均运移速度，m/s；R 为机械钻速，m/s；C_e 为岩屑入口浓度，无因次；θ 为井斜角，(°)；d_s 为平均颗粒直径，m；R_p 为钻杆转速，r/min。

该方法以大斜度井段 $(30^\circ \sim 60^\circ)$ 岩屑床的受力分析为出发点，描述了岩屑床与下井壁相对静止时达到的动态平衡状态，以岩屑不滑动至井底为计算标准，并考虑了钻杆旋转对计算的影响，得到了大斜度井段安全钻进的最小携岩排量。该方法在不受井场机泵条件限制的理想情况下对钻进过程有重要的指导意义。

第二种方法：周凤山[20]从定向井岩屑运移的理论模型和直井岩屑沉降的规律入手，建立了计算大斜度井段及水平井段岩屑床厚度的数学公式，并用汪海阁等[11]的实测试验数据对公式进行修正，最后得到岩屑床厚度的预测公式。根据岩屑床高度小于环空高度 10% 作为井眼清洁的标准，反算得到安全钻进的最小环空返速 V_c。岩屑床高度的计算公式为

$$H' = 0.015D\left(\mu_e + 6.15\mu_e^{0.3}\right)\left(1 + 0.587e\right)\left(V_c - V_a\right) \tag{7.87}$$

式中，μ_e 为钻井液有效黏度，$Pa \cdot s$。

由式 (7.87) 可得最小环空返速为

$$V_c = 0.4\left[\left(\frac{\rho_s - \rho_f}{\rho_f}\right)d_s\right]^{\frac{2}{3}}\left[\frac{1 + 0.7\theta + 0.55\sin 2\theta}{(\rho_f \mu_e)^{\frac{1}{3}}}\right] \tag{7.88}$$

常用的三种流型的有效黏度分别计算如下。

幂律：

$$\mu_e = \frac{k\left(\dfrac{2n+1}{3n}\right)^{1-n}\left(D - d_o\right)^{1-n}}{12^{1-n}V_a^{1-n}} \tag{7.89}$$

宾汉：

$$\mu_e = \mu_\infty + \tau_0 \left(\frac{D - d_0}{12V_a} \right) \tag{7.90}$$

赫巴：

$$\mu_e = \frac{\tau_0}{\gamma + k\gamma^{n-1}} \tag{7.91}$$

$$\gamma = 8\left(\frac{n+4}{n}\right)^n \left(\frac{V_a}{D - d_o}\right)^n + \left[\frac{n\tau_0}{K(n+1)}\right]^{\frac{1}{n}} \tag{7.92}$$

式(7.87)～式(7.92)中，H' 为岩屑床高度，m；V_a 为环空钻井液平均上返速度，m/s；d_s 为岩屑颗粒当量直径，m；θ 为井斜角，(°)；e 为钻柱偏心度，无量纲；n 为钻井液流性指数，无量纲；K 为钻井液稠度系数，Pa·s^n。

　　第二种方法需要先对最小环空返速设一个初值，然后进行迭代计算，迭代的终止条件是岩屑床高度达到安全高度以内。该计算过程考虑了钻具旋转及偏心的影响，适用于全井段。确定实际排量后又可用于计算全井段的岩屑床高度，更加实用与简洁。

　　求出最小环空返速后，根据下式计算斜井段的最小携岩排量：

$$Q_{\min} = \frac{\pi}{4}\left(D^2 - d_o^2\right)V_c \tag{7.93}$$

　　第三种方法：造斜段的最小携岩排量计算也可以根据郭柏云提出的斜井段最小排量计算模型求得。计算公式为

$$q_{c,\theta} = \left(1 + 0.005556\theta\right)\left[1 + 0.4\sin\left(2\theta\right)\right]q_c \tag{7.94}$$

式中，q_c 为直井最小排量，m^3/s；θ 为井斜角，(°)；

　　3) 水平井段

　　在水平段范围内，由于地层和设备的限制，经常会出现泵的额定排量达不到井眼完全清洁的要求，此时水平段环空中一定会有岩屑存在。岩屑床在水平段是固定的，不存在滑动问题。在一定条件下，岩屑会达到一种"动平衡"状态，即岩屑床厚度基本保持不变。环空返速是决定此井段井眼清洁状况的关键因素，将岩屑床高度小于环空高度 10% 作为井眼清洁的标准，反算得到安全钻进的最小环空返速 V_c，从而求得水平段的最小携岩排量(与造斜段第二种计算方法相同)。

　　综上所述，在实际钻井过程中，每段的最小携岩排量和理论最小排量具体见表 7.22。

表 7.22　各段理论最小排量的确定

最小携岩排量			螺杆钻具最小工作排量
直井段	造斜段	水平段	
直井段的最小携岩排量	直井段和造斜段最小携岩排量的较大值	直井段、造斜段和水平段最小携岩排量的最大值	选择螺杆钻具推荐的工作参数中的最小工作排量值为螺杆钻具最小工作排量

注：每段的理论最小排量为该段最小携岩排量和螺杆钻具最小工作排量的较大值。

2. 理论最大排量的确定

超深水平井钻进过程中，循环压耗随着排量的增加而增大。由于受设备承受能力及地层安全密度窗口的限制，排量不可能无限增加，存在一个最大排量，实际钻井液的排量不能超过此排量值，将这一排量定义为理论最大排量。当达到某一排量时，循环压耗值达到了泵压的限制，则此排量即为理论最大排量。塔中碳酸盐岩超深水平井中，循环压耗大，地层安全密度窗口窄，且受螺杆钻具工作参数的影响，进行水力参数优选前，需要确定理论最大排量(图 7.10)。

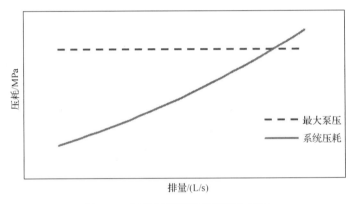

图 7.10　系统压耗随排量的变化规律

3. 最优排量的确定

使用螺杆钻具时，钻井水力参数优化设计的目的是合理分配钻井泵传递的钻井液压力和水功率，将钻井泵提供的水功率尽可能多地分配给钻头和螺杆钻具，减小循环系统的压耗。参考常规钻井水力参数优选方法，以最大的钻头水功率与螺杆钻具水功率之和为优选准则，以螺杆钻具推荐工作参数为约束条件，在合理排量范围内应用数学规划方法建立一套钻井液排量和钻头压降的优选模型[21]。

钻井泵有额定功率和额定泵压 2 种工作方式，与之对应的目标函数形式不同。

额定功率工作时的目标函数为

$$\max\left(N_b + N_m\right) = p_r Q_r - K_L Q^{2.8} \tag{7.95}$$

额定泵压工作时的目标函数为

$$\max\left(N_{\mathrm{b}}+N_{\mathrm{m}}\right)=P_{\mathrm{r}}Q-K_{\mathrm{L}}Q^{2.8} \tag{7.96}$$

约束条件为

$$\Delta P_{\mathrm{b}}=P_{\mathrm{r}}-K_{\mathrm{L}}Q^{1.8}-\Delta P_{\mathrm{m}}\leqslant\Delta P_{\mathrm{b\,max}} \tag{7.97}$$

$$Q_{\mathrm{a}}\leqslant Q\leqslant Q_{\mathrm{r}},\quad\Delta P_{\mathrm{m}}\leqslant\Delta P_{\mathrm{m\,max}} \tag{7.98}$$

式 (7.95)～式 (7.98) 中，N_{b} 和 N_{m} 分别为钻头水功率、螺杆钻具水功率，kW；Q、$Q_{\min}$ 和 $Q_{\max}$ 分别为实际工作排量、理论最小排量和理论最大排量，L/s；K_{L} 为循环压耗系数，MPa·$(\mathrm{L/s})^{1.8}$；ΔP_{b}、P_{r}、ΔP_{m} 和 $\Delta P_{\mathrm{b\,max}}$ 分别为钻头压降、额定泵压、马达压降和最大钻头压降，MPa。

因求解出最优排量后，还需要重新分配钻头水功率和螺杆水功率，所以上述规划模型既是一个多约束条件求极值问题，也是一个多重规划问题，可以按以下步骤求解该模型。

(1) 选择螺杆钻具的工作压降 ΔP_{m}。实际工作压降应取推荐工作压降，即 $\Delta P_{\mathrm{m}}=\Delta P_{\mathrm{mr}}$。

(2) 假定钻井泵按额定功率方式工作，选择最优工作排量 Q_{opt1} 和钻头压降 ΔP_{b1}。该条件下最优工作排量等于额定排量，即 $Q_{\mathrm{opt1}}=Q_{\max}$。在额定泵压和额定排量条件下，计算钻头压降 ΔP_{b1} 并检验约束条件式 (7.97) 是否成立。若式 (7.97) 成立，说明该条件下钻井泵可以按额定功率方式工作；若式 (7.97) 不成立，说明该条件下钻井泵不能按额定功率方式工作 (实际泵压值低于额定值)。

(3) 假定钻井泵按额定泵压方式工作，选择最优工作排量 Q_{opt2} 和钻头压降 ΔP_{b2}。该条件下最优工作排量计算公式为

$$Q_{\mathrm{opt2}}=\left(\frac{P_{\mathrm{r}}}{2.8K_{\mathrm{L}}}\right)^{\frac{1}{1.8}} \tag{7.99}$$

检验最优工作排量 Q_{opt2} 是否满足约束条件式 (7.97)。若 $Q_{\mathrm{opt2}}<Q_{\mathrm{a}}$，则最优工作排量取最小排量，即 $Q_{\mathrm{opt2}}=Q_{\min}$；若 $Q_{\mathrm{opt2}}>Q_{\mathrm{r}}$，则最优工作排量取额定排量，即 $Q_{\mathrm{opt2}}=Q_{\max}$。最优工作排量 Q_{opt2} 确定之后，计算出钻头压降 ΔP_{b2} 并检验约束条件式 (7.97) 是否成立。若式 (7.97) 成立，说明该条件下钻井泵可以按额定泵压方式工作；若式 (7.97) 不成立，即 $\Delta P_{\mathrm{b2}}>\Delta P_{\mathrm{b\,max}}$，说明该条件下钻井泵不能按额定泵压方式工作，取 $\Delta P_{\mathrm{b2}}=\Delta P_{\mathrm{b\,max}}$。

(4) 综上分析，选择最优工作排量 Q_{opt} 和钻头压降 ΔP_{b}。计算钻头与螺杆钻具的水功率之和，即 $(\Delta P_{\mathrm{b1}}+\Delta P_{\mathrm{m}})Q_{\mathrm{opt1}}$ 和 $(\Delta P_{\mathrm{b2}}+\Delta P_{\mathrm{m}})Q_{\mathrm{opt2}}$。若 $(\Delta P_{\mathrm{b1}}+\Delta P_{\mathrm{m}})Q_{\mathrm{opt1}}\geqslant(\Delta P_{\mathrm{b2}}+\Delta P_{\mathrm{m}})Q_{\mathrm{opt2}}$，选择最优工作排量 $Q_{\mathrm{opt}}=Q_{\mathrm{opt1}}$，钻头压降 $\Delta P_{\mathrm{b}}=\Delta P_{\mathrm{b1}}$；反之，选择最优工作排量 $Q_{\mathrm{opt}}=Q_{\mathrm{opt2}}$，钻头压降 $\Delta P_{\mathrm{b}}=\Delta P_{\mathrm{b2}}$。

（5）计算喷嘴直径 d_c。

7.2.4　塔中 862H 碳酸盐岩超深水平井水力参数优化设计实例

钻井水力参数设计的核心在于设计排量，前面已经论述了最优排量的计算方法，整个水力参数设计的流程如下。

（1）根据井身结构将全井分成若干段，确定设计井深。

（2）分别确定各井段的理论最小排量 Q_{min} 和理论最大排量 Q_{max}。

（3）选择缸套，确定 Q_r、P_r、N_r，其中 Q_r 必须大于 Q_{min}。

（4）在合理排量范围内优选排量和钻头压降。

（5）计算喷嘴直径及其他水力参数。

以塔中 862H 井为例，介绍一口井从开钻到完钻的整个钻井过程中水力设计的流程与方法。

1. 塔中 862H 井的基本数据

1）钻井液性能

该井一开钻井液设计密度为 $1.07\sim1.10g/cm^3$，二开钻井液设计密度为 $1.14\sim1.38$ g/cm^3，三开钻井液设计密度为 $1.08\ g/cm^3$。常温常压条件下钻井液的基本性能参数见表 7.23。

表 7.23　常温常压条件下钻井液的基本性能参数

开次	密度/(g/cm³)	转速/(r/min)						P_V/(mPa·s)
		600	300	200	100	6	3	
一开	1.07~1.10	32~38	20~34	11~19	8~12	2~3	1~2	11~20
二开	1.14~1.38	86~88	52~56	39~44	24~27	2~5	1~4	14~40
三开	1.08	40	24	18	12	2	1	16

2）螺杆钻具性能

为提高塔中 862H 井的钻速，在二开井段和三开井段均采用螺杆钻具进行钻进，具体选用的螺杆钻具型号及其性能参数见表 7.24。

表 7.24　螺杆钻具性能参数

开次	深度/m	钻具型号	流量/(L/s)	马达压降/MPa	工作扭矩/(N·m)	最大扭矩/(N·m)	最大钻压/kN	最大功率/kW
二开	1555~4360	3LZ197*7.0	19~38	4.80	9015	14421	200	182
	4360~5720	5LZ197*7.0	22~36	3.20	6870	8750	240	78.54
	5720~6122	5LZ185*7.0	19~38	4	6844	10950	200	159
三开	6122~6991	5LZ135*7.0	6~16	2.50	1300	2275	72	27
	6991~8008	5LZ130*7.0	9~16	3.20	2350		60	

2. 水力参数设计过程

1）一开井段水力参数设计

一开井段是从地面到井深 1500m 处，未使用螺杆钻具，所以此段水力参数优化设计方法采用常规直井的水力参数设计方法即可。

（1）理论最小排量的确定。

一开井段的理论最小排量只需要满足井眼清洁的要求。根据前面介绍的直井段最小携岩排量计算方法，利用一开井段的井身结构数据和钻井液参数，确定该井眼尺寸下井口至 1500m 的井眼轨道上每一井深的最小携岩排量，计算结果如图 7.11 所示。由图 7.11 可知，一开井段的井眼尺寸相同，所以该段井眼轨道上每一井深的最小携岩排量也相同。所以由地面至 1500m 的钻进过程中，所需要的最小携岩排量为 42L/s，以此作为该段的理论最小排量。

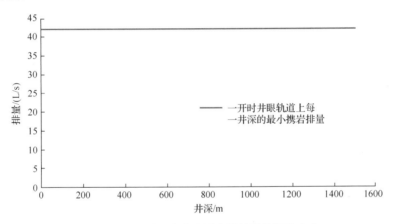

图 7.11　一开时整个井段最小排量随井深的变化

（2）理论最大排量确定。

钻井泵的排量必须大于理论最小排量，选择 F-1600HL 型钻井泵，其缸套内径为 190mm，具体性能参数见表 7.25。

表 7.25　F-1600HL 型钻井泵性能参数

缸套内径/mm	冲次	额定压力/MPa	额定功率/kW	额定排量/(L/s)
190	130	20.7	1275	56.17

钻井泵工作时分两种工作状态：额定泵压工作状态和额定泵功率工作状态。每种工作状态下的泵压一般不会超过其额定泵压，所以将额定泵压视为最大泵压。该段循环压耗的计算不需要考虑钻杆偏心、岩屑床、高温高压的影响。利用该段的井身结构数据和钻井液数据，计算管内压耗、环空压耗、循环压耗及钻头压降随排量的变化，如图 7.12 所示。由图 7.12 可知，当排量达到 71.6L/s 时，循环压耗达到最大泵压。因此最大排量为 71.6L/s，以此作为理论最大排量。

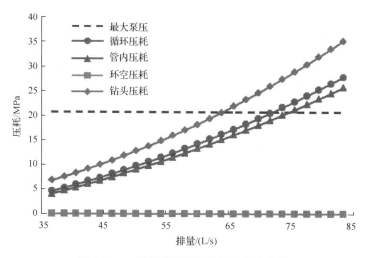

图 7.12　一开循环压耗随排量的变化曲线

(3) 最优排量确定。

根据上面的计算可知合理排量范围为 42～71.6L/s，利用最大钻头水功率准则在此范围内优选出钻头水功率最大时的排量即为最优排量。通过程序计算，得到最优排量为 50L/s，喷嘴直径为 24mm。一开井段水力参数优选结果如表 7.26 所示。

表 7.26　一开井段水力参数优选结果

合理排量/(L/s)	钻柱内压耗/MPa	钻头压降/MPa	喷嘴直径/mm	环空压耗/MPa	钻头水功率/kW	循环压耗/MPa
50	9.02	12.08	24	0.12	604	9.74

2) 二开井段水力参数设计

二开井段是从井深 1500～6120m，在 5720m 处开始造斜。为了提高钻井速度，该段采用螺杆钻具钻进，螺杆钻具对钻井液排量、工作压降和最大钻头压降都有要求。因此二开井段水力参数设计时必须考虑螺杆钻具工作参数的影响。

(1) 理论最小排量的确定。

此井段的最小排量不仅要满足井眼清洁的要求，还要达到螺杆钻具最小工作排量的要求，这样才能达到提速的效果。

螺杆钻具的最小工作排量由其推荐的特定值为准，此段内共采用三种螺杆钻具，具体参数见表 7.27。由于采用了不同型号的螺杆钻具，所以此段水力参数要分成三段分别设计：第一段为井深 1500～4360m，其最小工作排量为 19L/s；第二段为井深 4360～5720m，其最小工作排量为 22L/s；第三段为井深 5720～6122m，其最小工作排量为 19L/s。

表 7.27　二开井段螺杆钻具性能参数

深度/m	螺杆钻具型号	流量/(L/s)	马达压降/MPa	工作扭矩/(N·m)	最大扭矩/(N·m)	最大钻压/kN	最大功率/kW
1555～4360	3LZ197*7.0	19～38	4.8	9015	14421	200	182
4360～5720	5LZ197*7.0	22～36	3.2	6870	8750	240	78.54
5720～6122	5LZ185*7.0	19～38	4.0	6844	10950	200	159

根据前面介绍的直井段和造斜段最小携岩排量计算方法，利用二开井段的井身结构数据和钻井液参数，确定该井眼尺寸下井口至6120m的井眼轨道上每一井深的最小携岩排量，计算结果如图7.13所示。由图7.13可知，直井段井眼尺寸相同，所以该段井眼轨道上每一井深的最小携岩排量相同；造斜段井眼清洁较为困难，有岩屑床产生，随着井斜角的增大，该段井眼轨道上每一井深的最小携岩排量先增加，达到某一极值后又减小，在井深6090m处的最小携岩排量最大。由1500m钻至6120m的过程中，必须满足地面至钻头所钻处每一井深的井眼清洁要求。

井深1500~5720m的直井段钻进过程中，各处的最小携岩排量相同，所需要的最小携岩排量为16.4L/s；而井深5720~6120m的造斜段钻进过程中，由于井深6090m处的最小携岩排量最大，所以选择此处的排量为最小携岩排量，其值为29.7L/s。

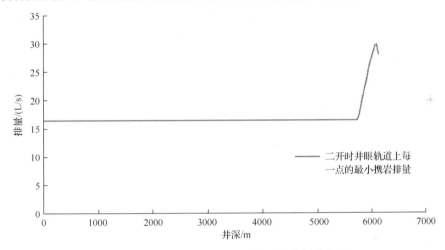

图7.13　二开时整个井段最小排量随井深的变化

综上所述，二开各井段的理论最小携岩排量见表7.28。

表7.28　二开井段理论最小排量

井深/m	螺杆钻具最小工作排量/(L/s)	最小携岩排量/(L/s)	理论最小排量/(L/s)
1500~4360	19	16.4	19
4360~5720	22	16.4	22
5720~6120	19	29.7	29.7

(2)理论最大排量确定。

仍然选择F-1600HL型钻井泵，其缸套内径为180mm，具体性能参数见表7.29。

表7.29　F-1600HL型钻井泵性能参数

缸套内径/mm	冲次	额定压力/MPa	额定功率/kW	额定排量/(L/s)
180	130	23	1275	50.42

该段循环压耗的计算只需考虑螺杆钻具和钻杆接头的影响，仍然不需要考虑钻杆偏心、旋转、岩屑床及高温高压的影响。利用二开井段的井身结构数据和钻井液数据计算

管内压耗、环空压耗、循环压耗、钻头压降及螺杆钻具压耗随排量的变化，如图 7.14 所示。由图 7.14 可知，循环压耗随着排量的增加而增大，但其值不能超过最大泵压与螺杆钻具压耗之差。所以当排量到达 46.8L/s 时，循环压耗达到最大限制，将此排量作为该段的理论最大排量。

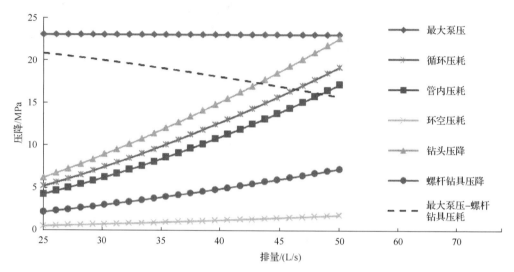

图 7.14　二开循环压耗随排量的变化曲线

(3)最优排量确定。

由上面计算可知，井深 1500～4360m 的井段，合理排量范围为 19.7～46.8L/s，利用钻头水功率与螺杆钻具水功率之和最大的优选准则，计算得到最优排量为 40L/s，喷嘴直径为 17mm，此段水力参数的优选结果见表 7.30。

表 7.30　井深 1500～4360m 井段水力参数优选结果

合理排量/(L/s)	钻柱内压耗/MPa	钻头压降/MPa	喷嘴直径/mm	环空压耗/MPa	螺杆钻具压耗/MPa	钻头水功率/kW	循环压耗/MPa	螺杆钻具水功率/MPa
40.0	11.3	14.7	17	1.26	5.06	588	13.1	202.5

井深 4360～5720m 的井段，合理排量范围为 22～46.8L/s，利用钻头水功率与螺杆钻具水功率之和最大的优选准则，计算得到最优排量为 35L/s，喷嘴直径为 15mm，此段水力参数的优选结果见表 7.31。

表 7.31　井深 4360～5720m 井段水力参数优选结果

合理排量/(L/s)	钻柱内压耗/MPa	钻头压降/MPa	喷嘴直径/mm	环空压耗/MPa	螺杆钻具压耗/MPa	钻头水功率/kW	循环压耗/MPa	螺杆钻具水功率/kW
35	8.6	11.95	15	0.99	3.98	419	10.12	140

井深 5720～6122m 的井段，合理排量范围为 29～46.8L/s，在此范围内利用钻头水功率与螺杆钻具水功率之和最大的优选准则，计算得到最优排量为 31L/s，喷嘴直径为 18mm，此段水力参数的优选结果见表 7.32。

表 7.32　井深 5720～6122m 井段水力参数优选结果

合理排量/(L/s)	钻柱内压耗/MPa	钻头压降/MPa	喷嘴直径/mm	环空压耗/MPa	螺杆钻具压耗/MPa	钻头水功率/kW	循环压耗/MPa	螺杆钻具水功率/kW
31	6.7	9.1	18	0.8	3.2	283	8.12	99.2

3）三开井段水力参数设计

井深为 6122～8008m 的三开井段，完成造斜段和水平段的钻进。该段也使用螺杆钻具提速，需要充分考虑螺杆钻具工作参数的影响。

（1）理论最小排量的确定。

此段内共使用了两种螺杆钻具，具体性能参数见表 7.33。由于采用不同型号的螺杆钻具，此段水力参数要分两段设计：第一段为井深 6122～6991m，其最小工作排量为 6L/s；第二段为井深 6991～8008m，其最小工作排量为 9L/s。

表 7.33　三开井段螺杆钻具性能参数

深度/m	螺杆钻具型号	流量/(L/s)	马达压降/MPa	工作扭矩/(N·m)	最大扭矩/(N·m)	最大钻压/kN	最大功率/kW
6122～6991	5LZ135*7.0	6～16	2.5	1300	2275	72	27
6991～8008	5LZ130*7.0	9～16	3.2	2350		60	

根据前面介绍的直井段、造斜段和水平段的最小携岩排量计算方法，利用三开井段的井身结构数据和钻井液参数，确定该井眼尺寸下地面到 8008m 的井眼轨道上每一处的最小携岩排量，计算结果如图 7.15 所示。由图 7.15 可知，由于直井段井眼尺寸相同，所以该段井眼轨道上每一点的最小携岩排量相同；造斜段有岩屑床产生，井眼清洁较困难，随着井斜角的增大，该段井眼轨道上每一处的最小携岩排量先增加，达到某一极值后又减小，在 6090m 处的最小携岩排量最大；井眼清洁条件下，水平段的井眼尺寸也相同，所以该段井眼轨道上每一点的最小携岩排量也是一个常量。由井深 6120m 钻至 8008m 的过程中，必须满足地面至钻头所钻处每一点的井眼清洁要求，由于在井深 6090m 处井眼清洁所需要的最小携岩排量最大，所以该段钻进过程中应该以此处的排量为最小携岩排量，其值为 14.32L/s。

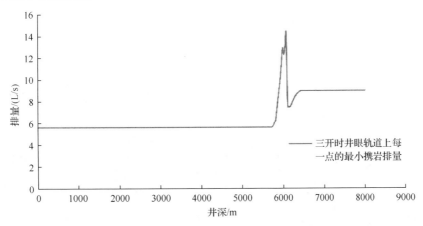

图 7.15　三开井段最小排量随井深的变化

综上所述，由于该段使用的螺杆钻具的最小工作排量均小于最小携岩排量，所以取该段的最小携岩排量为其理论最小排量，其值为 14.32L/s。

(2)理论最大排量确定。

仍然选择 F-1600HL 型钻井泵，缸套内径为 180mm，冲次为 80 次/分，具体性能参数见表 7.34。

表 7.34　F-1600HL 型钻井泵性能参数

缸套内径/mm	冲次	额定压力/MPa	额定功率/kW	额定排量/(L/s)
180	80	23	784	31.02

该段循环压耗的计算要综合考虑钻杆接头、偏心、旋转、岩屑床及高温高压的影响。利用三开井段的井身结构数据和钻井液参数计算管内压耗、环空压耗、循环压耗、钻头压降及螺杆钻具压耗随排量的变化如图 7.16 所示。由图 7.16 可知，循环压耗随着排量的增加而增大。由于循环压耗不能超过最大泵压与螺杆钻具压耗之差，所以当排量到达 23.32L/s 时，循环压耗达到最大限制，将此排量作为理论最大排量。

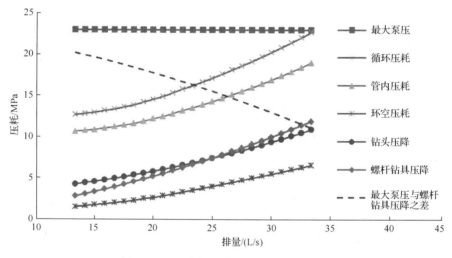

图 7.16　三开循环压耗随排量的变化曲线

(3)最优排量确定。

井深 6120~6991m 的井段，合理排量范围为 14.32~23.32L/s，在此范围内利用钻头水功率与螺杆钻具水功率之和最大的准则，优选得到最优排量为 16.54L/s，喷嘴直径为 16mm，此段水力参数的优选结果见表 7.35。

表 7.35　井深 6122~6991m 井段水力参数优选结果

合理排量/(L/s)	钻柱内压耗/MPa	钻头压降/MPa	喷嘴直径/mm	环空压耗/MPa	螺杆钻具压耗/MPa	钻头水功率/kW	循环压耗/MPa	螺杆钻具水功率/kW
16.54	10.95	4.97	16	2.13	3.4	85.43	13.85	58.64

井深为 6991~8008m 的井段，合理排量范围为 14.32~23.32L/s，在此范围内利用钻

头水功率与螺杆钻具水功率之和最大的准则，优选得到最优排量为 15L/s，喷嘴直径为 17mm，此段水力参数的优选结果见表 7.36。

表 7.36　井深 6991~8008m 井段水力参数优选结果

合理排量 /(L/s)	钻柱内压耗 /MPa	钻头压降 /MPa	喷嘴直径 /mm	环空压耗 /MPa	螺杆钻具压耗/MPa	钻头水功率/kW	循环压耗 /MPa	螺杆钻具水功率/kW
15	5.98	4.6	17	4.16	2.9	608	15.07	—

4) 理论设计与现场应用对比

以上计算得到塔中 862H 井各井段的水力参数优选结果，在现场实际应用过程中应用效果良好。由于受实际地层特性的影响，实际排量在设计排量 –2 ~ 7 L/s 内变化（表 7.37），符合理论设计与实际应用的误差要求，所以理论设计的结果是合理的。这套水力参数设计方法可以在塔中超深水平井中推广使用，为塔中超深水平井的井眼清洁及快速高效钻井提供技术支撑。

表 7.37　设计排量与实际应用排量的对比

开次	井深/m	理论设计排量/(L/s)	实际应用排量/(L/s)	理论设计误差/(L/s)
一开	0~1500	50	50~52	0~2
二开	1500~4360	40	39~47	–1~7
	4360~5720	35	32~36	–3~1
	5720~6120	31	28~30	–3~–1
三开	6120~6991	16	16~18	0~2
	6991~8008	15	14~18	–1~3

7.3　碳酸盐岩钻井提速技术

塔中地区地质条件错综复杂，提高高研磨性硬岩的机械钻速一直是塔中碳酸盐岩钻井的技术难点。随着钻井技术的发展，近年来使用的钻井提速工具主要有水力旋冲钻井工具和"PDC+高温螺杆"复合钻井工具。本节就以上两种提速工具的结构、原理作系统介绍，并对其应用效果进行评估分析。

7.3.1　水力旋冲提速技术

1. 概述

旋冲钻井技术是传统的旋转钻井与冲击钻井相结合的一种钻井方法，在旋转钻井的基础上，增加一个冲击器产生的高频冲击作用，通过钻头把周期性的冲击载荷作用在地层上，实现冲击载荷与静压旋转联合作用破碎岩石。在钻进过程中施加了高频的冲击载荷，使岩石形成体积破碎，从而提高了钻井速度。

实现旋冲钻井的主要工具是液动冲击器，它是一种以钻井液为动力，直接在钻头上施加冲击能，实现冲击载荷与静压旋转联合破岩的工具。具有结构简单、性能可靠、启动灵活、工作稳定、冲击载荷可调可控、循环压降较小(2MPa 左右)等特点，其井下工作寿命一般在 100h 以上，不工作时相当于一根短钻铤，可转为转盘钻井继续钻进。

2. 结构及工作原理

液动冲击器适合于深井钻进，其结构设计原则如下。[22]

(1) 该钻具在井内不影响钻井液的正常循环。

(2) 钻井液循环及钻头承受钻压后能自动操作。

(3) 冲击器上有分流孔机构，能够适合满足井眼条件要求的钻井液流量。

(4) 可通过钻井液流量调节冲击器冲击功、冲击频率参数。

液动射流式冲击器主要由 3 个机构组成：控制机构、动力机构、功率传递机构。射流式冲击器的结构如图 7.17 所示。

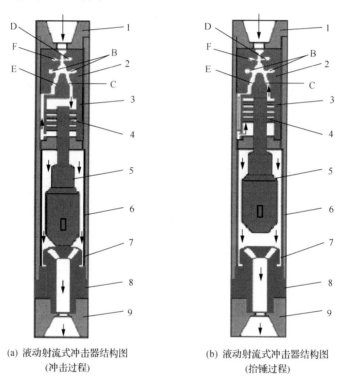

(a) 液动射流式冲击器结构图
(冲击过程)

(b) 液动射流式冲击器结构图
(抬锤过程)

图 7.17　旋转冲击器的结构示意图

1.上接头；2.射流元件；3.缸体；4.活塞；5.冲锤；6.外缸；7.砧子；8.八方套；9.下接头；
C、E.输出通道；D、F.控制孔；B.放空孔

图 7.17 上、下接头分别同钻铤和钻头连接。下钻到底建立钻井液循环，此时冲击器对钻头产生冲击。钻压和扭矩经钻铤通过冲击器筒体和砧子传递给钻头。砧子可以在八方套内上下滑动。在与元件连接的压盖上设计有分流孔，使一部分流体不参与冲击器工作，流体分流后直接参与井内循环。

射流式冲击器工作原理：钻井液通过射流元件的喷嘴喷出，在附壁作用及流体控制下，如先附壁于 C 侧，钻井液由 C 通道进入缸体的上腔，活塞受向下的力，当活塞到达缸体下死点时，停止运行，缸体上腔压力瞬间增高，信号反馈回至 D 通道(控制孔)，促

使射流由 C 通道切换到 E 通道，钻井液经 E 通道进入缸体下腔，推动活塞向上运动，当活塞运行至上死点时，缸体下腔压力瞬间增高，讯号反馈回至 F 通道(控制孔)，促使射流由 E 通道切换到 C 通道，钻井液进入缸体上腔，推动活塞向下运动，如此活塞产生往复运动，与活塞连接的冲锤便冲击砧子，砧子通过八方套与下接头连接(下接头连接钻头)，完成一次冲击，能量以应力波的形式传给钻头。当活塞向上运行时，上腔流体由 C 通道流入 B 通道(排出孔)；当活塞向下运行时，下腔钻井液由 E 通道也流到 B 通道(排出孔)，再经与排出孔连通的水道、外筒的腔体、砧子内的孔道流经钻头冲洗孔底后，由环空返回地面。

3. 旋冲钻井的关键参数

1)钻压

旋冲钻具钻进时，钻压的作用是保证切削齿与岩石紧密的接触，以便更好地传递冲击器的脉动冲击，不至于影响钻头、钻具寿命和冲击器性能，同时也是破岩的因素之一。试验证明，在钻进相对较软的地层时，钻压增加，平均机械钻速有所增加；而钻进硬地层时，钻压增加超过一定值，会引起钻头过度磨损，平均机械钻速还会有所下降，进一步增加钻压不会提高破岩效果。

2)转速和冲击频率

选择合适的转速有利于延长钻头寿命和提高破岩效率。转速的选择与岩石的性质有关，当钻进硬地层或强研磨性地层时，转速应降低，否则会使钻头产生早期磨损。对于裂隙发育的地层和软塑性岩层(如泥页岩)，转速可适当提高，从而提高两次冲击间的切削破岩效果。转数和频率存在一定的匹配关系，两者匹配合理与否影响钻井破岩效果。不同的岩石性质，转数和频率的匹配关系不同。频率高而转数低，会使井底产生重复破碎；而频率低，转数高，又会造成二次冲击坑穴间脊部岩石宽度增加，不能产生足够的"体积破碎"。

3)排量

排量是旋冲钻井的重要参数。冲击器工作是通过高速流体的能量来推动冲锤实现的。因此，排量决定着冲击器的冲击功和冲击频率，随着泵排量的增加，冲击频率、冲击功增加，机械钻速也增加。对于 YSC-178 冲击器，经室内试验数据拟合，得出排量和冲击功、频率的经验关系式：

$$A = 0.567 Q^2 \tag{7.100}$$

$$f = \frac{37.96Q}{S_{全}} \tag{7.101}$$

式中，A 为冲击功，J；Q 为排量，L/s；f 为冲击频率，Hz；$S_{全}$ 为活塞往复运动总行程，cm。

4)冲击功

随着冲击功的增大，岩石上的破碎坑穴加深、破碎带增大。从破岩效果和对钻头寿命影响的角度出发，并经过现场试验，选择冲击器的冲击功能量一般为 25~40kg·m 比较合适。

4. 旋冲钻井技术在塔中碳酸盐岩的应用效果分析

目前，旋冲钻井技术在塔中地区已应用了 7 口井，钻遇地层主要是石炭系、泥盆系、志留系、奥陶系；岩性主要为泥晶灰岩、泥灰岩、粉砂质泥岩、泥岩、含砾细砂岩、粉砂岩、沥青质粉砂岩、灰质泥岩等。

使用旋冲钻井技术后，有效克服了钻井过程中的"黏滑"现象，增强了钻头的使用寿命，大幅度提高机械钻速，平均机械钻速达 6.2m/h，与常规钻进使用的 PDC 钻头相比，平均机械钻速提高 86%。表 7.38 是旋冲钻井技术在塔中地区的使用情况统计。

表 7.38　旋冲钻井技术在塔中地区的应用效果统计

井号	入井深度/m	出井深度/m	平均机械钻速/(m/h)		提速百分比/%
			本井	邻井	
ZG263H	3904	5671	6.47	3.9	65
TZ862H	4360	5371	10.5	5.3	97
ZG162-H4	3446	4817	5.23	3.6	44
ZG441-H6	4123	5710	4.87	2.9	65
ZG157-H1	3771	4807	4.37	1.7	160.3
ZG503-H2	3422	4465	6.10	4.0	54
ZG5-H2	4296	5464	5.8	2.7	113.6

7.3.2　"PDC+高温螺杆"复合提速技术

1. 概述

塔中碳酸盐岩钻井所采用的是"PDC+高温螺杆钻具"复合钻井技术，其优点是：
①高效 PDC 钻头在某些地层的优势明显大于牙轮钻头，钻头进尺高，使用时间长，起下钻的次数减少；②随着高温螺杆钻具的完善及其性能的提高，寿命大大加长，和 PDC 钻头匹配，可充分发挥 PDC 钻头的效能，达到高转速的要求；③在深井、定向井、水平井等小井眼中，常规钻井动力损耗较大，容易出现钻具疲劳损害，而复合钻井技术利用井底马达直接驱动钻头，动力损耗较小，改善钻具在井下的工况，提高了钻井安全性。

2. 螺杆钻具

1) 螺杆钻具的构成和工作原理

螺杆钻具主要由 4 个部件组成，从上至下依次是旁通阀总成、马达总成、万向轴总成、传动轴总成(图 7.18)。马达是一个由钻井液驱动的容积式马达动力机，它只有两个主要元件，即转子和定子。

抗高温螺杆用了耐高温橡胶，保证螺杆的橡胶定子在高温情况下不发生损坏。抗高温直螺杆具有以下 4 个特点：耐高温(160～190℃)；动力强；稳定性高；工作时间长，最高寿命累计使用可达 1000h。

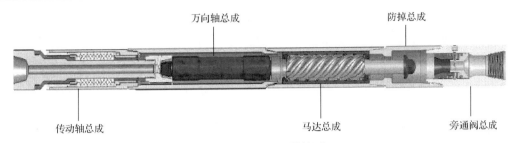

图 7.18　螺杆钻具结构图

在实际的钻井工作中，常采用转盘与螺杆钻具进行复合钻进，即在螺杆转子工作状态下，转盘驱动钻柱以带动螺杆定子(外壳)旋转。此时钻头既由螺杆转子带动旋转，又由螺杆定子带动旋转，形成复合运动模式。在两种转速的联合作用下，钻头的绝对转速得到明显的提高。下面具体介绍复合钻进时钻头的绝对转动速度。

先以直螺杆为例介绍两种转速合成的情况，设螺杆钻具转子带动钻头的转速为 n_1，钻柱带动螺杆钻具外壳的钻速为 n_2、n_1 和 n_2 都是按顺时针转动。设钻柱与螺杆外壳均以角速度 ω_2 绕垂直于井底的中心轴转动，钻头则由螺杆转子以均匀角速度 ω_1 相对于外壳旋转(图 7.19)。则 $\omega_1 = \pi n_1 / 30$，$\omega_2 = \pi n_2 / 30$。在钻头边缘上取一距中心为 r 的 M 点。在任意一瞬间，M 点的牵引速度为 $V_2 = \omega_2 r$，M 点的相对速度为 $V_1 = \omega_1 r$，其方向与钻柱旋转方向相同。由运动学得知，在任意一瞬间，动点的绝对速度等于牵引速度与相对速度的矢量和。于是有 M 点的绝对速度 V 为

$$V = V_1 + V_2 = r(\omega_1 + \omega_2) \tag{7.102}$$

因此，钻头上 M 点的绝对速度 ω 为

$$\omega = v / r = \omega_1 + \omega_2 \tag{7.103}$$

从而得到

$$n = n_1 + n_2 \tag{7.104}$$

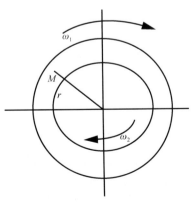

图 7.19　转盘和螺杆联合钻进示意图

2)螺杆钻具使用中注意事项

(1)选择螺杆钻具首先要考虑与钻头是否匹配。

(2)螺杆钻具的地面检查。检查传动轴,只需用链钳转动钻具传动轴头,而且只能逆时针旋转,防止内部螺纹松扣;检查旁通阀,用锤柄或木棒下压旁通阀芯,注清水观察(旁通阀是否关闭);或接方钻杆开动钻井泵,逐渐提高排量直到旁通阀关闭进行观察(传动轴头是否旋转)。

(3)钻进中循环压力与钻压控制。钻具进行空转时若钻井液流量不变,钻具与钻头的压降是一个常值,钻具工作时,随着钻压逐步增加,钻井液循环压力逐渐上升,当达到最大推荐值时,产生最大扭矩。继续增加钻压,当循环钻井液在马达两端产生的压降超过最大设计值时,钻具发生泄漏。

3. PDC 钻头

PDC 钻头对软地层主要以犁削方式破碎岩石,对硬地层主要以剪切方式破碎岩石,压裂、压碎作用为辅。资料统计表明,对于同样的岩石,靠剪切和犁削的作用方式比靠压碾的方式需要的能量要小。因此,PDC 钻头较之牙轮钻头来说更适合用高转速来充分发挥 PDC 的破岩效率,从而提高机械钻速(图 7.20)。

图 7.20　PDC 钻头

4. 复合钻井技术在塔中碳酸盐岩的应用效果分析

统计 15 口使用复合钻井技术的井,钻进层位主要为石炭系、泥盆系、志留系及奥陶系。使用效果表明,"抗高温螺杆+PDC"取得良好的提速效果,平均机械钻速达到 4.86m/h,远远大于邻井,平均机械钻速提高了 87%。这是由于抗高温螺杆具有深井耐高温、质量好、稳定性高、动力强、工作时间长的特点,同时高转速能够快速破岩,并且工作钻压不高,还能有效防止井斜。PDC 钻头同样拥有高转速破岩的功能,在砂泥岩地层能够比较好地发挥出该钻头的破岩能力。因此,当 PDC 钻头配合抗高温螺杆使用时能够取得较高的钻速,表明塔中石炭系、泥盆系、志留系及奥陶系地层对该技术有很好的适合性,同时使用合理的钻井参数,还可有效地控制井眼轨迹。复合钻井技术在塔中地区部分井的使用效果统计见表 7.39。

表 7.39　复合钻井技术在塔中地区的应用效果统计

井号	入井深度/m	出井深度/m	机械钻速/(m/h)		提速百分比/%
			本井	邻井	
ZG11-H1	7053	7427	4.6	2.4	96
TZ125H	4934	5148	4.5	2.1	119
ZG5-H3	6555	6860	4.8	3.3	42
TZ862H	6490	7040	8.1	4.4	87
ZG162-H3	5496	6175	2.6	1.2	124
ZG13-3H	7287	7426	4.3	2.7	57
ZG14-H4	6146	6190	2.6	1.6	65
ZG263H	5894	6474	3.8	2.3	63
ZG10-H1	3173	6884	5.3	2.9	79
ZG15-H6	6160	6910	2.5	1.2	107
ZG157-H1	4730	4807	3.2	1.7	92
	5320	5870	2.9	1.6	74
ZG166H	1538	3469	3.8	1.9	103
ZG262-H1	1548	3528	10.7	5.4	97
	6119	7259	1.9	1.1	91
ZG102-H1	1530	5800	5.8	3.1	89
TZ472H	1223	3273	11.3	6.1	86

参 考 文 献

[1] 滕学清, 文志明, 王克雄, 等. 塔中岩石可钻性剖面建立和钻头选型研究. 西部探矿工程, 2010, 22(11): 43-45.

[2] 张辉, 高德利. 钻头选型方法综述. 石油钻采工艺, 2005, 27(4): 1-5+89.

[3] 张辉, 高德利. 钻头选型通用方法研究. 石油大学学报(自然科学版), 2005, 29(6): 45-49.

[4] 潘起峰, 高德利, 孙书贞, 等. PDC 钻头选型新方法. 石油学报, 2005, 26(3): 123-126.

[5] 高德利, 张辉, 潘起峰, 等. 流花油田地层岩石力学参数评价及钻头选型技术. 石油钻采工艺, 2006, 28(2): 1-3+6+81.

[6] 张厚美, 张良万, 刘天生. 钻头选型方法研究. 天然气工业, 1994, 14(5): 38-41+97.

[7] 赵明阶, 徐蓉. 岩石声学特性研究现状及展望. 重庆交通学院学报, 2000, 19(2): 79-85+98.

[8] Spaar J R, Ledgerwood L W, Goodman H, et al. Formation compressive strength estimates for predicting drillability and PDC bit selection. SPE/IADC Drilling Conference. Amsterdam, 1995.

[9] 陈庭根, 管志川. 钻井工程理论与技术. 东营: 石油大学出版社, 2000.

[10] 周长虹, 崔茂荣, 黄雪静, 等. 钻井液常用流变模式及其优选方法. 中国科技信息, 2005, 22(1): 89-90.

[11] 汪海阁, 刘岩生, 杨立平. 高温高压井中温度和压力对钻井液密度的影响. 钻采工艺, 2000, 23(1): 58-62.

[12] Kemp N P, Thomas D C. Density modeling for pure and mixed-salt brines as a function of composition, temperature, and pressure. SPE/IADC Drilling Conference. New Orleans, 1987.

[13] 张金波, 鄢捷年. 高温高压钻井液密度预测新模型的建立. 钻井液与完井液, 2006, 23(5): 1-4.

[14] 郭晓乐, 汪志明. 大位移井循环压耗精确计算方法研究及应用. 石油天然气学报, 2008, 30(5): 99-102+380.

[15] 汪海阁, 刘希圣, 丁岗. 水平井段偏心环空中岩屑运移机理的研究. 石油钻采工艺, 1993, 15(6): 8-17.

[16] 石晓兵. 大位移井中利用钻柱旋转作用清除岩屑床的机理研究. 天然气工业, 2000, 20(2): 51-53.

[17] 李洪乾. 大斜度井环空压耗模式的应用及分析. 钻采工艺, 1996, 19(2): 13-14.

[18] 王鄂川, 樊洪海, 李岩泽, 等. 螺杆动力钻具压耗计算方法研究与分析. 石油钻采工艺, 2013, 35(6): 9-14.

[19] 李洪乾. 水平井岩屑床止动模型的建立. 石油大学学报, 1994, 18(2): 33-38.

[20] 周凤山. 水平井偏心环空中钻屑床厚度预测研究. 石油钻探技术, 1998, 26(4): 17-19.

[21] 史玉才, 管志川. 使用螺杆钻具条件下钻井水力参数优化设计方法. 石油钻探技术, 2014, 42(2): 33-36.

[22] 王蕾. 旋冲钻井技术在石油工程中的应用. 钻采工艺, 2005, 12(3): 8-10.

彩　图

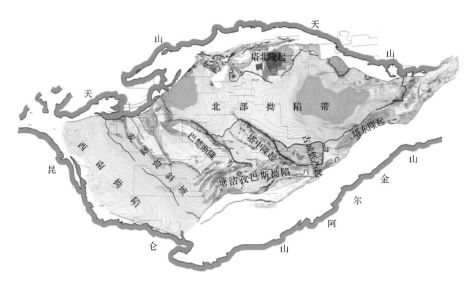

图 1.1　塔里木盆地构造区划图

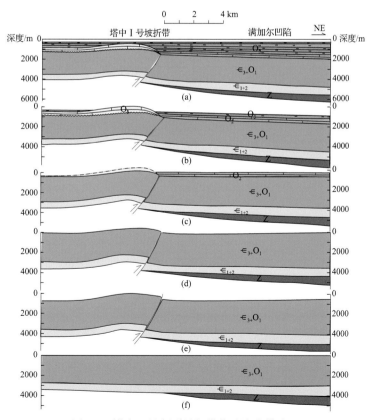

图 1.4　塔中 I 号断裂坡折带构造演化模式图

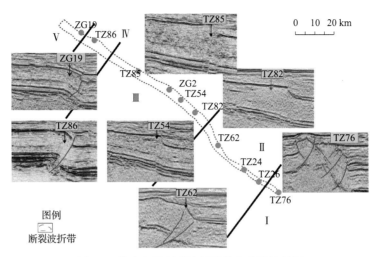

图 1.5　塔中 I 号断裂坡折带横向分段性特征

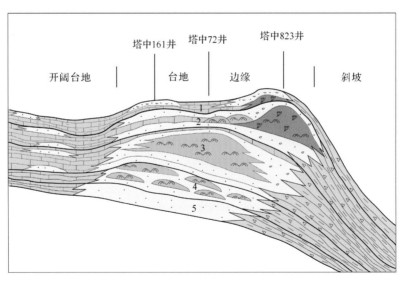

图 1.7　塔中碳酸盐岩礁滩体发育旋回模式图

1, 2, 3, 4 为地层编号

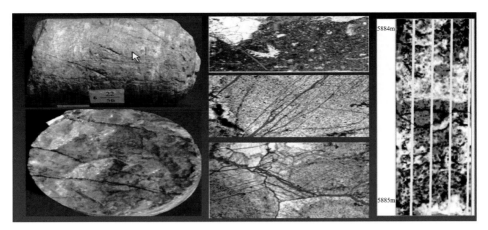

图 1.10　塔中 822 井岩心照片、FMI 图像反映的裂缝型储层

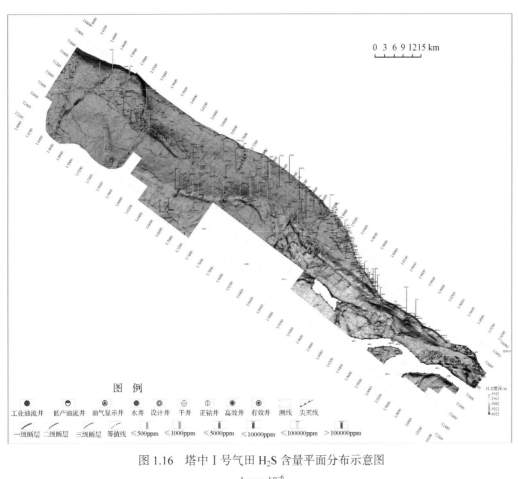

图 1.16　塔中 I 号气田 H₂S 含量平面分布示意图

1ppm=10^{-6}

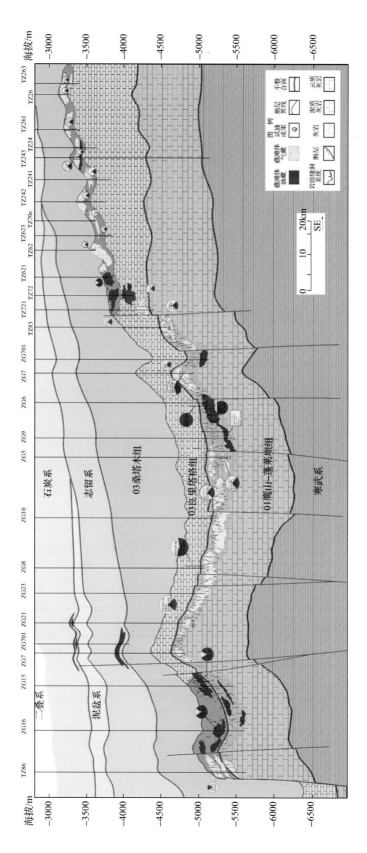

图2.1 塔中低凸起奥陶系北部斜坡带油气藏剖面

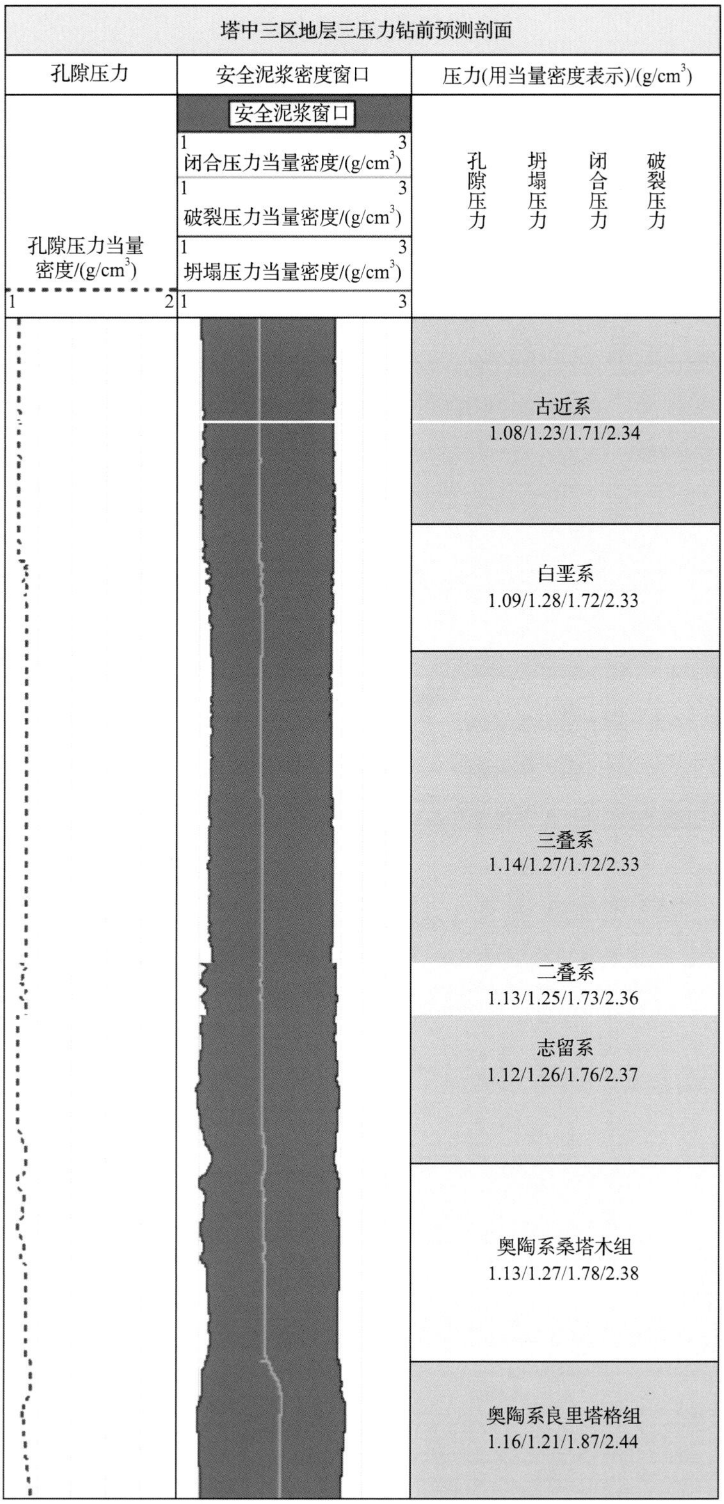

塔中三区地层三压力钻前预测剖面		
孔隙压力	安全泥浆密度窗口	压力(用当量密度表示)/(g/cm³)

安全泥浆窗口

1 　　　　　　 3
闭合压力当量密度/(g/cm³)
1 　　　　　　 3
破裂压力当量密度/(g/cm³)
1 　　　　　　 3
坍塌压力当量密度/(g/cm³)

孔隙压力当量
密度/(g/cm³)

孔隙压力　坍塌压力　闭合压力　破裂压力

古近系
1.08/1.23/1.71/2.34

白垩系
1.09/1.28/1.72/2.33

三叠系
1.14/1.27/1.72/2.33

二叠系
1.13/1.25/1.73/2.36

志留系
1.12/1.26/1.76/2.37

奥陶系桑塔木组
1.13/1.27/1.78/2.38

奥陶系良里塔格组
1.16/1.21/1.87/2.44

图 3.11　塔中Ⅲ区地层三压力预测图

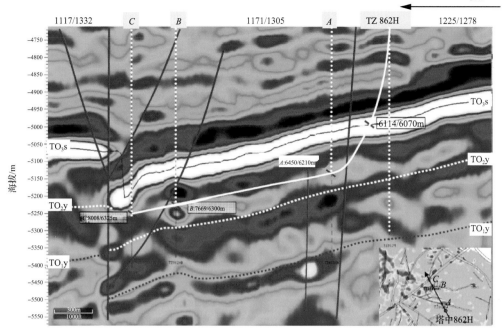

图 3.12　过塔中 862H 井轨迹地震图

1ft =3.048×10⁻¹m

图 5.1　塔中 26-H9 井钻头泥包情况

图 5.6　中古 29 井二叠系泥岩取心情况

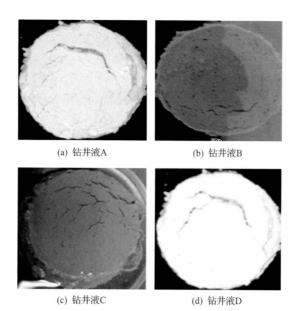

(a) 钻井液A   (b) 钻井液B

(c) 钻井液C   (d) 钻井液D

图 5.7 膨润土片在三叠系钻井液处理剂溶液中浸泡 20h 后分散膨胀状态

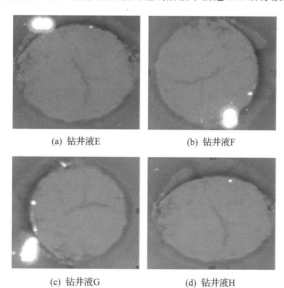

(a) 钻井液E   (b) 钻井液F

(c) 钻井液G   (d) 钻井液H

图 5.8 膨润土片在二叠系钻井液处理剂溶液中浸泡 20h 后分状态

图 6.7 控压钻井自动节流管汇

图 6.11　控压钻井回压泵

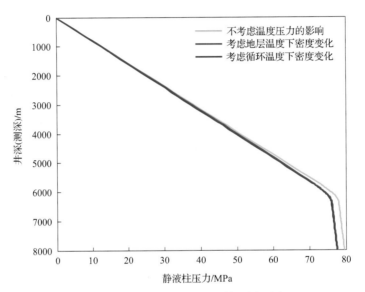

图 6.23　环空静液柱压力随井深剖面图

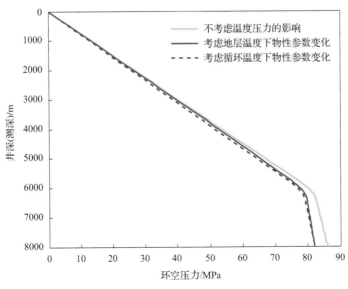

图 6.31　环空压力随井深变化剖面

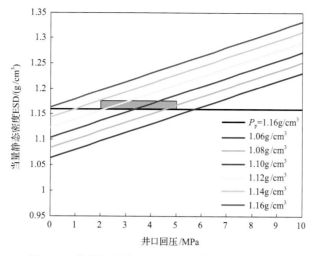

图 6.35 模拟起始点 6120m，不循环井口回压区间

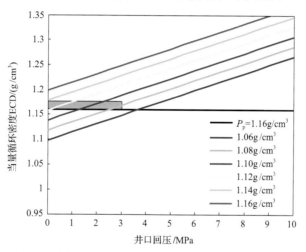

图 6.36 模拟起始点 6120m，排量 14L/s 井口回压区间

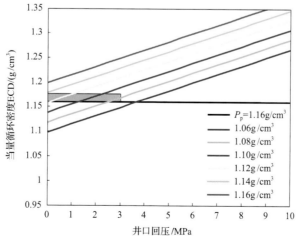

图 6.37 模拟起始点 6120m，排量 16L/s 井口回压区间

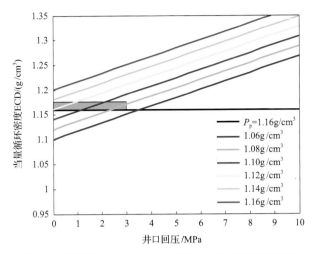

图 6.38　模拟起始点 6120m，排量 18L/s 井口回压区间

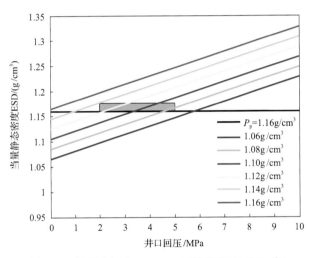

图 6.39　模拟中间点 7064m，不循环井口回压区间

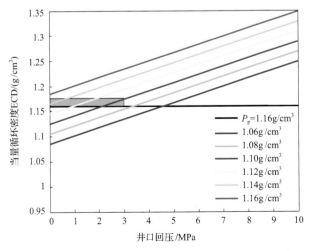

图 6.40　模拟中间点 7064m，排量 14L/s 井口回压区间

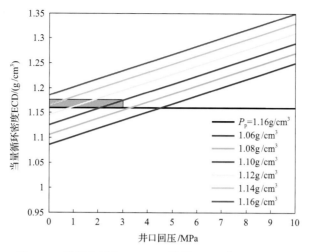

图 6.41　模拟中间点 7064m，排量 16L/s 井口回压区间

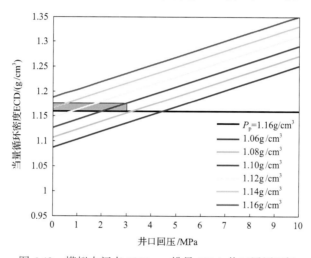

图 6.42　模拟中间点 7064m，排量 18L/s 井口回压区间

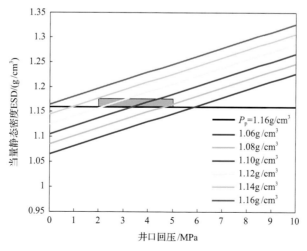

图 6.43　模拟结束点 8008m，不循环井口回压区间

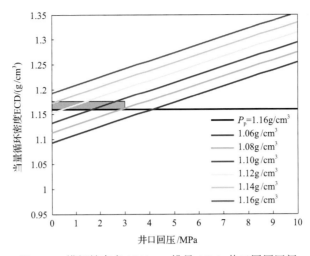

图 6.44　模拟结束点 8008m，排量 14L/s 井口回压区间

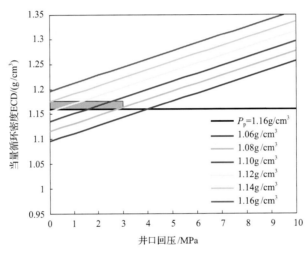

图 6.45　模拟结束点 8008m，排量 16L/s 井口回压区间

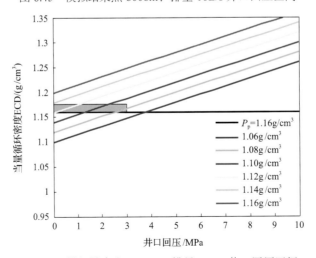

图 6.46　模拟结束点 8008m，排量 18L/s 井口回压区间